심쿵한 IT 로맨스 소설
15일

무선랜을 이해하는 시간

이 책을 _____ 님께 드립니다.

심쿵한 IT 로맨스 소설
15일

초판 1쇄 인쇄 2019년 01월 25일
초판 1쇄 발행 2019년 01월 28일

지은이 | 윤재덕

발행처 | 프리윌출판사
발행인 | 박영만
기 획 | 김형순
디자인 | 김경진
홍 보 | 박혜선
마케팅 | 임인엽
출력·인쇄 | 제이엠프린팅
제 본 | 은정문화사

등록번호 | 제2005-31호   등록년월일 | 2005년 05월 06일
주소 | 경기도 고양시 덕양구 삼원로3길 7 302호
전화 | 031-813-8303   팩스 | 02-381-8303
E-mail | freewillpym@naver.com   yangpa6@hanmail.net

ⓒ 프리윌출판사 2019
※ 저작권법에 의해 보호를 받는 저작물이므로 무단전재와 무단복제를 금합니다.

값 18,000원
ISBN 979-11-87110-94-1 03800

심쿵한 IT 로맨스 소설

15일

무선랜을 이해하는 시간

> 엔지니어는 기술을 기반으로 장비와 대화를 하는 직업이죠,
> 컨설턴트는 기술을 기반으로 사람과 대화를 하는 직업입니다.
>
> – 신입사원 성주와 정미영 본부장의 대화 중에서

CONTENTS

들어가기에 앞서   8

1일 첫 출근   11
성주의 출근   11
오리엔테이션   20
인프라사업팀 선배들과 첫 만남   27

2일 새로운 도전   31
한영의 출근   31
한영의 PoE 견적 실수   34
L2 스위치 종류   37
PoE와 PoE+ 기술 그리고 사소한 차이   40
PoE Budget   45
PoE injector 활용   52
재회   59

3일 첫사랑과의 재회   64
지원과의 첫 만남   64
CSMA/CD와 CSMA/CA 프로토콜   69
CSMA/CA 동작 핵심은 RTS와 CTS   75
왜? 무선랜은 CSMA/CA를 사용할까?   79

4일 워킹맘 — 85
미영의 출근 85
기술본부와의 갈등 87
무선 AP의 종류 90
제조사와의 미팅 95
후회 101

5일 실수 — 104
지각 104
장비 분실 107
전파의 역사 110
주파수란? 115
채널 간섭 124

6일 첫 프로젝트 그리고 야근 — 133
승언의 출근 133
무선 표준과 전송기술방식(DSSS & OFDM) 136
무선랜 속도의 비밀 140
변조 방식을 알면 무선랜 기본 속도를 알 수 있다. 143
무선랜 속도의 핵심 MIMO와 채널 본딩 150
AP 설계 153

7일 대리로 산다는 것 — 163
야근 다음 날 163
복잡한 무선랜 용어 BSS, ESS, DS, SSID 165
제안서 발표 170

8일 신입사원의 프리젠테이션 — 175
교수와의 만남 — 175
가정용 무선공유기와 기업용 무선 AP 비교 가능할까? — 181
Fat AP와 Thin AP — 184
무선 AP 기능 — 186
새로운 사업 제안 — 187

9일 입사 동기 — 190
창만의 출근 — 190
무선랜 환경 취약점 — 194
무선 AP의 보안 Hidden SSID 부터 — 195
MAC 주소 인증 — 196
IEEE 802.11i (ID & Password 방식) — 198
AP 설정 — 205

10일 지방 출장 — 215
춘천 여행 — 215
성주의 첫 출장 — 218
무선 컨트롤러 설치 — 222
아쉬운 출장 — 240

11일 실수와 비리사이 — 245
실수? 비리? — 245
채널 간섭을 해결할 수 있는 Channel Blanket — 253
5 GHz 채널에서 채널 본딩으로 인한 채널간섭 현상 — 260

12일 비밀 — 264
소문 264
암호화란? 275
암호화 알고리즘 종류 281

13일 드러나는 비리 — 287
영환의 출근 287
Captive Portal 293
무선랜 보안 점검표 295
혼합 암호화 방식 297

14일 봉합 — 301
전체 회의 301
수진 선배와의 만남 306
WIPS 310
고백 312

15일 마지막 평가 — 315
신입사원 성주의 마지막 발표 315

번외편 회상 — 324
IP 주소 325

들어가기에 앞서

20년간 IT분야의 엔지니어, 컨설턴트로 활동하다 대학에서 네트워크, 무선랜, 보안 등 다양한 수업을 하고 있습니다. 새롭게 만나는 학생들과의 시간은 저에게도 소중한 시간이겠지만, 수업을 듣는 학생들에게도 소중한 시간이 되었으면 좋겠다는 생각을 했습니다.

하지만 이공계 수업은 항상 수업 분위기를 딱딱하게 만들었습니다.

얼마 전 TV를 보다가 어떤 프로그램을 우연히 보게 되었습니다. '왜 교육은 변하지 않는가?'라는 내용으로 최근의 교실에 대한 이야기를 방송 중이었습니다. 몇 십년이 지나도 우리나라의 교실은 항상 똑같다는 패널의 이야기에 문득 '교재'도 제가 공부했을 때와 그다지 변하지 않았음을 알게 되었습니다.

그래서 이 책을 쓰게 됐습니다. 무거운 내용과 딱딱한 어조로 만들어진 교재보다는 학생들이 쉽게 읽고 공감할 수 있는 내용이 좋을 듯했고, 그러다 보니 소설 형식으로 쓰게 되었습니다. 저에게는 새로운 도전이었습니다.

제목을 '15일'로 정한 이유는, 학생들과 만나는 15일을 생각해서 지었습니다. 또한 책을 읽는 분들이 15일이라는 기간 동안 집중해서 무선랜 기술을 공부하면 좋겠다는 의미도 포함되어 있습니다.

책을 써본 적이 없어서 이 책을 쓰는 동안 많은 어려움이 있었습니다.

소설을 쓰려면 많은 에피소드와 인물들에 대한 스토리가 있어야 하는데 상상력이 부족한 저로서는 이야기를 만들어 낼 능력이 없었습니다.

하지만 같이 현장에서 일했던 많은 분들의 도움으로 15일을 채울 수 있었습니다.

책에 등장 인물로 나오는 직장 동료 분들께 감사 인사를 드립니다. 책을 쓰는데 있어 많은 영감을 주었습니다.

저와 함께 현장을 누비며 다양한 고객사의 IT환경을 개선하기 위해 노력하신 KT직원분들께도 감사 인사를 드립니다.

무선랜 기술을 저와 함께 고민한 '얼라이드텔레시스'의 김형진 과장님께 감사드립니다. 많은 도움이 되었습니다.

집필 동기를 부여해 준 성주 형과 재성이 형에게도 감사 인사를 드립니다.

이 책을 읽는 독자분들께 무선랜 공부를 하는 데 조금이라도 도움이 되었으면 하는 바람이 있습니다. IT 분야에서 일하고 있는 사람들의 삶에도 작은 변화가 있었으면 합니다.

그리고 마지막으로 아빠가 책을 쓰는데 옆에서 많이 도와준 우리 사랑스런 은솔 고마워.

성주의 출근

경기도 일산, 성주 오피스텔
월요일 오전 6시

띠띠띠~ 띠띠띠~
새벽 6시, 7평 남짓한 방안에서 자명종 시계 소리가 시끄럽게 울리고 있다. 졸린 눈을 비비며 침대에서 일어난 성주는 몇 초간 멍한 표정으로 오피스텔 창문 너머를 바라보았다. 3월의 새벽, 가로등불이 아직 꺼지지 않은 오피스텔 앞 도로에는 쓰레기 청소차가 지나가고 아침 출근길을 서두르는 사람들 몇이 보였다.

'성주야, 드디어 첫 출근이다. 서두르자. 첫 출근부터 지각할 수는

없지.'

스스로에게 주문을 외며 성주는 서둘러 샤워를 했다. 그리고 새로 산 남색 정장이 걸려있는 전신 거울 앞에 섰다. 전신 거울 옆에는 흰색 와이셔츠와 하늘색 넥타이, 새로 산 정장이 걸려있었다. 얼마 전에 지방에 홀로 계신 어머니가 서울까지 올라와 사주고 간 옷이었다.

지방에서 올라와 혼자 아르바이트를 하며 대학을 마치고 취직까지 당당히 해낸 성주가 어머니는 대견하고 뿌듯했다. 새 정장은 그런 어머니의 마음이 오롯이 담긴 것이었다. 남색 정장을 바라보는 성주의 눈가가 어느새 촉촉해졌다.

'엄마.'

성주가 초등학교 5학년 때 아버지는 하던 사업이 망하자 매일 술을 마시다 병을 얻어 그 해 돌아가시고 말았다. 일찍 혼자가 되신 어머니는 남의 집 가정부 일부터 식당일, 건물 청소 일 등 닥치는 대로 일하며 돌아가신 아버지의 빚을 갚아나갔다. 어머니는 빠듯한 가운데서도 외동아들인 성주를 소홀함 없이 키우려 노력하셨다. 성주는 어머니의 의지가 오늘의 자신을 있게 했다고 생각했다. 어머니는 지금 시골에서 작은 식당을 하신다.

어린 성주는 어머니와 자신에게 남겨진 가난에 맞설 자신이 없었다. 그래서인지 사춘기 시절 방황과 반항으로 어머니 마음에 상처를 주곤 했다. 하지만 어머니는 한 번도 성주에게 싫은 내색을 하지 않으셨고, 성주에게 많은 걸 해주지 못해 늘 미안해하셨다. 공부에는 관심도 없던 고등학교 시절 친구들과 정신없이 놀다 늦게 집에 들어서자 어머니 방에서 고단한 신음소리가 새어 나왔다. 성주는 저도 모르게 어머니 방으로 향했다.

'얼마만에 들어오는 어머니의 방인가?'

사실 성주는 어머니의 방에 들어오는 것을 일부러 피해 왔었다. 어머니 방에는 아버지의 흔적들이 고스란히 남아있었기 때문이었다. 여전히 아버지를 그리워하는 어머니의 마음이 성주에게도 그대로 전해져 불편했다. 특히 아버지가 남기고 간 빚 독촉장만큼은 정말 피하고 싶은 현실이었다.

하지만 그날은 어머니 방에 흩어져 있는 약들과 어머니 혼자 몇 번이고 등에 붙이려다 손에 닿지 않아 엉긴 채 바닥에 굴러다니는 파스들이 눈에 띄었다. 성주는 어머니의 고단한 잠을 깨우지 않으려고 조심스럽게 파스를 집어 어머니의 등과 다리에 붙였다. 자신도 모르게 눈물이 뚝뚝 떨어졌다.

'어머니는 이렇게 외롭게 고생하고 계시는데, 나는 그 동안 뭘 했지?'

그 순간 성주의 마음은 후회로 가득했다.

그날 이후 성주는 남은 고등학교 생활 동안 어머니가 원하는 대학에 가기 위해 노력했고 비록 유명한 대학은 아니지만 서울에 있는 대학에 가게 되었다. 성주의 대학 합격 소식에 보름달처럼 환하게 웃으시던 어머니의 모습이 아직도 눈에 선하다.

성주는 아르바이트를 하면서 등록금과 생활비를 벌었다. 학업과 병행하는 일이 쉽지 않았지만 어머니의 부담을 덜어 드리기 위한 성주 나름의 노력이었다. 성주는 그렇게 어렵게 대학을 졸업하고 힘든 취업의 관문까지 통과한 것이다.

남색 정장 앞에서 눈시울을 훔치며 어머니에게 전화를 했다. 신호음이 3번 정도 울리자 기다렸다는 듯 수화기 너머로 어머니의 목소리가 흘러나왔다.
"성주야, 출근 준비는 잘했어?"
"네, 엄마가 사 주신 옷 입고 출근하려고 해요."
갑자기 울컥해져 성주의 목소리가 흔들렸다.
"첫 출근하는 날인데 엄마한테 시간 뺏기지 말고 얼른 출근해."
"네, 엄마 이따가 저녁때 전화 드릴게요."
"응, 그래."
항상 그렇듯 할 말은 많지만, 간단히 인사말만 주고받고 전화는 끊어졌다.
시계를 보니 6시 40분이었다.
성주는 경기도 고양시 일산에 살았다. 회사는 여의도. 지하철로 한 시간 정도, 지하철과 사무실까지 걷는데 30분을 추가하면 한 시간 반 정도 시간이 걸린다.
집을 나서 지하철역으로 향하는 성주는 얼마 전까지 청바지에 티셔츠를 입고 백팩을 메고 다니던 대학생이었다. 하지만 오늘은 흰색 와이셔츠에 넥타이를 매고 슈트를 입고, 서류 가방을 들고 출근하는 직장인의 모습이었다.
아침 7시 지하철은 출근하는 사람들의 바쁜 발걸음과 편의점에서 간단하게 아침을 때우는 사람들로 활기차 보였다. 짧지 않은 출퇴근 시간에 부족한 공부를 하기로 마음먹은 성주의 가방에는 전공 서적 두 권이 들어 있었다. 지하철에 서서 책을 잠깐 본 것 같은데 회사 근처 역에 도착했다는 지하철 안내 방송이 흘러나왔다. 지하철역에 도착한 시간이 8

시 20분, 지하철역에서 10분 정도 걸으니 8시 30분에 회사에 도착했다. 긴장되는 첫 출근이라 서두른 덕분에 30분 일찍 도착했다.

정보통신공학과를 졸업한 성주는 아이티앤티라는 IT회사에 취업을 하였다. 직원이 100명 정도인 중소기업으로 대형 통신사에 IT 장비를 납품하는 회사였다. 여의도 증권가에 위치한 회사는 20층 건물에 10층, 11층, 12층 세 개 층을 임대해서 사용했다. 인사팀이 있는 12층 로비에 도착하니 안에 사람들은 있는 것 같은데 문은 잠겨 있었다. 요즘 회사들은 보안 때문에 사원증이나 지문으로만 출입하도록 시스템을 바꿔가고 있었다.

성주는 첫 출근이라서 출입등록이 아직 되지 않아 들어갈 수가 없다. 아직은 회사 구성원이 아닌 외부인이라는 생각이 들었다. 용기를 내어 로비 입구에 있는 인터폰 '호출' 버튼을 꾹 눌렀다. 잠시 뒤에 인터폰에서 여성의 목소리가 흘러나왔다.

"어디 찾아오셨습니까?"

"네~ 저 그러니까…, 저는 신입사원 조성주입니다."

문이 열리기를 기다리는데 인터폰 너머로 다시 여성의 목소리가 흘러나왔다.

"네, 그런데 왜요?"

조금은 쌀쌀맞은 목소리였다. 성주는 당황했다.

"네…, 그러니까 문이 안 열려서요?"

"아~, 문이 안 열리는구나! 그럼 신입사원 첫 출근 문을 제가 열어 드리는 겁니다. 나중에 저한테 커피 한잔 사세요. 사업기획팀 마케팅담당 최보미 과장이에요."

다소 익살스러운 최보미 과장의 말이 끝나자 '틱'하는 소리가 나면서 문이 열렸다. 최보미 과장의 농담 때문인지 첫 출근의 긴장감이 잠시나마 사라지는 듯했다.

면접 때 한번 와봤지만, 사무실은 비교적 깔끔했다. 이른 시간이라 몇몇 사람만 자리에 있었다. 성주는 Biz사업본부에서 일을 하게 되었지만 아직 팀이 정해지지는 않았다. 출근 전 인사담당자가 연락해와 첫 출근은 인사 팀으로 하라고 했다. 창가 쪽에 자리한 인사 팀에 도착하니 면접 때 봤던 인사팀장과 인사 팀 직원들이 자리에 있었다.

"과장님, 앞으로 법인카드 처리 늦으시면 안됩니다."

누군가 주의를 주자 방금 문을 열어준 최보미 과장이 대답했다.

"알았다니까. 그런데 꼴랑 이거 하나 처리해주면서 사람을 이렇게 아침 일찍 출근하게 만드냐!"

최보미 과장은 총무팀 직원과 이야기를 나누고 있던 중이었다.

총무팀은 인사팀 바로 옆에 있었다.

"그럼 난 사무실로 간다."

최보미 과장은 총무팀 직원과 인사를 하고는 성주를 보고 멈춰 섰다.

"성주씨라고 했죠? 나중에 커피 꼭 사요!"

최보미 과장은 자신이 할 말만 하고는 휙, 돌아서 사무실로 돌아갔다.

"안녕하십니까! 신입사원 조성주입니다."

성주는 인사팀 직원들에게 다소 큰 목소리로 인사를 했다.

"아, 성주 씨, 일찍 왔네요. 이쪽 회의실로 오세요."

인사팀장이 반갑게 맞아 주었다. 인사팀장이 안내한 대로 인사팀 옆 회의실로 간 성주는 군대 신병 대기하듯 허리를 꼿꼿하게 펴고 앉았다.

"허 대리, Biz사업본부 신입사원입니다. 인사카드하고, 필요한 서류 안내 좀 부탁해요."

인사팀장은 커피를 타주면서 팀원에게 성주를 소개하고는 급하게 서류를 들고 대표이사 방으로 들어갔다.

"안녕하세요 성주씨, 인사팀 허민호 대리라고 합니다. 우선 인사 카드에 인적 사항 좀 기록 부탁드립니다."

인사팀 허민호 대리는 평범한 체격에 20대 후반 정도 되어 보였다. 인사기록카드와 월급 통장 등 필요한 서류에 대한 안내를 해 주었다. 또 미리 만들어 놓은 사원증과 노트북 등 사무 집기를 건네 주었다.

회의실에서 서류를 작성하고, 내부 전산시스템 계정을 받아 노트북에 설정도 하고, 그러는 사이 경영지원본부 직원들과 인사도 나누었다. 경영지원본부는 인사팀, 총무팀, 회계팀, 기획팀, 총 4개 팀이 있었다. 팀에는 2~3명 정도 인원으로 비교적 작은 팀으로 구성되어 있었다.

첫 출근 오전은 이런저런 회사의 내부 프로세스 교육을 받았다. 점심시간이 다 된 11시 50분 오전 내내 자리에 없던 인사 팀장이 자리로 돌아왔다.

"점심 먹으러 갑시다. 성주씨도 같이 갑시다."

회사 건물 맨 위 20층에는 건물에 입주한 회사들이 공동으로 사용하는 구내식당이 있었다. 구내식당에 도착한 인사팀장과 인사팀 직원들은 같은 회사 동료를 만나면 인사를 나누며 배식을 기다렸다.

"어이, 황과장, 여기 너희 본부 신입사원이야."

120kg은 훌쩍 넘을 것 같은 황승언 과장은 성주를 보며 씨익~ 미소를 지으며 지나갔다.

"성주 씨, 오늘 점심은 내가 쏠게요. 내일부터는 사원증을 여기에 대고 식사를 하면 됩니다. 식사 비용은 월급에서 자동으로 빠져나갑니다."

인사팀장은 본인 사원증을 배식대 앞 센서에 두 번 갖다 댔다. 삑~ 삑~ 신호음이 울리자 인사팀장은 성주에게 식판을 주었다.

"아침 식사도 못 하고 출근한 것 같은데, 많이 먹어요."

인사팀 직원들과 점심을 먹고, 회사 앞 커피숍에서 허민호 대리에게 커피까지 얻어먹었다. 성주는 커피를 마시는 동안 이런저런 얘기를 들으며 회사의 분위기를 짐작했다.

오후에는 인사팀장과 'Biz사업본부'로 갔다. Biz사업본부는 10층에 있었다.

"본부장님, 신병 왔습니다. 조성주씨, Biz사업본부 정미영 본부장님이세요. 인사하세요."

인사팀장은 다소 장난기 서린 말투로 성주를 소개했다. 두 사람은 상당히 친해 보였다.

"안녕하십니까? 본부장님. 신입사원 조성주입니다."

정미영 본부장은 면접 때 몇 가지 기술적인 질문을 하고 바쁘다며 면접장에서 먼저 나갔었다. 남자처럼 짧은 커트 머리에 상당히 마른 체격이었다.

"안녕하세요? 성주씨, 정미영입니다. 앞으로 잘 지내봅시다."

인사팀장은 자리로 돌아갔다. 성주는 정미영 본부장과 Biz사업본부 옆 회의실에서 업무 관련 이야기를 시작했다.

"팀장님들, 잠깐 회의실로 와주세요."

정미영 본부장은 마른 체격에 비해 목소리가 상당히 컸다. 본부장의 목소리가 쩌렁~ 쩌렁~ 하게 Biz사업본부에 울려 퍼지자 각 부서의 팀장들이 회의실로 들어왔다.

"Biz사업본부는 보안사업팀, 인프라사업팀, 사업기획팀 총 3개의 팀으로 구성되어 있어요. 성주씨는 그 중 인프라사업팀에서 일하게 될 겁니다."

"안녕하세요 성주 씨, 인프라사업팀 이한영 팀장입니다."

나머지 팀장님들은 가볍게 목례를 했다.

"안녕하십니까? 인프라사업팀 신입사원 조성주입니다. 잘 부탁드립니다."

긴장한 성주는 조금 큰 목소리로 인사를 했다.

"조용히 이야기해도 들려요~. 간만에 부서에 젊고, 잘생긴 신입사원이 들어오니까 사무실 분위기가 환해지는 것 같네요. 본부장님 그죠?"

사업기획팀 임선아 팀장이 장난스럽게 말했다

"안녕하세요 사업지원팀 임선아 팀장입니다."

임선아 팀장의 목소리는 집중하지 않으면 들리지 않을 정도로 작았다.

"네, 팀장님 잘 부탁드립니다."

성주는 긴장이 풀렸는지 조금 줄어든 목소리로 대답했다.

"자, 그럼, 사전에 공지한 데로 지금부터 제가 30분 정도 면담하고, 2시부터 인프라사업팀, 3시 보안사업팀, 4시 사업지원팀 순서로 사업부서 업무에 관해 오리엔테이션을 해주면 됩니다. 팀장님들, 금일 외근 일정들 없으시죠?"

"네."

"지금부터 제가 먼저 성주씨와 면담을 하겠습니다."

팀장들은 본부장의 말이 끝나자 모두들 자리로 돌아갔다. 성주와 정미영 본부장과의 단독 면담이 시작되었다.

오리엔테이션

"성주씨, 우리 본부는 대형 통신사에 장비를 납품하는 일을 합니다. 보안 장비부터, 네트워크 제품들까지 상당히 많은 IT제품들을 취급합니다. 계약에 의해 요청하는 장비를 단순 납품하는 일이 아니라, 사업을 하고 있습니다. 국내외의 괜찮은 제품들을 검토해서 사업성이 있다고 판단되면, 통신사에 제안하고 같이 서비스를 만듭니다."

정미영 본부장은 Biz사업본부 업무에 대해 성주에게 설명했다.

"보안사업팀과 인프라사업팀은 각각 보안 영역과 인프라 영역으로 나누어 제품들을 취급하고 있죠. 사업기획팀은 각 사업팀의 업무를 지원하는데 사업계획부터 기획, 마케팅 그리고 제품 발주와 정산 같은 업무를 하고 있습니다."

성주는 정미영 본부장 이야기를 들으며 인사팀에서 준 다이어리에 메모를 했다.

"성주씨 학교에서 IT 관련 기술 공부를 했죠?

"네."

성주는 정미영 본부장의 질문에 간결하게 대답했다. 정미영 본부장은 성주를 바라보며 계속 말했다.

"대부분의 학생들은 학교에서 이공계 공부를 하면 모두가 개발자나 엔지니어 일을 할 거라 생각을 합니다. 성주씨는 어땠죠?"

"네, 저도 엔지니어를 목표로 공부했는데, 사업부서에서 컨설팅 업무를 한다고 해서 조금 두렵기도 합니다."

정미영 본부장은 친절하게 이야기를 이어 나갔다.

"컨설턴트와 엔지니어는 사실 같은 일을 한다고 보면 됩니다. 엔지니어는 기술을 기반으로 장비와 대화를 하는 직업이죠. 컨설턴트는 기술을 기반으로 사람과 대화를 하는 직업입니다."

'어!'

성주는 지금 정미영 본부장이 한 말이 낯설게 들리지 않았다. 그런 성주를 정미영 본부장이 바라보며 말했다.

"아마도 학교에서 윤재덕 교수님이 자주 이야기했을 텐데."

성주는 정미영 본부장 입에서 학교 교수 이름이 나오자 깜짝 놀랐다.

"교수님 이야기는 나중에 하죠."

살짝 미소를 지으며 '더 할 말이 있지만, 나중에 하자'며 정미영 본부장은 말을 이어갔다.

"똑같은 기술을 배웠지만, 기술을 기반으로 사업팀에서 사업과 관련된 일을 하는 직군이 있고, 장비 개발자 또는 엔지니어가 되기도 합니다."

성주는 정미영 본부장의 이야기를 진지하게 듣고 있었다.

"우리 회사 11층 기술본부에 가면 성주씨와 같은 공부를 하고 엔지니어로 일하는 직원들이 많이 있어요. 참 이번 면접에서 기술본부에도 두 명이 입사를 했어요. 성주씨보다는 일주일 먼저 출근했는데, 몰랐죠?"

성주는 면접을 같이 본 사람들이 생각났다. 그 중에는 말할 때 이상한 한자를 섞어 쓰는 사람도 있었다.

"자, 오늘 이야기를 정리하면, 성주씨는 오늘부터 3주간 주말 토요일과 일요일을 제외한 15일 동안 회사에서 무선랜 실무 교육을 받을 예정입니다. 각오, 단단히 해야 합니다."

"네, 알겠습니다. 본부장님."

성주는 의지를 보이며 대답했다.

"그리고 15일 동안 중간 8일차와 마지막 15일차에 두 번 발표를 해야 합니다. 발표 주제는 성주씨가 배운 내용을 정리해서 발표를 하면 됩니다."

'발표'라는 말을 들으니 성주는 살짝 긴장이 되었다.

"전 기술을 다루는 사람들은 그 기술을 표현할 수 있어야 한다고 생각합니다. 자신이 알고 있는 기술을 표현하지 못한다면 아무 쓸모가 없죠. 그래서 발표는 매우 중요합니다."

정미영 본부장은 성주를 보며 발표의 중요성에 대해 말했다.

"참, 무선랜 교육을 진행하는 데 있어 우리는 성주씨가 기본적인 〈IP 주소〉나 〈OSI 7 레이어〉 그리고 〈유선 네트워크 기술〉 등 사전지식은 있다는 전제하에 교육하니까 참고하세요."

"네, 본부장님."

"벌써 50분이네요. 그럼 10분 정도 쉬었다가 사업부서들과 인사하세요."

"네, 알겠습니다. 본부장님."

성주는 화장실을 다녀온 후 본인이 근무하게 될 인프라사업팀 오리엔테이션을 기다리고 있었다.

2시 정각 이한영 팀장이 들어왔다.

"성주 씨, 본부장님과 면담 잘했어요?"

"네, 본부장님께 좋은 말씀 많이 들었습니다."

이한영 팀장은 키가 좀 큰 편이었다. 얼굴도 상당히 크지만, 지금껏 살면서 만나본 사람 중 제일 큰 코를 가진 분이었다. 그래서인지 말투에 가끔 킁~ 킁~ 하는 버릇이 있었다.

"참, 성주씨, 우리 부서는 팀장인 저와 황승언 과장, 심상민 대리, 그리고 성주씨까지 4명입니다. 지금은 다들 외근 나가고 없으니까, 돌아오면 인사를 하죠."

성주는 앞으로 같이 일하게 될 선배들이 어떤 사람들인지 궁금했다.

"우리 부서는 네트워크 제품 중 〈라우터〉나 〈스위치〉 그리고 〈무선랜〉 제품을 통신사에 납품합니다. 제조사는 '얼라이드텔레시스'라는 글로벌 벤더 제품을 취급하고 있는데, 혹시 들어 봤어요? 얼라이드텔레시스?"

한영이 성주를 보며 질문했다.

"솔직히 말씀드려서 처음 들어보았습니다."

성주는 처음 들어보는 회사 이름에 당황했다.

"괜찮아 성주씨, 네트워크 제품들은 뭐 다 거기서 거기라 기술은 똑같기 때문에 상관없어요. 그리고 우리는 회사 이름이 너무 길어서 '얼라이드'라고 줄여서 불러요."

이한영 팀장은 신입사원인 성주에게 꼼꼼하게 부서 업무에 대해 설명을 해주었다.

"우리 부서에서는 통신사 영업대표들이 영업을 할 때 필요한 기술 컨설팅을 지원합니다. 컨설팅을 하면서 시장반응을 세밀하게 살펴야 합니다. 예를 들어, 주로 어떤 업종이 우리 서비스를 필요로 하는지? 고객들의 서비스 가격 반응? 뭐 이런 전반적인 부분들을 고려해 사업을 기획하고 전략을 수립합니다."

"기술적인 부분 말고도 사업 관련해서 해야 할 일이 많네요. 팀장님."

성주는 사업부서 일들이 생소하지만 두려움보다 호기심이 생겼다.

"그렇죠, 우선 성주씨는 기술을 공부하는데 집중하세요. 사업과 관련한 부분들은 선배들이 차츰 알려줄 겁니다."

"네, 알겠습니다. 팀장님."

자신 있게 대답하는 성주를 바라보며 이한영 팀장은 말을 이어 나갔다.

"사실 인프라사업팀 팀장을 하고는 있지만, 난 기술적인 부분은 잘 모릅니다. 이번에 성주씨와 같이 15일 동안 무선랜 공부를 같이하라고 본부장님께서 특별히 지시하셨어요."

한영은 잠시 한숨을 쉬고는 계속 말했다.

"성주씨는 정보통신공학과를 졸업해서 나보다는 나을 거예요. 나는 발효공학과를 나와서 주류회사에서 영업을 했어요. 어찌하다 보니 IT회사 영업을 하게 됐고 지금은 사업부서 팀장이 되었네요."

이한영 팀장은 업무와 관련 없는 과거 영업사원 시절 얘기를 한참 동안 했다. 2시 50분이 되자 이한영 팀장이 나가고 10분 후 보안사업팀 김신석 팀장이 들어왔다.

"안녕하세요? 성주씨. 보안사업팀 김신석 팀장입니다."

김신석 팀장은 마흔 세 살로 나이에 비해 동안이었다. 키가 좀 작고 상당히 마른 체격이었다. 복고풍의 정장 안에 조끼를 입고 있어서인지 좀 유행에 뒤떨어져 보였다.

"보안 분야 공부는 좀 했나요?"

김신석 팀장은 자리에 앉자마자 성주에게 질문부터 했다.

"네, 학교에서 보안관련 수업을 조금 들었습니다."

"앞으로 일하다 보면 우리 팀과 협업할 일이 많을 겁니다. 함께 컨설팅을 나가는 경우도 꽤 자주 있습니다."

김신석 팀장은 진지하게 이야기를 이어 나갔다.

"그럼, 오리엔테이션 시작해볼까요?"

김신석 팀장은 보안사업팀 업무에 관해 자세히 설명했다. 취급하는 제품이 보안 제품들인 것만 빼고는 성주 부서와 동일한 업무를 하고 있었다.

"성주 씨, 앞으로 일하면서 보안 관련 모르는 게 생기면 우리 팀에 물어보면 됩니다. 우리 팀은 저 포함 3명입니다. 김영환 차장과 노지훈 대리 모두 외근 중이니 이따 사무실에 들어오면 인사합시다."

보안 사업팀 오리엔테이션은 3시 30분에 끝났다.

30분 정도 시간이 남아서 성주는 회사 건물 밖으로 나와 산책을 했다. 첫 출근에 대한 긴장으로 잠을 설친 성주는 오리엔테이션 중간에 살짝 졸음이 몰려오기도 했다. 성주는 잠시나마 찬 바람을 쐬면서 정신을 차리려 했다. 4시에 사업기획팀 오리엔테이션이 있었다. 짧은 휴식 후 성주는 사무실로 돌아왔다.

"안녕하세요? 성주씨. 사업지원팀 임선아 팀장입니다."

"안녕하세요? 팀장님."

임선아 팀장은 목소리가 상당히 작아 집중해서 들어야 했다. 긴 생머리에 갈색 뿔테 안경을 쓴 임 팀장은 기숙사 사감 같은 분위기를 풍겼다.

"성주씨, 우리 사업기획팀은 사업부서에서 하는 업무를 지원하는 부서라 보면 됩니다." 잠시 숨을 고르고 임팀장이 말을 이었다. "사업부서들이 본연의 업무에 집중하기 위해 매출관리부터 제품 발주 및 정산 그리고 사업 기획 및 마케팅 업무를 하죠"

"네, 팀장님." 성주는 집중해서 대답했다.

"우리 팀은 저 포함해서 3명입니다. 마케팅 업무를 담당하는 최보미 과장과, 발주 및 정산 업무를 담당하는 박보영 대리가 있습니다. 잠깐 인사를 하죠."

임선아 팀장은 회의실 문을 열고 작은 목소리로 속삭이듯 팀원들을 회의실로 불렀다. 잠시 후 최보미 과장과, 박보영 대리가 과자와 음료수를 잔뜩 들고 회의실로 들어왔다.

"어머, 드디어 우리 본부에도 젊은 피가 수혈된 거예요. 팀장님, 우리 과자하고 음료수 먹으면서 이야기하죠."

오늘 문을 열어 준 최보미 과장이 쾌활하게 말했다. 최보미 과장은 단발머리를 노란색으로 짙게 물들였는데 딱 보기에도 명랑 쾌활한 성격이었다. 그와는 반대로 박보영 대리는 임선아 팀장처럼 조용했다.

"각자 업무들에 대해서 신입사원에게 설명 좀 해주세요."

최보미 과장은 마케팅 업무를 자세하게 설명했다. 주로 사업부서들과 협의를 통해 상품들에 대한 프로모션과 제안서 업무를 하였다. 박보영 대리는 제품 발주와 세금계산서와 같은 지원 업무를 했다. 사업 지원팀의 오리엔테이션은 50분을 꽉 채우고 끝이 났다.

인프라사업팀 선배들과 첫 만남

5시가 되자, 이한영 팀장이 회의실 문을 열고 들어왔다.

"성주 씨, 이제 오리엔테이션 끝났으니까 이쪽으로 와요."

인프라 사업팀은 사무실 제일 안쪽에 위치하고 있었다. 외근에서 돌아온 선배들이 성주를 기다리고 있었다.

"인사들 해요, 우리 팀 막내 조성주씨."

이한영 팀장이 팀원들에게 성주를 소개했다.

"안녕하세요? 황승언입니다. 앞으로 잘 지내봅시다."

점심시간 구내식당에서 잠시 마주쳤던 황승언 과장이었다. 가까이서 보니 점심시간에 살짝 스쳐 지나갈 때보다 상당한 거구였다. 그런데 덩치와는 다르게 목소리는 상당히 가늘었다.

"안녕하세요? 심상민입니다."

심상민 대리는 모범생 같은 스타일이었다. 키는 170센티가 조금 넘어 보였고 상당히 마른 체격이었다. 잠시 인사를 나누던 중 황승언 과장은 본부장이 불러 본부장실에 들어갔다.

"성주씨는 심대리 옆 비어 있는 자리에 앉으면 됩니다. 짐 정리부터 해요."

성주는 심상민 대리의 도움을 받아 노트북에 업무 관련 프로그램을 설치하고 IP전화 설정을 했다. 잠시 뒤에 본부장실에서 나온 황승언 과장은 성주에게 담배 피우냐고 묻고는 성주를 데리고 건물 옥상으로 갔다. 심상민 대리는 담배를 피우지 않아 사무실에 남았다.

"성주씨, 본부장님 인사했죠?"

"네, 과장님."

"그냥, 선배라고 불러."

"네…, 선배님."

"본부장님 별명 모르지? 우리 회사에서는 착한 마녀로 불리고 있지. 정말 좋은 분인데 일을 시킬 때는 딱 마녀야. 일을 정말 정신없이 시키시거든…."

성주는 조금 당황스러웠다. 아까 업무 미팅 때도 정말 친절하셨던 본부장의 별명이 '마녀' 라니, 믿기지 않았다.

"지내보면 알게 될 거야. 참 나이도 그렇고 몸무게도 그렇고 내가 많으니까 말 편하게 할게"

황승언 과장은 형처럼 친근한 구석이 있었다.

"참, 팀장님은 사람이 정말 좋아. 그런데 IT쪽 일을 하신 지 얼마 안 돼서 기술적인 부분이 많이 부족하니까, 우리가 많이 도와드려야 해. 알았지?"

"네, 선배님."

"내려가자고."

사무실로 가니 이한영 팀장과 심상민 대리는 벌써 외투를 챙겨 입고 기다리고 있었다.

"담배 피우고 왔어? 얼른 준비해. 벌써 6시 10분이야. 신입사원도 오고 했으니까, 오늘은 간단하게 회식합시다."

"네, 팀장님."

황과장과 성주는 일사분란 하게 퇴근 준비를 했다. 이한영 팀장님은 어디론가 전화를 해 4명이 출발할 것이라는 얘기를 했다.

입사 첫날 회식을 하면서 성주는 선배들의 개인적인 이야기를 많이 들을 수 있었다. 이한영 팀장은 강원도 춘천에서 출퇴근을 하고 있다는 것, 황승언 과장은 쌍둥이 아빠라는 것, 심상민 대리는 고향이 전라도이고 서울서 혼자 자취를 하고 있는 등의 이야기였다. 다들 저마다의 고생을 감수하고 있다고 성주는 생각했다.

"팀장님, 춘천행 전철 시간 괜찮을까요?"

"지금 부지런히 가면 탈 수 있어. 이만 갈 테니까 들어가."

이한영 팀장은 전철 시간 때문에 먼저 일어섰다.

"자, 우리는 2차 가자고."

"안 들어가세요, 과장님?"

심상민 대리가 물었지만 황승언 과장은 심대리와 성주를 끌어안고 회사 근처 맥주집으로 들어갔다.

"우리 막내 왔는데 2차는 해야지. 아줌마 여기 먹태하고 생맥주 3잔이요."

2차에서는 주로 회사 이야기였다.

"김영환 선배는 실적 좋다고 너무하는 거 같지, 심대리?"

"너무하기는 하죠."

성주는 가만히 선배들의 이야기를 듣고 있었다.

"보안사업팀에 김영환 차장이라고 있어. 우리 회사에서 실적이 가장 좋고 능력도 있는데 좀 싸가지가 없어."

황승언 과장이 성주를 보고 말했다. 한동안 회사 이야기가 계속 되다 11시쯤, 2차도 마무리가 되었다.

"잘들 들어가고, 내일 지각하지 말고."

황승언 과장은 대리 운전을 부르고는 심상민 대리와 성주에게 인사하고 먼저 출발했다. 성주와 심대리는 각자 지하철을 타고 헤어졌다.

성주는 집으로 돌아와 어머니와 잠깐 통화를 하고는 씻지도 못한 채 잠이 들었다.

한영의 출근

강원도 춘천
화요일 오전 6시

띠띠띠~ 띠띠띠~
새벽 6시, 자명종 소리가 시끄럽게 울린다. 한영은 아내와 아이들이 깰까 봐 침대 머리맡에 있는 자명종의 버튼을 서둘러 눌렀다.
"일어났어? 월요일부터 무슨 술을 그렇게 많이 마셨어?"
자는 줄 알았던 아내의 목소리가 주방 쪽에서 들려왔다.
"벌써 일어났어? 당신도 피곤할 텐데…."
한영은 일찍 일어나 아침을 준비하는 아내에게 미안해 머쓱한 표정으로 식탁에 앉으며 말했다.

"어제 새로 신입사원이 와서 팀원들하고 회식을 좀 했어."

"신입사원은 어때?"

"응, 좀 더 지켜봐야 하는데, 성실해 보여."

"참, 어제 이번 주말에 애들하고 놀이동산 놀러 가기로 약속한 거 기억하지? 약속, 꼭 지켜!"

"놀이동산?"

한영이 금시초문이라는 표정으로 놀라며 말했다.

"당신이 어제 자는 애들 깨워서 이번 주말 놀이동산 가자고 말해 놓고는 기억 못하는 거야? 아무튼 애들도 놀이동산 간다고 좋아하며 잠들었으니까, 약속 지켜야 해!"

한영은 북엇국을 먹으며 어제 술에 취해 아이들과 한 약속을 떠올렸다.

"아무튼, 얼른 속 풀고 출근해요."

한영은 춘천에서 여의도에 있는 직장으로 출퇴근하고 있었다. 지방대학 발효공학과를 졸업하고 모두가 부러워하는 대기업인 주류회사에 입사해 젊은 시절은 꽤 잘 나가는 편이었다. 직장인들 대부분이 그렇듯 반복되는 일상에 권태를 느낀 한영은 대기업을 과감하게 그만두고 30대 중반 휴대폰 대리점 사업을 시작했다. 사업은 생각만큼 쉽지 않았다. 40대 초반에 지지부진한 사업을 접고, 늦은 나이에 구직 활동을 하다 우연히 현재의 회사에 영업직으로 입사를 하였다.

강원도 춘천에서 서울로 출퇴근하는 것이 쉽지 않지만, 그보다 늦은 나이 다시 시작한 직장 생활이 더 힘들었다. 하지만 힘들다고 포기할 수는 없었다. 남들보다 뒤졌다는 생각에 모자란 실력을 노력으로 채워가며 누구보다 열심히 일했다.

한영은 6시 40분이면 집을 나섰다. 집에서 남춘천역까지 걸어서 15분 정도 걸린다. 다행히 춘천에서 용산까지 ITX 직통 전철이 개통되어, 전철로 한 시간 십 분 정도 소요되었다.

한영은 인프라사업팀 팀장으로 발령받은 이후에는 가방에 네트워크 기술서적을 넣어 다니며 공부했다. 어제 마신 술로 한 쪽도 채 읽지 못하고 잠들어 버린 한영은 용산역 도착 안내 방송에 깨어 급하게 전철에서 내렸다. 용산역에서 버스를 타고 사무실 앞에서 내렸다. 한영은 8시 반에 사무실에 도착했다.

사무실에는 신입사원 성주가 자리에 있었다.

"성주씨, 일찍 왔네. 어제 술을 많이 마신 것 같은데, 역시 젊어~."

"네, 팀장님. 속 괜찮으십니까?"

"아~ 난 속이 좀 안 좋은데. 급한 메일 좀 보내고, 모닝커피나 한잔하자고."

한영은 컴퓨터를 켜 이메일을 확인했다. 잠시 뒤에 심상민 대리가 평상시와 다름없는 단정한 모습으로 출근했다.

"팀장님, 일찍 오셨네요. 성주씨도 안녕?"

"어, 심대리 일찍 왔네. 참, 어제 '서경기업' 무선랜 구축이었지? 잘 끝났나?"

"어제 야간 작업이라 엔지니어 설치 나가는 것까지는 확인했습니다. 잘 끝났는지 확인해 보겠습니다."

"아니야. 문제가 있었으면 전화를 했겠지. 메일 하나만 보내고 셋이

서 커피 마시자고. 황과장은 어제 엄청나게 마시더니 조금 늦나 보네?"

한영의 PoE 견적 실수

9시쯤 정미영 본부장이 다급하게 들어와 본부장실로 들어가지 않고 인프라사업팀으로 왔다.

"심대리, 서경기업 무선랜 견적서 누가 작업했어?"

"네, 서경기업은 팀장님이 직접 하셨습니다."

"이한영 팀장님, 잠깐 제 방으로 들어오세요." 정미영 본부장의 목소리가 심상찮았다.

"네, 본부장님."

한영은 어리둥절한 표정으로 서경기업 관련 문서들을 챙겨 본부장실로 들어갔다. 성주의 눈은 모니터에, 귀는 본부장실에서 흘러나오는 소리에 집중했다. 심대리는 회사 그룹웨어에 접속하여 한영이 작성해 올린 서경기업 설계도와 무선랜 견적서를 살피고 있었다.

"큰일 났네!"

한참 동안 문서를 들여다보던 심대리는 머리를 만지며 한숨을 쉬었다. 이따금 본부장실에서는 고성이 새어 나왔다.

9시 15분쯤 성주의 전화기 벨 소리가 울렸다.

"네, 조성주입니다."

"뭐야! 내 전화번호 아직 저장 안 했어?"

수화기에선 황승언 과장의 목소리가 흘러나왔다.

"아닙니다, 과장님. 전화벨 소리 듣고 바로 전화를 받아서요."

"그리고 내가, 선배라고 부르라고 했지!"

"네 과장…. 아니 선배님."

"됐고, 빨리 1층으로 내려와 봐."

"네, 선배님."

성주가 전화를 끊으려는데 옆에 있던 심대리가 갑자기 전화기를 낚아채갔다.

"과장님, 지금 사무실 분위기 안 좋으니까 그냥 빨리 올라오세요." 심대리의 표정이 심각했다.

"어, 무슨 일 있어?"

"올라오시면 알아요"

통화가 끝나자 심대리가 성주에게 전화기를 건넸다. 잠시 뒤에 황과장은 눈치를 살피며 허리를 반쯤 숙인 채로 사무실에 들어왔다.

"팀장님은?"

심대리는 손가락으로 본부장실을 가리켰다.

"또, 무슨 일이야?"

"팀장님이 서경기업 무선랜 견적서에 〈PoE 스위치〉 견적을 실수하셨어요?"

황과장은 심대리가 모니터에 열어 놓은 설계도와 견적서를 유심히 살펴봤다. 잠시 뒤에 황과장의 입에서 탄식이 흘러나왔다.

"팀장님도 참, 우리한테 물어보고 하시지!"

잠시 뒤에 의기소침해진 한영이 본부장실에서 나왔다. 팀원들은 조용히 한영을 바라보았다. 자리에 앉은 한영은 두 눈을 감고 긴 한숨을 쉬었다.

"팀장님…. 괜찮으세요?"

"괜찮아, 황과장. 그래도 본부장님이 어제 제조사하고 이야기해서 구축은 잘 마무리되었어."

"참 황과장, 오늘 오전에 외근 없지?"

"네, 팀장님. 오전에 성주씨 교육하고, 오후에 컨설팅이 있어 나갑니다. 오후에는 심대리가 교육하기로 했습니다."

"그래 잘됐네. 그럼 오전에는 〈PoE 스위치〉 교육 좀 부탁해도 될까?"

한영은 황과장을 바라보며 말했다.

"네, 그럼, 잠깐 일 좀 보고, 30분에 회의실에서 보겠습니다. 성주씨도 30분에 회의실로 들어와."

사무실은 조용했다. 황과장은 어디론가 이메일을 보내고, 통화를 했다. 심대리는 성주에게 업무에 필요한 설명을 해주고 있었다. 한영은 자신 때문에 사무실 분위기가 어수선해진 것 같아 직원들에게 미안했다.

"교육 들어가기 전에 커피나 한잔할까? 성주씨, 1층 커피숍에서 커피 좀 부탁할게."

한영은 자신의 지갑에서 카드를 꺼내 성주에게 건넸다.

"황과장은 나랑 같은 따뜻한 아메리카노 맞지? 심대리는 카페라떼, 우리 막내는 본인이 좋아하는 거로."

"네, 알겠습니다. 팀장님."

"나는 회의실에 가 있을 테니까, 회의실로 가지고 와요."

한영은 노트를 들고 회의실로 들어갔다. 황과장과 심대리는 노트북을 들고 뒤따라 들어갔다. 잠시 후에 성주가 커피를 가지고 회의실로 들어가자 교육이 시작되었다.

L2 스위치 종류

"본격적으로 무선랜 교육을 하기에 앞서 네트워크 제품 중 가장 많이 활용되고 있는 〈스위치〉제품에 관해 살펴보겠습니다."

"우선 막내한테 질문 좀 해볼까요?"

황과장은 장난스러운 표정으로 성주를 바라봤다.

"성주씨, 〈L2 스위치〉와 〈L3 스위치〉에 대해서는 알고 있죠?"

"네, 선배님."

"설명해봐요."

황과장은 팔짱을 끼고 몸을 뒤로 젖혀 의자에 앉으며 성주에게 질문했다.

"〈L2 스위치〉는 〈OSI 7 Layer〉 중 2계층에 속하고, 프레임의 MAC 주소를 읽어 스위칭 하는 장비입니다. 〈L3 스위치〉는 〈OSI 7 Layer〉 중 3계층에 속하고, 패킷의 IP 주소를 읽어 스위칭 합니다."

"응, 그렇지. 성주씨, 〈L2 스위치〉는 주로 무슨 용도로 사용되죠?"

"업무용 PC나 프린터 등 유선 케이블을 통해 네트워크에 접근하는 제품들을 연결하기 위한 용도로 사용됩니다."

"그렇지"

황과장은 만족한 듯 미소를 지었다. 성주의 대답을 듣고 있던 심대리가 질문을 했다.

"그럼, 성주씨. 〈L2 스위치〉도 종류가 있는데 혹시 알고 있나요?"

"네? 〈L2 스위치〉 종류요?"

성주는 어리둥절했다. 학교에서 들어 본 적 없는 내용이었기 때문이다. 심대리가 신입사원을 쳐다보며 진지하게 이야기를 이어 나갔다.

"성주씨, 모르는 게 당연한 겁니다. 학교 교재에는 안 나오는 내용입니다."

심대리는 황과장의 노트북에 연결되어 있는 빔프로젝트 케이블을 빼서 본인 노트북에 연결했다.

"화면을 봐주세요."

"우선 〈L2 스위치〉는 다양한 종류가 있습니다. 기술적 분류는 아니고, 마케팅 관점에서의 분류입니다. 회사마다 용어의 차이가 있을 수 있지만 의미는 비슷합니다."

심대리는 진지하게 설명을 계속 했다.

"첫 번째 〈Unmanaged 스위치〉가 있죠. 〈L2 스위치〉이기는 한데, 전혀 관리 기능이 없는 스위치입니다. 장비를 관리하기 위한 〈콘솔 포트〉가 없기 때문에 스위치에 접속해서 관리할 수 없습니다. 스위치의 주요 기능이라 할 수 있는 〈VLAN virtual LAN〉, 〈STP spanning tree protocol〉, 〈IEEE 802.1Q〉 등 기본적인 스위치 기능들을 지원하지 않습니다. 물론 가격은 상당히 저가입니다."

성주와 한영은 집중해서 들었다. 심대리는 설명을 이어갔다.

"두 번째 〈WEB Smart 스위치〉가 있죠. 스위치를 관리할 수 있기는 한데, 〈GUI Graphic User Interface〉방식, 즉 웹 브라우저로 접속해서 관리하는 방식만 지원합니다. 〈VLAN〉과 같은 〈L2 스위치〉 기능이 지원되지만, 제약이 있기 때문에 기능 세부내용을 꼭 확인해야 합니다."

심대리는 잠시 멈추고 반응을 살핀 후 계속 설명했다.

"마지막으로 〈Full Managed 스위치〉가 있습니다. 앞에서 설명한 〈GUI Graphic User Interface〉방식과 〈CLI Command Line Interface〉 두 가지 방식 모두 지원합니다. 〈L2 스위치〉의 모든 기능을 지원하고, 제약이 없습니다."

스위치에 관한 심대리의 설명은 막힘이 없었다. 설명을 들은 성주는 심대리에게 질문했다.

"그러면 대리님. 제가 학교에서 배운 〈L2 스위치〉는 〈Full Managed L2스위치〉 인가요?"

"맞아요. 일반적으로 〈L2 스위치〉하면 〈Full Managed L2스위치〉를 말하죠."

"그럼 〈WEB Smart 스위치〉와 〈Unmanaged 스위치〉는 마케팅 관점으로 가격을 내리기 위해 일부 기능을 제한한 모델로 보면 되나요?"

성주는 심대리를 바라보며 질문했다.

"와~ 우리 막내가 아주 똑똑한데! 벌써 마케팅 관점이라는 의미도 이해했네."

황과장은 성주의 질문이 마음에 들었는지 크게 웃으며 말했다.

"이제 본론으로 들어가서 〈L2 스위치〉는 〈PoE 기능〉을 제공하는 〈PoE 스위치〉가 있습니다. 성주씨, 혹시 들어봤어?"

황과장이 질문했다.

"네, 〈PoE 스위치〉는 수업 시간에 들어는 봤는데, 솔직히 잘 모르겠습니다."

"성주씨, 집에 〈무선 공유기〉 사용하죠?"

황과장이 다시 물었다.

"네."

성주는 짧게 대답했다.

"〈무선 공유기〉도 〈무선 AP wireless access point〉입니다. 집에 〈무선 공유기〉의 전원 공급은 어떻게 하죠?"

황과장은 한영과 성주를 번갈아 보며 질문했다.

"전원 어댑터로 연결해서 사용합니다."

성주가 바로 대답했다.

"팀장님도 같으시죠?"

"응, 그렇지."

한영의 대답을 들은 황과장은 설명을 이어갔다.

"가정집은 공간도 크지 않고, 무선을 사용하는 사용자도 많지가 않죠. 그래서 대부분 〈무선 공유기〉를 거실 TV 옆에 설치합니다. TV 옆에는 전원 콘덴서가 있으니까 전원 공급에 문제가 없습니다. 하지만 기업은 다르죠. 환경에 따라 다르겠지만 최적의 무선 신호를 보내기 위해 천장이나 벽면 같은 곳에 〈무선 AP〉를 설치합니다. 그런데 천장이나 건물 벽면에 전원 콘덴서가 없으면 〈무선 AP〉에 전원 공급을 할 수가 없겠죠?"

한영과 성주는 황과장의 설명에 집중했다.

PoE와 PoE+ 기술 그리고 사소한 차이

"그래서 〈PoE〉 기술이 개발된 겁니다. 〈PoE〉는 〈Power over Ethernet〉의 약자입니다. 이더넷 케이블을 통해 데이터와 전원을 동시에 보내는 기술입니다."

황과장은 계속 설명했다.

"〈무선 AP〉에는 꼭 연결해야 하는 케이블이 두 개가 있죠? 데이터를 전송하는 이더넷 케이블과 전원공급을 위한 전원 케이블입니다. 하지만, 이더넷 케이블을 통해 전원을 공급을 할 수 있다면 별도의 전원 공사를 할 필요가 없습니다. 당연히 설치가 간편하고, 설치비용을 크게 줄일 수 있죠. 그래서 〈PoE 스위치〉가 개발된 겁니다."

황과장은 외모와는 달리 매우 세심하게 설명을 했다.

"여기까지는 팀장님도 아시죠?"

"응, 알기는 알지. 어설프게 알아서 그렇지!"

"그럼, 〈PoE〉와 〈PoE+〉에 대해서 알아보겠습니다. 화면을 봐주세요."

황과장은 준비된 자료를 빔 프로젝터로 보여주면서 설명했다.

"〈IEEE Institute of Electrical and Electronics Engineers〉는 아시죠? 전기전자공학 전문가들의 국제 조직입니다. 주요 역할은 전기전자에 대한 산업 표준 회의를 통하여 표준을 정하고 공표하여, 산업 기기 간의 표준화를 구현합니다. 〈IEEE〉는 〈802.3af〉를 통해 15.4W의 〈PoE〉 기술을 발표했습니다. 당시 IP 기반의 음성 및 영상 전송 장치나 〈무선 AP〉 등은 15.4W 전력이면 문제가 없었습니다. 하지만 최근 장비들은 15.4W 보다 더 높은 수준의 전력을 요구하고 있어 2009년 〈802.3at〉를 기반으로 한 〈PoE+〉를 발표하였습니다. 허용 전력은 30W입니다."

한영과 성주는 황과장의 자료를 보면서 각자 노트에 메모했다.

PoE : 802.3af, 허용전력이 15.4W
PoE+ : 802.3at, 허용전력이 30W
PoE와 PoE+는 허용전력이 다름. 꼭 기억해둘것

[한영의 노트 필기]

구분	PoE (802.3af)	PoE+ (802.3at)
허용전력	15.4w	30W
허용전압	44 ~ 57V	50 ~ 57V
허용전류	305mA	600mA

[성주의 노트 필기]

[그림 2-1 한영과 성주의 메모]

황과장의 설명이 끝나자 심대리가 이어 설명했다. 심대리는 황과장의 노트북에 연결된 빔 프로젝터 케이블을 옮겨 꽂으며 말했다.

"화면을 봐주겠습니까?"

빔 프로젝트에서 뿌려진 스크린에는 심대리가 띄워 놓은 〈무선 AP〉 데이터시트가 열려 있었다. 심대리는 일어나서 화면에 한 부분을 손가락으로 집으며 말했다.

구분		IN DOOR AP		
		AT-TQm1402	AT-TQ5403	AT-TQ5403e
	외관 이미지			
도입 기준	AP 방식	Micro Cell 방식	Cannel Blanket 방식	Cannel Blanket 방식
	AP 종류	Indoor/Wall mount형	Indoor/Wall mount형	outdoor/Wall mount형
	권장/최대 인원	30 / 128	40 / 128	50 / 200
	적용 평수	20평 66 제곱미터 m2	30평 99 제곱미터 m2	40평 132 제곱미터 m2
무선규격		802.11 a/b/g/n/ac	802.11 a/b/g/n/ac	802.11 a/b/g/n/ac
Radio Frequency		2.4GHz and 5GHz	2.4GHz and 2 x 5GHz	2.4GHz and 2 x 5GHz
전송속도		300 Mbps	867 Mbps	867 Mbps
MIMO		2 X 2 MU-MIMO	2 X 2 MU-MIMO	2 X 2 MU-MIMO
SSID		16	16	16
인터페이스		1P x 10/100/1000 Mbps	2P x 10/100/1000 Mbps	2P x 10/100/1000 Mbps
안테나		내장형	내장형	외장형
PoE 지원 전력		지원 (15.4 watts)	지원 (15.4 watts)	지원 (15.4 watts)
컨트롤러 지원		O	O	O

[그림 2-2 무선 AP 데이터시트]

"우리가 취급하는 〈무선 AP〉 제품 데이터시트입니다. 데이터시트는 제품 및 소프트웨어의 성능 및 특성 등을 모아 놓은 문서입니다. 일반적으로 데이터시트는 제조사에서 만듭니다. 하단 부분에 〈PoE 지원 전력〉 칸을 보시면 〈무선 AP〉 지원 전력을 확인할 수 있습니다."

"어, 정말로 제품마다 지원전력이 적혀 있었네……!"

한영은 화면을 보면서 신기해했다.

"네, 팀장님. 〈PoE 스위치〉 견적을 하기 전에 꼭 〈무선 AP〉 지원전력을 꼭 확인해봐야 합니다. 〈무선 AP〉 별로 PoE 지원 전력이 모두 다릅니다. 성주씨도 알겠죠?"

"네, 대리님. 꼭, 기억하겠습니다."

심대리는 슬라이드를 뒤로 넘기며 설명을 계속했다.

"〈PoE 스위치〉의 데이터 시트도 보겠습니다. 〈PoE 지원〉 칸을 보시면 스위치에서 지원하는 전력 용량과 포트수가 표기되어 있습니다."

구분	PoE 스위치		
	AT-GS950/28PS	AT-GS950/48PS	AT-GS970/28PS
외관 이미지			
스위치 구분	L2 PoE 스위치	L2 PoE 스위치	L2 PoE 스위치
스위치 종류	Web Smart Switch	Web Smart Switch	Full Managed Switch
Copper (PoE)	24포트	48포트	24포트
SFP	4포트(별도)	4포트 (Combo)	4포트(별도)
Switching capacity	48Gbps	96Gbps	56Gbps
Throughput	35.70Mpbs	71.2Mpbs	41.70Mpbs
Packet buffer	1MB	1MB	1.5MB
DRAM	64MB	64MB	256MB
Flash	16MB	16MB	64MB
MAC addresses	8K	8K	16K
PoE 지원	• 15.4W per 12 ports, • 30W per 4 ports	• 15.4W per 24 ports, • 30W per 12 ports	• Total Budget : 370W • 15.4W per 24 ports • 30W per 12 ports
VLAN	• Port-based, Up to 256 groups	• Port-based, Up to 256 groups	• Port-based, Up to 4096 groups
Port Trunking	• IEEE 802.1p tagging	• IEEE 802.1p tagging	• IEEE 802.1p tagging
Link Aggregation	• IEEE 802.3 ad	• IEEE 802.3 ad	• IEEE 802.3 ad, 802.1AX (static and LACP)
STP	• IEEE 802.1d/w/s	• IEEE 802.1d/w/s	• IEEE 802.1d/w/s

[그림 2-3 PoE 스위치 데이터시트]

한영과 성주는 빔 프로젝터에서 보여주는 화면을 바라보았다.

"그런데 심대리. 〈PoE 스위치〉는 전체 포트가 지원하는 게 아닌가?"

한영이 심대리를 보며 질문했다.

"네. 팀장님. 〈AT-GS950/28PS〉 모델을 보시면, 광포트를 제외한 〈RJ 45〉커넥터 타입의 포트가 24포트를 지원합니다. 24포트 포트 중에서 15.4W 기준으로 12포트만 지원하고, 30W는 4포트만 지원합니다."

한영이 살짝 당황한 얼굴로 심대리가 띄워 놓은 자료 화면을 바라보고 있었다.

"팀장님. 서경기업 〈무선 AP〉 몇 대 설계가 되었죠?"

"40대, 그래서 24포트 〈PoE 스위치〉 2대를 견적 했는데…."

심대리는 서경기업 견적서를 살펴보았다.

"서경기업 견적서를 보면 〈무선 AP〉 모델이 〈AT-TQm1402〉 모델입니다. PoE 전력이 15.4W가 필요한 모델입니다. 〈PoE 스위치〉는 〈AT-GS950/28PS〉 모델이고 데이터 시트를 보면 〈AT-GS950/28PS〉 모델은 15.4W 기준으로 12 포트를 지원하는 모델입니다."

앉아 있던 황과장이 일어나면서 빔 프로젝터 화면 쪽으로 다가서며 설명을 이어 나갔다.

"팀장님께서 제안한 〈PoE 스위치〉는 물리적인 포트 24 포트를 가지고 있습니다. 하지만 PoE용으로 동시에 사용할 수 있는 최대 포트가 15.4W 기준으로 12 포트라고 데이터시트에 나와 있죠. 나머지 포트는 PoE가 아닌 데이터용으로 사용해야 합니다. 정상적으로 〈AT-GS950/28PS〉 모델로 설계를 한다면 PoE 스위치 4대를 견적해야 했습니다."

그제야 뭔가 깨달은 한영은 민망해져서 고개를 바닥으로 떨구었다.

심대리는 그런 한영을 위로했다.

"기술팀도 잘못이 있는데요, 팀장님. 〈무선 AP〉 40대를 지원하지 못하는 〈PoE 스위치〉 2대가 설계되어 있으면 기술팀도 사전에 정확하게 체크했다면 미리 발견할 수 있었는데, 그냥 설치하러 간 것도 문제가 있죠."

"아니야, 기술팀이야 고객사 내부 환경을 모르니까 그냥 설치하러 갈 수도 있지. 참 그러면 어제 2대를 추가로 설치 한 거면 괜히 나 때문에 손해가 발생했네……."

한영은 자책으로 목소리가 풀이 죽어있었다.

"팀장님, 지난 일은 잊어버리세요. 일하다 보면 실수할 수도 있죠."

황과장도 한영을 위로했다.

PoE Budget

"그런데 선배님 〈AT-GS970M/28PS〉모델에는 〈Total Budget〉이라는 용어가 있는데요, 〈AT-GS950/28PS〉모델과 〈AT-GS950/48PS〉모델에는 없습니다. 〈Total Budget〉이라는 용어는 무슨 의미인가요?"

성주는 분위기를 돌리기 위해 궁금한 내용을 황과장에게 질문했다.

"오~ 예리한데, 오늘 교육 내용 중에 제일 중요한 부분인데."

황과장은 빔 프로젝터 화면을 바라보며 설명했다.

"〈PoE 스위치〉는 모델에 따라 스위치 포트별로 전력용량을 다르게 설정할 수 있는 모델이 있습니다. 〈Budget〉이란? 〈PoE 스위치〉가 지원할 수 있는 최대 전력 용량입니다. 〈AT-GS970M/28PS〉 모델은

15.4W 기준 24 포트 지원, 30W 기준으로 12 포트를 지원합니다. 여기까지는 이해를 했죠, 성주씨? 팀장님도 이해가 되셨죠?"

"네 선배님."

"이해했어, 황과장."

"그런데 〈무선 AP〉가 20W를 사용한다면, 그래도 30W 기준으로 12 포트만 PoE 전력이 공급된다면 좀 비효율적이겠죠?"

"네, 선배님. 그러면 너무 비효율적인데요."

"그러게, 전원용량이 많이 남는데…."

성주와 한영의 대답을 들은 황과장은 진지한 표정으로 설명을 이어갔다.

"〈Budget〉은 〈PoE 스위치〉가 지원하는 최대 전원 용량이라고 설명했습니다. 〈AT-GS970M/28PS〉는 〈Total Budget〉이 370W입니다. 〈AT-GS970M/28PS〉 모델은 포트별로 전원 용량을 다르게 설정할 수 있는 모델입니다. 그렇다면 20W 전원 용량을 사용하는 〈무선 AP〉를 〈AT-GS970M/28PS〉 스위치에서는 몇 대나 연결할 수 있을까요?"

"선배님 포트당 20W로 설정하면 18대를 연결할 수 있습니다."

황과장의 질문에 잠시 계산을 하던 성주가 바로 대답했다.

"성주씨가 암산이 빠르네. 그렇다면 〈PoE 스위치〉 가격이 싸다고 구축비용이 무조건 싼 건 아니겠네. 조금은 비싼 장비라도 〈PoE 스위치〉 포트별로 전원 설정을 할 수 있다면 구축 비용을 절감할 수 있겠는데."

한영은 서경기업 견적서를 바라보면서 황과장에게 말했다.

"그렇습니다. 그러면, 팀장님과 성주씨는 서경기업 〈PoE 스위치〉 설계를 다시 해볼까요? 전 잠시 담배 좀 태우고 올 테니까 서경기업에 어떤 〈PoE 스위치〉를 제안하는 것이 가격이 가장 저렴한지 설계를 해보시죠?"

황과장은 승언과 성주에게 문제를 내고는 심대리와 회의실을 나갔다. 한영과 성주는 회의실에 남아서 〈무선 AP〉, 〈PoE 스위치〉 데이터시트를 가지고 고민에 빠졌다.

얼마간의 짧은 시간이 흐르고 한영은 조용한 목소리로 성주에게 질문을 하였다.

"성주씨, 가장 저렴하게 구축할 수 있는 방법이 나왔어요?"

"네, 팀장님. 15.4W를 지원하는 〈무선 AP〉〈AT-TQm1402〉모델 40대를 위해서 〈PoE 스위치〉는 총 40포트가 필요합니다. 〈AT-GS950/28PS〉 4대보다는 〈AT-GS970M/28PS〉 두 대를 사용하는 것이 저렴합니다."

"나도 똑같이 나왔는데. 이런 걸 내가 성주씨에게 알려줘야 하는데, 이렇게 쉬운 일로 사고나 치고."

"아닙니다. 저도 교육을 받아서 알았는데요."

담배를 태우러 갔던 황과장 혼자 사무실에 들어왔다.

"심대리는?"

한영이 혼자 들어온 황과장에게 말했다.

"고객사에서 전화가 와서 잠시 통화 중입니다. 설계 결과는 나왔습니까?"

"응, 나하고 성주씨하고 같은 답이 나왔는데 〈AT-GS970M/28PS〉 2대를 설계하는 방법으로…."

"네, 정답입니다. 이제는 〈PoE 스위치〉 견적 할 때 실수 안 하시겠죠 팀장님? 성주씨도 PoE 스위치 견적 혼자 할 수 있겠지?"

"네 선배님."

"이렇게 설명을 들으니까 정확하게 알게 된 것 같아 황과장."

한영과 성주의 자신 있는 대답을 들은 황과장은 살짝 미소를 지으며 말을 했다.

"그런데 정말 〈AT-GS970M/28PS〉 두 대를 설계하는 방법이 가장 저렴한 구축 방법일까요?"

황과장의 의외의 질문에 한영과 성주는 혹시 설계가 틀렸는지 노트를 쳐다보며, 다시 계산을 하기 시작했다. 잠시 후 조용한 회의실 문이 갑자기 열리면서 쩌렁 쩌렁한 최보미 과장의 목소리가 회의실에 울려 퍼졌다.

"혹시 저 빼고 맛있는 거 몰래 드시는 건 아니죠?"

"앗, 깜짝이야! 최과장 교육 중인 거 안 보여~."

"아니 점심시간 됐는데 회의실에서 안 나오고 있으니까 맛있는 거 시켜 먹는 줄 알았지!"

황과장과 최과장은 입사 동기다. 최과장이 두 살 어리지만 최과장의 스타일상 두 살 정도는 거뜬히 친구로 지낼 수 있는 털털한 성격이었다.

"벌써 점심시간인가? 그럼 점심 먹고 합시다."

이한영 팀장이 휴대폰 시계를 보면서 말했다.

"팀장님. 오후에 저는 외근 나가야 하니까 심대리가 오후 교육을 진행할 겁니다."

황과장이 빔 프로젝터 케이블을 노트북에서 분리하면서 말했다.

"그럼 선배님 〈AT-GS970M/28PS〉 2대 말고, 더 좋은 방법이 있는 건가요?"

"그러게, 그건 알려주고 가야지 황과장?"

성주가 묻자 한영도 궁금한지 회의실을 나가는 황과장의 뒷모습을 보며 물었다.

"밥 먹으러 갈 때는 일 이야기 그만하죠. 신입, 밥 먹고 해도 하나도 안 늦어."

최과장은 신입을 째려보며, 빔 프로젝터를 끄고 한영을 잡아끌고 회의실을 나갔다.

"그런데 최과장 팀은 밥 안 먹어? 왜 우리 팀하고 밥 먹으러 가는 거야?"

"전, 노처녀들만 있는 우리 팀 사람들과 밥을 먹으면 소화가 안돼요 팀장님."

최과장은 한영에게만 속삭이듯 이야기를 했다.

"팀장님, 저 인프라사업팀하고 밥 먹으러 갑니다."

최과장은 사업기획팀쪽에다 대고 소리를 지르듯이 말했다. 사업기획팀과 보안사업팀 사람들이 최과장의 목소리에 놀라 시계를 봤다.

"최과장! 사무실에서 좀 조용히 이야기하라고 몇 번을 말해."

임선아 팀장은 얼굴이 빨개져서 최과장을 나무랐다. 그러나 결과적으로 최과장의 큰소리는 점심시간을 알리는 알림이 되었다. 점심을 먹기 위해 다들 일어났다.

건물 구내식당은 이미 사람들이 상당히 길게 줄 서 있었다.

"인프라사업팀 팀장이 〈PoE 스위치〉 견적 실수해서 기술본부 사람들이 어제 고생했다며?"

"그러니까 〈PoE 스위치〉 견적은 아무나 할 수 있는 거 아닌가?"

앞줄에 선 다른 본부 사람들이 한영의 실수를 말하고 있었다. 한영은 다른 곳을 보며 애써 외면했다.

"저 인간들 어떻게 알았지?"

최과장은 살짝 인상을 찌푸리며, 앞줄 사람들을 노려봤다.

"잠시만요."

보안사업팀 김영환 차장이 한영과 일행을 못 보고 식당 줄을 무시한 채 지나갔다. 김영환 차장은 회사에서 실적이 가장 좋았다. 상당히 똑똑하지만 이기적인 면이 있어 회사 직원들 사이에서는 인기가 별로 없었다.

"얼른 와~."

"줄이 엄청 긴데 무슨 이야기하고 있었어?"

"너네 본부, 왜 인프라사업팀 팀장 이야기하고 있었지."

"아~, 〈PoE 스위치〉 사고 친 거?"

김영환 차장과 동기들은 주위를 의식하지 않고 큰소리로 얘기했다.

"응, 그래 퍼즐이 맞춰지고 있어…. 그래 저 인간들 김영환 차장 동기들이었다. 이거지!"

최과장은 김영환 차장을 노려보며 불만스럽게 혼잣말을 했다.

"최과장, 가만히 있어."

불길한 기운을 느낀 한영이 최과장을 미리 단속했다. 그러나 가만 있을 최과장이 아니었다.

"잠시만요, 팀장님."

"저기 앞줄에 새치기하신 김영환 차장님!"

역시 최보미 과장의 목소리는 컸다. 줄 서있던 사람들이 모두 최과장을 봤다. 자기를 부르는 소리에 김영환 차장이 돌아봤다.

"어, 최과장 왜? 뭐라고 했어?"

"새치기하신 김영환 차장님이라고 했는데요? 늦게 오셨으면 저기 뒤에 줄을 서야 할 것 같은데, 제 앞에 계시니 당황스러워서요."

"최과장 또 왜 그래, 사람들 많은 데서."

"왜요? 입이 싸신 분은 새치기해도 되나요?"

"뭔 소리야?"

김영환 차장과 동기들은 그제야 최과장 옆에 선 한영과 인프라사업팀 사람들을 봤다.

"안녕하십니까, 팀장님!"

김영환 차장과 동기들은 한영에게 서둘러 인사를 했다. 그리고는 난처한 표정들을 지으며 어쩔 줄 몰라 했다.

"최과장, 그만해."

"아니요. 팀장님, 전 입 싼 사람한테 식당에서 새치기 당하는 꼴을 못 보거든요."

김영환 차장은 최과장을 노려보면서 식당 줄 뒤로 갔다. 그 동기들도 민망한지 김영환 차장을 따라 움직였다.

"최과장님, 괜찮겠어요?"

옆에 있던 심대리가 걱정스럽게 물었다.

"놔둬, 저 성질 어디 가냐."

황과장은 익숙한 일이라는듯 메뉴를 보면서 뱉듯이 말했다.

점심을 먹는 동안에도 최과장은 쉬지 않고 말했다. 정미영 본부장부터 본부 사람들에 관한 이야기였다. 점심시간은 최과장의 수다 속에 지나가고 있었다. 점심 시간이 끝나고 임선아 팀장의 호출로 최과장이 회의실로 불려갔다. 점심시간 식당에서의 일을 임선아 팀장이 알게 된 것 같았다.

PoE injector 활용

"팀장님, 오전 교육에 이어 오후 교육입니다. 오전에 제가 없을 때 황과장의 질문까지 들었습니다. 황과장의 질문에 대해 고민 좀 해보셨습니까?"

한영과 성주는 모르겠다는 표정으로 심대리를 바라봤다.

"〈무선 AP〉의 전원 공급을 위해 전원 어댑터와 〈PoE 스위치〉를 사용한다는 것이 오전 교육이었습니다. 〈무선 AP〉의 전원 공급을 위해 설계에 반영하는 장비가 하나 더 있습니다. 바로 〈PoE 인젝터〉입니다."

"〈PoE 인젝터〉?"

한영과 성주는 제품소개서에서 〈PoE 인젝터〉를 찾아보았다.

"〈무선 AP〉 하나만 설치하는 회사에서 전원 어댑터를 사용할 수 없다고 해서, 〈PoE 스위치〉를 구매해야 한다면 매우 비효율적이겠죠?"

심대리가 한영과 성주를 보고 질문했다.

"네, 대리님. 그런 경우는 차라리 전기 공사를 하는 편이…?"

성주가 심각한 표정으로 심대리를 보며 말했다.

"그렇다고 전기 공사까지 하는 건 더 비효율적일 것 같은데?"

"전원 어댑터도 비효율적이고, PoE 스위치도 비효율적이라면, 어찌해야 하지?"

한영이 심대리에게 질문했다. 심대리는 준비된 자료를 가지고 설명을 했다.

"화면을 봐주시죠. 그래서 〈PoE 인젝터〉라는 장비가 있습니다. 〈PoE 스위치〉와 같이 〈UTP 케이블〉을 통해 전원을 공급할 수 있는 제품입니다. 그런데 〈PoE〉 기준 한 개 포트만 지원하죠. 가격은 하나당 삼만원에서 오만원 정도 합니다."

[그림 2-4 전원공급 방법]

"〈PoE 인젝터〉는 한 개의 포트만 지원하는 〈PoE 스위치〉라고 보면 되겠는데, 예를 들어 〈PoE 스위치〉가 〈AP〉 12 포트를 수용 가능한데 고객사에 〈무선 AP〉가 13대 납품된다면 1개의 스위치를 더 구매해야 하는지, 〈PoE 인젝터〉로 구축할지를 고려해봐야겠군."

한영은 이해한 내용을 예를 들어 말했다.

"네, 맞습니다. 팀장님. 정리를 하면 무선랜에서 〈무선 AP〉는 설치 환경에 따라 전원을 공급할 수 있는 방법을 꼭 체크해야 합니다."

심대리는 노트북 화면을 닫으며 한영과 성주를 바라보았다.

"그럼, 오늘 교육한 내용을 정리해볼까요? 성주씨 전원을 공급하는 방법이 뭐가 있다고 했죠?"

"네, 선배님. 우선 〈전원 어댑터〉를 통해 전원공급이 가능하고, 불가능하다면 〈PoE 스위치〉와 〈PoE 인젝터〉를 통해 전원 공급이 가능합니다."

"네, 훌륭한 답변이었어요. 팀장님, 〈PoE〉 전원 용량과 관련한 표준 기술은 뭐가 있죠?"

"응, 두가지가 있는데 〈IEEE 802.3af〉 기반의 15.4W PoE 기술과, 〈IEEE 802.3at〉 기반의 30W PoE+ 기술이 있지."

한영은 자신 있게 대답했다.

"네, 간단한 기술인 것 같지만, 모르고 있다면 설계나 견적에서 많은 실수를 하는 부분입니다. 꼭 기억해 두셔야 합니다. 오늘 교육은 여기까지입니다."

"그런데 심대리님 〈PoE 인젝터〉의 지원 전력 용량은요?"

성주가 다급하게 심상민 대리를 바라보며 질문했다.

"좋은 질문입니다. 성주씨. 〈PoE 인젝터〉를 구매할 때 15.4W용과 30W용을 확인하고 구매해야 합니다."

"고생했어 심대리."

한영이 자리를 정리하며 일어났다.

"잠시만요, 팀장님. 백문이 불여일견이라고, 오늘 공부한 내용을 기술본부에 가서 직접 확인해보도록 하겠습니다."

심대리는 한영과 성주를 데리고 11층 기술본부로 이동했다. 기술본부는 네트워크와 무선랜을 담당하는 기술1팀과, 보안을 담당하는 기술2팀이 있었다.

"이쪽으로 오시면 됩니다."

기술1팀의 박현수 과장이 이한영 팀장 일행을 기다리고 있었다. 책상에는 〈무선 AP〉들과 〈스위치〉 장비들 그리고 〈PoE 인젝터〉로 보이는 장비가 준비되어 있었다.

“참고로 〈PoE 스위치〉는 포트에 〈무선 AP〉가 연결되면 자동으로 전원공급이 시작됩니다. 별도로 동작을 시켜주는 건 아닙니다. 그럼 〈AT-GS950/28PS〉 모델부터 확인해 보겠습니다.”

박현수 과장은 장비에 접속하여 마우스로 화면을 클릭하였다. 장비 메뉴에 〈Power over Ethernet〉 메뉴를 클릭하자 포트 정보들이 보였다.

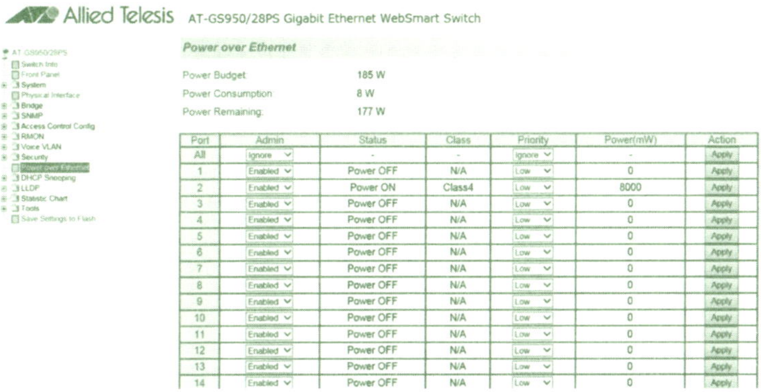

Port	Admin	Status	Class	Priority	Power(mW)	Action
All	Ignore	-	-	Ignore	-	Apply
1	Enabled	Power OFF	N/A	Low	0	Apply
2	Enabled	Power ON	Class4	Low	8000	Apply
3	Enabled	Power OFF	N/A	Low	0	Apply
4	Enabled	Power OFF	N/A	Low	0	Apply
5	Enabled	Power OFF	N/A	Low	0	Apply
6	Enabled	Power OFF	N/A	Low	0	Apply
7	Enabled	Power OFF	N/A	Low	0	Apply
8	Enabled	Power OFF	N/A	Low	0	Apply
9	Enabled	Power OFF	N/A	Low	0	Apply
10	Enabled	Power OFF	N/A	Low	0	Apply
11	Enabled	Power OFF	N/A	Low	0	Apply
12	Enabled	Power OFF	N/A	Low	0	Apply
13	Enabled	Power OFF	N/A	Low	0	Apply
14	Enabled	Power OFF	N/A	Low	0	Apply

[그림 2-5 PoE 스위치 PoE 동작 확인]

“미리 2번 포트에 〈AP〉 연결해 놓았습니다. 화면을 보시면 2번 포트 〈Status〉 메뉴만 〈Power ON〉이라고 되어 있을 겁니다. 그리고 〈Power〉 메뉴에 8W가 사용되는 것을 확인할 수 있습니다.”

“그냥 연결만 하면 동작하네.”

한영이 박현수 과장의 노트북을 바라보며 말했다.

“네, 팀장님. 〈AT-GS950/28PS〉 모델은 별도의 설정 없이 연결만 해주면 됩니다.”

박현수 과장은 케이블을 옮겨 꽂으며 다시 설명을 했다.

"다음은 〈Full Managed 스위치〉인 〈AT-GS970M/28PS〉 모델입니다. 〈Full Managed 스위치〉는 〈PoE Budget〉 내에서 포트별로 〈PoE 전력 용량〉을 수정할 수 있습니다."

박현수 과장이 명령 프롬프트 창을 열고 명령어를 입력하자 PoE로 동작하는 포트들이 노트북 화면에 보였다.

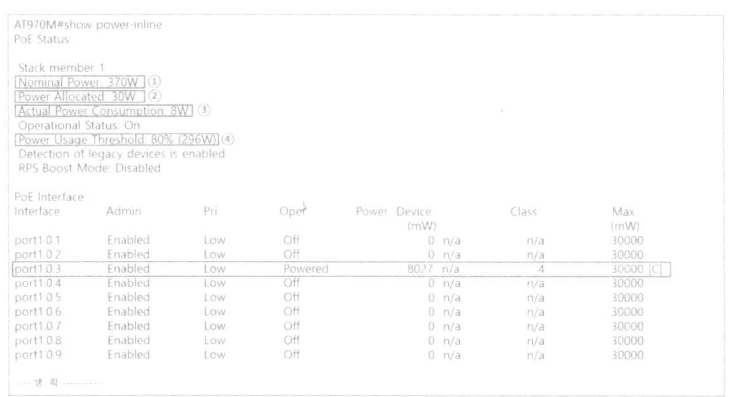

[그림 2-6 PoE 스위치 PoE 기본 동작 확인]

① [Nominal Power : 370W] : 장비의 총 PoE 전력용량.

② [Power Allocated : 30W] : 포트에 할당된 PoE 전력용량. 현재 3번 포트에 30W 할당.

③ [Actual Power Consumption : 8W] : 현재 사용중인 PoE 전력용량. 30W 사용되었지만 실제 사용량은 8W 사용. 트래픽이 많으면 용량이 상승.

④ [Power Usage Threshold : 80% (296W)] : PoE 사용가능한 용량.

박현수 과장은 화면에 보이는 내용들을 자세하게 설명해 주었다. 한영은 문득 황과장이 교육해준 내용이 생각났다.

"현수씨, 〈Full Managed 스위치〉 제품들은 포트별로 PoE 전력용량

수정이 가능하다고 들었는데 한번 보여줄 수 있을까?"

"네, 팀장님. 아주 간단합니다. 어떻게 할당을 할까요?"

"음…, 기본 30W이니까 일부는 20W하고, 일부는 25W로 설정해주면 될 것 같은데?"

"그럼, 포트별로 장비에 PoE 설정을 수정해 보겠습니다. 1번 ~ 5번 포트는 20W로 설정하고 6번에서 9번 포트는 25W로 설정하겠습니다."

박현수 과장은 〈PoE 스위치〉와 노트북을 콘솔 케이블로 연결하고 몇 번의 키보드 타이핑으로 한영의 요청대로 설정을 했다.

"이제, 설정이 제대로 되었는지 확인해보겠습니다. 화면을 같이 보시죠."

한영과 성주는 신기한 듯 노트북 화면을 바라보았다.

"1번에서 5번 포트는 20W이고, 6번부터 9번까지 포트는 25W와 값이 보입니다."

성주는 박현수 과장의 노트북을 보면서 말했다.

```
AT970M#configure terminal
AT970M(config)#interface port1.0.1-1.0.5
AT970M(config-if)#power-inline max 20000
AT970M(config-if)#exit
AT970M(config)#interface Port1.0.6-1.0.9
AT970M(config-if)#power-inline max 25000
AT970M(config-if)#end
AT970M#show power fin-line

생략~

PoE Interface:
Interface    Admin     Pri     Oper      Power Device    Class         Max
                                         (mW)                          (mW)
port1.0.1    Enabled   Low     Off           0   n/a      n/a          20000 [U]
port1.0.2    Enabled   Low     Off           0   n/a      n/a          20000 [U]
port1.0.3    Enabled   Low     Powered    8813   n/a        4          20000 [U]
port1.0.4    Enabled   Low     Off           0   n/a      n/a          20000 [U]
port1.0.5    Enabled   Low     Off           0   n/a      n/a          20000 [U]
port1.0.6    Enabled   Low     Off           0   n/a      n/a          25000 [U]
port1.0.7    Enabled   Low     Off           0   n/a      n/a          25000 [U]
port1.0.8    Enabled   Low     Off           0   n/a      n/a          25000 [U]
port1.0.9    Enabled   Low     Off           0   n/a      n/a          25000 [U]
생략~
```

[그림 2-7 PoE 스위치 PoE 설정 후 동작 확인]

"말로만 들었을 때보다 직접 눈으로 확인을 하니까 이해가 바로 되는데, 옆에 있는 〈PoE 인젝터〉도 이런 식으로 설정을 해주나?"

한영이 박현수 과장에게 질문했다.

"〈PoE 인젝터〉는 별도로 설정을 하지 않습니다. 〈무선 AP〉가 15.4W로 가능한지? 30W가 필요한지에 따라 〈PoE〉, 〈PoE+〉지원 여부만 확인하고 구매를 하면 됩니다."

한영과 성주는 박현수 과장의 말을 노트에 적었다.

"참! 팀장님. 오후에 〈얼라이드텔레시스〉에서 온다고 했습니다. 알고 계세요?"

"어, 박과장. 이번에 본사에서 엔지니어가 새로 발령받아 왔다고 인사하러 온다던데. 그동안 형진씨 혼자 고생 많았는데 인원이 충원되니 좋겠어?"

"그런데 형진씨 밑으로 오는 게 아니고 코리아지사 기술팀장으로 오는 거라 형진씨 입장에서는 별로 반갑지 않을 수도 있을 것 같습니다."

박현수 과장이 살짝 웃으며 이야기를 했다.

"그런가?"

한영과 성주는 장비 설정을 직접 해보고, 10층 사무실로 내려왔다.

"팀장님, 〈얼라이드〉에서 3시에 온다고 했으니까, 그 동안 성주씨에게 우리가 취급하는 제조사 제품들에 대해 간략하게 설명하고 있겠습니다."

"어, 그래요."

한영은 자리로 돌아와 서경기업건 자료 정리를 했다. 다시 해보니 별로 어렵지 않은 견적이었는데 실수한 게 새삼스레 창피했다. 외근 나갔던 황과장이 돌아오고, 심대리와 성주는 열심히 교육 중이었다.

3시 정각 〈얼라이드텔레시스〉 지사장과 새로 발령받은 기술팀장이 사무실로 들어왔다.

재회

"안녕하세요? 팀장님."

〈얼라이드텔레시스〉 김대연 지사장은 40대 후반이지만 상당히 스마트해 보였다. 좀 작은 체구지만 아이스하키로 관리해서인지 몸이 좋아 보였다. 100kg이 넘는 한영과는 대조적이었다.

"아이고! 지사장님, 오랜만입니다. 본부장님은 외근 중이시라 잠시 후에 돌아오실 겁니다."

한영이 김대연 지사장을 반갑게 맞았다.

"오늘은 새로 온 우리 기술팀장을 소개하러 왔습니다."

"안녕하세요? 〈얼라이드텔레시스〉 코리아지사 기술팀장 한지원입니다."

새로 발령받은 〈얼라이드〉 기술팀장은 여자였다. 그리고 상당한 미인이었다. 나이는 30초반으로 보이는데 외국계 회사의 기술팀장이면 꽤 빨리 진급을 한 것이다.

"이쪽으로 오세요. 황과장도 회의실로 와요."

한영은 지사장과 새로운 기술팀장을 회의실로 안내했다. 회의실에서는 심대리가 신입사원인 성주에게 열심히 교육을 하고 있었다.

"심대리, 성주씨. 〈얼라이드텔레시스〉 지사장님하고 새로 온 기술팀장님이 오셨어요."

한지원 팀장과 성주는 서로를 알아보며 놀랬다.

"어머, 성주야~. 여기서 일해?"

"지원 선배…?"

성주는 놀란 표정으로 한지원 팀장을 바라보았다.

"서로 아는 사이인가?"

한영은 궁금한 듯 한지원 팀장과 성주를 번갈아 봤다. 김대연 지사장과 황과장, 심대리도 덩달아 궁금해져 그 둘을 쳐다봤다.

"네, 잘 알죠. 학교 후배예요."

한지원 팀장은 환하게 웃으면서 말했다.

"아, 학교 후배였구나!"

한영과 사람들은 신기한 듯 말했다. 명함을 주고받으며 서로에게 인사를 했다. 그리고는 기술지원 업무와 관련된 이야기를 시작했다. 성주는 오랜만에 만난 학교 선배 때문인지 회의 내내 어리둥절한 표정이었다.

짧은 회의가 끝나 갈 무렵, 정미영 본부장이 돌아왔다. 한영은 한지원 팀장을 본부장에게 소개하고 본부장과 함께 11층 기술본부로 올라갔다.

기술본부와의 미팅은 좀 길어졌다. 어제 '서경기업'건과 최근 문제가 된 기술지원 프로세스 때문에 엔지니어팀과 할 이야기가 많았기 때문이었다. 김대연 지사장과 한지원 기술팀장은 기술본부와의 미팅이 끝나고 사무실에 잠시 들러서 인사를 하고는 돌아갔다.

"막내, 오랜만에 학교 선배를 만나 반갑겠네~?"

황과장이 궁금한 듯 성주에게 물어보았다.

"그러게, 학교 다닐 때 친했어?"

한영도 옆에서 거들었다.

"네, 동아리 활동을 같이해서 많이 친했습니다. 제가 1학년때 선배가 4학년이였습니다."

"친했는데 서로 다니는 회사도 몰라?"

어느새 인프라사업팀에 와 있던 최보미 과장이 말했다.

"선배가 학교 졸업하고 바로 외국으로 나가서요."

최과장은 고객을 갸웃하며 성주를 보는데 뭔가 신경에 거슬리는 게 있어 보였다.

"자, 다들 일하자고."

한영은 짓궂은 선배들로 난처한 성주를 위해 분위기를 돌렸다.

"참, 황과장. 대한통신 담당자분이 요청한 제안서 작성 끝났어?"

"네."

한영은 황과장과 출력한 제안서를 보면서 검토했다. 심대리는 새로 진행하는 프로젝트에 보안 장비 설계 문제로 보안사업팀 직원들과 미팅을 했다. 갑자기 모두들 정신없이 바빠 보였다. 황과장과 제안서 검토를 하던 한영이 고개를 들자 선배들을 부럽게 바라보는 성주가 보였다.

"성주씨?

한영이 성주를 불렀다.

"네, 팀장님."

성주가 대답했다.

"조금 있으면 성주씨도 정신없이 바빠질 거예요. 오늘 공부한 내용 정리 좀 하고 있어요."

한영은 미소를 지으며 말했다.

그때 책상 위 전화가 울렸는데 본부장실이었다. 한영은 본부장실을 바라보며 전화를 받았다.

"네, 본부장님."

"오늘 퇴근하고 혹시 약속 있으세요?"

어제 한영의 발주가 잘 못된 걸 몰랐던 엔지니어들이 〈무선 AP〉 40대를 〈PoE 스위치〉 2대에 연결하려다 시간이 꽤 지체되었다. 엔지니어들이 〈PoE 스위치〉가 지원하지 못하는 걸 뒤늦게 알고 고객사 담당에게 상황을 설명하였지만, 오랜 시간 기다리던 고객사 담당은 이미 기분이 상한 상태였다. 본부장은 고객사 담당하고 저녁 약속을 했고, 한영 때문에 벌어진 일이라 동석하라는 내용이었다.

"네, 알겠습니다."

전화를 끊은 한영은 저녁 약속을 위해 퇴근 준비를 했다.

"자, 난 저녁에 약속이 있으니까, 정리하고 퇴근하세요."

한영은 정미영 본부장 차를 타고 약속 장소로 이동했다.

"팀장님, 요즘 술 자주 드시죠?"

정미영 본부장이 물었다.

"네, 아닙니다."

"어제도 드셨을 텐데…, 건강 챙기세요. 참 신입사원은 어때요?"

신입사원에 대해 애기를 하다 보니 어느새 약속 장소에 도착했다. 저녁 자리에서는 어제 있었던 일에 대해선 언급 없이 사적인 애기들을 하며 술을 마셨다. 자리는 늦은 시간이 되어서야 끝났다. 고객 담당자를 대리운전을 불러 먼저 보내고, 정미영 본부장도 대리를 불러 보낸 후 한영은 혼자가 되었다.

"전철은 벌서 끊겼고, 동서울터미널로 가서 버스를 타야겠군."

한영은 전철을 타고 동서울터미털로 이동했다. 겨우 시간을 맞춘 한영은 춘천행 막차를 탔다.

"휴~! 오늘도 자는 애들 얼굴만 보겠네!"

한영의 긴 하루가 끝나고 있었다. 한영은 달리는 버스에서 창 밖에 보이는 어둠 속 풍경을 보다 잠이 들었다.

3일
첫사랑과의 재회

지원과의 첫 만남

과거 서울 한 대학

"안녕하세요? 록밴드 제우스 동아리입니다. 신입생을 모집합니다."
캠퍼스는 신입생들에게 가입홍보를 하는 동아리들로 활기가 넘쳤다. 오늘은 성주의 대학교 첫 수업이 있는 날이었다.
"조성주~."
학교 정문을 막 들어서는 성주를 누군가 큰 소리로 불렀다. 지방에서 올라온 성주는 서울에 친구가 없었다. 고향에서 같은 대학을 온 친구는 단 한 명이었다.
'조재성!'

재성은 성주와 중학교, 고등학교를 같이 다닌 친구인데 대학까지 같이 다니게 되었다.

"야, 한참 불렀는데 정신을 어디 두고 다니는 거야?"

재성은 학교 앞에서 자취를 하고 있었다. 성주는 학교 근처 자취방 가격이 비싸 조금 떨어진 곳에 방을 구했다.

"첫 수업 네트워크 개론이지? 늦었다. 얼른 가자."

서둘러 강의실로 들어온 성주와 재성은 맨 뒤쪽 자리에 앉았다. 재성은 자리에 앉자마자 책상에 머리를 붙이고 잠을 잤다. 잠시 뒤 동아리 홍보를 위해 사람들이 강의실로 들어왔다.

"와~ 엄청 이쁜데!"

강의실 안 남학생들은 일제히 탄성을 질렀다.

"안녕하세요? 저는 정보통신공학과 네트워크 동아리 회장 한지원입니다. 우리 동아리는 네트워크를 공부하는 전공 스터디입니다."

"누구야? 완전, 이쁘잖아!"

자는 줄 알았던 재성은 어느새 일어나 동아리 선배의 말에 집중했다.

"관심 있는 학생들은 이번 주 수요일까지 지원 서류를 동아리방에 제출해주면 됩니다. 그리고 이번주 금요일 학교 앞 호프집에서 동아리 신입생 환영식이 있으니까, 많은 참석 부탁드립니다."

"질문 있습니다."

재성이었다. 재성은 성주와는 다르게 외향적인 성격이었다.

"남자 친구 있으세요?"

"글쎄요, 이번 주 금요일 동아리 신입생 환영식에 오면 얘기해줄게요."

"네, 선배님. 꼭! 가겠습니다."

그때 문이 열리면서 교수가 들어왔다.

"지원 학생, 오랜만이네?"

"안녕하세요? 교수님. 잠시 동아리 홍보하고 있었습니다."

"지원자가 좀 있나?

"네, 저 뒤에 한 명 지원했습니다."

지원과 동아리 사람들은 교수에게 인사를 하고 강의실을 나갔다.

"자, 그럼, 수업을 시작해 볼까요?"

성주와 재성의 대학 첫 수업이 시작됐다.

수업을 마치고 성주는 재성에게 억지로 끌려가는 척하며 네트워크 동아리에 가입을 했다.

금요일 동아리 신입생 환영식에 성주와 재성은 가입한 다른 신입생들과 함께 호프집으로 갔다.

"어서들 와요."

선배들이 반갑게 맞았다. 동아리 인원은 20명 정도였지만 취업 준비하는 일부 4학년 선배들과 개인 사정으로 참석하지 못한 선배들이 있어 신입생 환영식에는 10명 정도의 선배가 있었다. 재성은 한지원 선배 옆자리에 재빨리 앉았다.

"저 놈인가, 지원이 남자 친구 있냐고 물어본 신입생이?"

4학년 남자 선배가 지원 선배를 보며 장난스럽게 물었다.

"조재성입니다. 잘 부탁드립니다. 선배님."

재성이 벌떡 일어나 넙죽 인사를 했다.

"참고로 지원이는 남자 친구가 없다."

"좋은 정보, 감사합니다. 선배님."

"저 친구, 넉살이 좋네"

재성이 때문에 동아리 사람들이 웃었다.

현재 경기도 일산 성주의 오피스텔
수요일 오전 6시

띠띠띠~ 띠띠띠~

어둠 속에서 자명종이 울리고 있었다. 침대 옆을 더듬어 자명종 버튼을 눌렀다. 시끄럽던 소리가 사라지고 성주는 침대에서 일어났다. 채 떠지지 않은 눈을 비비며 침대에 앉았다.

'지원 선배를 이렇게 다시 보다니…!'

잠시 멍하게 앉아 있던 성주는 트레이닝복으로 갈아입고 오피스텔을 나서서 공원으로 향했다. 따로 운동할 시간이 없기에 매일 아침 조깅을 습관화했다. 덕분에 성주는 비교적 군살이 없었다.

가볍게 30분 정도 뛰고 온 성주는 샤워를 하고 출근 준비를 했다. 하나밖에 없는 양복에 섬유 방향제를 뿌리고는 서둘러 오피스텔을 나섰다. 출근길에는 전공 서적을 읽으면서 부족한 공부를 했다.

8시 30분 사무실에 도착한 성주는 이메일부터 살폈다. 그 때 성주의 휴대폰이 울렸다.

"네, 아이티앤티 조성주입니다."

"성주야, 나야. 너무 일찍 전화했나?"

지원 선배였다.

"아니에요, 선배. 사무실에 막 출근했어요."

"저녁에 약속 있어?"

지원 선배는 오늘 저녁을 같이 먹자고 했다.

"네, 선배. 일 끝나고 상암동 선배 회사 근처에서 전화 드릴게요."

"오~ 선배를 오늘 만나기로 했구나. 막내!"

어느새 온 황과장이 성주의 전화기에 얼굴을 갖다 대며 말했다.

"사랑은 그렇게 찾아오는 거지~!"

지나가던 이한영 팀장도 장난스럽게 말했다.

"축하해, 성주씨."

무표정하게 앉아있던 심대리까지 말을 보탰다.

"그, 그런 게 아니라 오랜만에 봐서 같이 저녁 먹자고…."

당황한 성주가 서둘러 변명을 했다.

"성주씨, 그럼 상암 얼라이드 사무실 앞에서 6시에 보자고."

보안사업팀 김영환 차장이 파티션에 머리만 쏙 내밀면서 자못 진지한 표정으로 말했다.

"넌 빠져!"

이한영 팀장의 지르는 한마디에 파티션 너머 김영환 차장의 머리가 쏙 사라졌다.

"황과장, 오늘 교육은 몇 시에 시작하지?"

"오전에 잠시 업무 좀 보고, 10시에 시작하겠습니다."

사람들은 각자 업무에 집중했다. 선배들이 거래처 사람들과 통화하는 목소리가 성주에게 들려왔다. 성주는 회사 〈그룹웨어 groupware : 여러 사용자들

이 각기 별개의 작업 환경에서 하나의 프로젝트를 동시에 수행할 수 있도록 만들어 주는 소프트웨어로 회사내에서 전

결재, 전자메일 등 다양한 기능을 제공한다.〉에 접속해서 선배들이 올린 결재 문서를 보고 있었다.

"회사 업무의 대부분은 문서로 시작해서 문서로 끝납니다. 그룹웨어에 선배들이 올린 결재 문서를 보고 사전에 문서 형식을 꼭 참고해 놓으세요, 성주씨."

심대리는 본인 업무를 하면서 중간중간 성주에게 회사 생활에 필요한 것을 알려주었다.

10시가 되자 황과장와 이한영 팀장, 성주는 회의실로 들어갔다. 심대리는 컨설팅이 있어 외근을 나갔다.

CSMA/CD와 CSMA/CA 프로토콜

"벌써 3일 차네요. 오늘은 본격적으로 〈무선랜 Wireless LAN〉교육을 하겠습니다. 성주씨, 요즘 우리 부서 컨설팅 업무 대부분은 무선랜입니다. 최근에는 기업의 사내망이 유선랜 보다 무선랜으로 구축하는 경우가 많습니다. 과거에 무선랜은 호텔, 커피숍, 컨벤션 센터, 공항 같은 일반 대중들이 많이 모이는 공공장소 서비스로 사용되는 데만 활용되었죠. 기업의 사내망이 무선랜으로 전환되는 경우도 소호사무실 정도였으니까요."

황과장은 성주와 이한영 팀장을 번갈아 보면서 설명했다.

"최근 들어 무선랜 기술은 눈부시게 빠른 속도로 발전했고, 지속적으로 발전하고 있어요. 무선랜 기술의 발전으로 많은 기업들의 사내망을 유선랜에서 무선랜으로 대체하고 있는 게 현실입니다. 공공기관의 공용

Wi-Fi 사업은 전통시장, 유원지 등 매우 다양한 곳까지 구축을 확대해 가고 있습니다."

옆에서 지켜보던 이한영 팀장도 거들고 나섰다.

"기존 유선네트워크 환경에 익숙한 사용자들을 대상으로 무선랜 컨설팅을 하다 보면 막연한 불안감을 가지고 있는 게 현실이야. '안정적일까?' '유선랜보다 느리지는 않을까?' 또는 '보안이 문제가 되지는 않을까?' 다양한 불안감을 가지고 있지."

"맞습니다, 팀장님. 실제로 기업 전산 담당자들을 대상으로 무선랜 컨설팅을 하다 보면 사용해보지 않은 무선랜으로의 전환을 두려워하는 반응을 쉽게 볼 수 있죠. 이런 고민을 컨설턴트가 해결해줘야 합니다."

"열심히 공부해야겠는데, 성주씨 우리 각오 단단히 하자고."

이한영 팀장은 성주를 바라보며 말했다. 황과장의 설명이 계속 이어졌다.

"무선랜을 공부하는 데 있어 가장 중요한 통신방식을 설명하기에 앞서, 두 방식의 연결 방법을 살펴보겠습니다."

황과장은 노트북을 빔 프로젝터와 연결하고, 화면에 유선네트워크와 무선네트워크 연결 방식 비교 자료를 띄웠다.

"무선네트워크와 유선네트워크의 가장 큰 차이는 〈무선 주파수 radio frequency〉의 사용 유무입니다. 기존 유선네트워크는 〈L2 스위치〉와 컴퓨터에 유선 케이블을 연결하여 통신합니다. 무선랜은 〈무선 AP〉를 통해 무선통신을 하죠."

황과장의 설명을 듣던 성주가 궁금한 표정으로 질문했다.

"무선랜은 〈무선 AP〉 장비를 추가로 설치해야 하니까, 구축 비용이

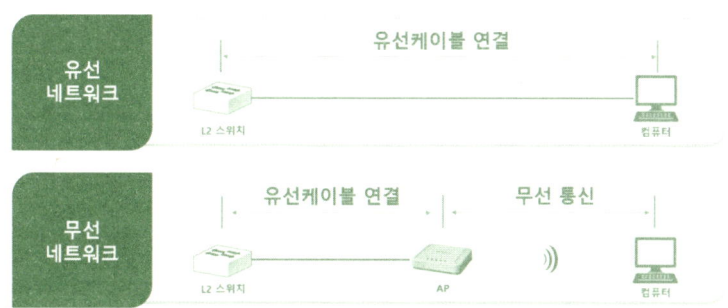

[그림 3-1 유선네트워크 vs 무선네트워크]

추가로 발생하겠는데요, 선배님?"

성주의 질문을 들은 황과장은 미소를 지으며 말했다.

"단순하게는 그렇게 생각할 수 있지. 하지만 직접 설계를 해보면 꼭 그렇지는 않아."

성주와 이한영 팀장은 황과장의 이야기를 듣고 고민에 빠졌다. 황과장은 설명을 이어갔다.

"유선네트워크 구축 시 〈L2 스위치〉는 모든 업무용 컴퓨터 수량만큼 〈포트 port〉 설계를 해야 합니다. 만약 업무용 컴퓨터가 100대라면 〈L2 스위치〉는 100개 이상의 포트가 필요하겠죠?"

성주와 한영은 필기를 하며 황과장의 설명에 집중했다.

"하지만 무선랜에서 〈L2 스위치〉는 〈무선 AP〉와 일부 프린터들만 연결하면 되기 때문에 〈포트〉가 많이 필요 없습니다."

"〈L2 스위치〉 수량이 많이 줄어들겠는데요, 선배님?"

성주가 황과장을 바라보며 말했다.

"그렇지. 그리고 또 하나, 무선랜을 구축하면 생기는 가장 중요한 장점이 있습니다. 팀장님은 아시죠?"

황과장이 이한영 팀장을 바라보며 질문했다. 성주도 팀장을 바라봤다.

"업무용 컴퓨터가 〈L2 스위치〉와 직접 연결되는 것이 아니고, 〈무선 AP〉와 무선으로 연결되기 때문에 유선케이블 공사 비용이 많이 절감되지. 실제로 인사이동이나 사무실 재배치로 인해서 케이블 공사가 빈번한 회사들은 상당한 비용절감 효과를 얻을 수 있지."

이한영 팀장의 이야기를 들은 성주는 이해 한 듯 고개를 끄덕거렸다.

"네, 팀장님. 정확하게 설명을 해 주셨습니다. 성주씨, 이해했죠?"

이한영 팀장의 설명이 흡족한 듯 황과장은 미소를 지으며 성주를 바라보고 말했다.

성주는 고개를 끄덕거려 대답을 대신했다.

"이제 본격적으로 유선네트워크와 무선네트워크의 통신방식에 대해 설명을 드리겠습니다. 화면을 같이 보시죠."

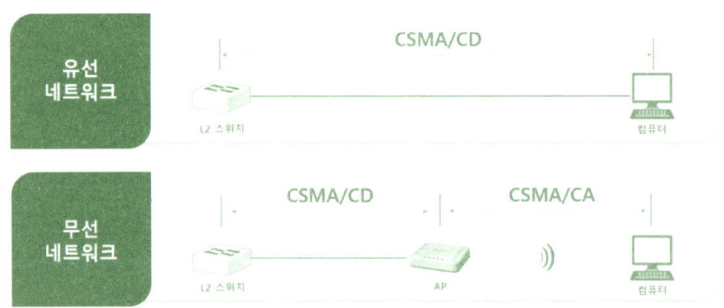

[그림 3-2 CSMA/CD vs CSMA/CA]

"유선네트워크에서는 〈L2 스위치〉와 연결된 컴퓨터들은 〈CSMA/CD〉 통신방식으로 통신을 합니다. 그리고 무선네트워크에서는 〈L2 스위치〉

와 〈AP〉간은 〈CSMA/CD〉 통신방식을 사용하고, 〈AP〉와 컴퓨터 간에는 〈CSMA/CA〉 통신방식을 사용합니다.

황과장의 설명을 듣던 이한영 팀장은 처음 들어보는 용어 때문에 조금 당황했다.

"화면에 나오는 용어들 들어보셨죠?"

"네, 선배님."

"나는 〈CSMA/CD〉와 〈CSMA/CA〉 처음 들어보는데, 황과장?"

이한영 팀장이 머쓱한 웃음을 지으며 말했다.

"그럼, 성주씨가 설명을 해볼래요?"

황과장은 성주에게 설명할 기회를 주었다.

"〈CSMA/CD〉는 〈이더넷 ethernet〉에서 사용하는 경쟁 통신 방식입니다. 〈CS〉는 〈Carrier Sense〉 매체를 누가 사용 중인지 확인하고, 〈MA〉는 〈Multiple Access〉 네트워크가 비어 있다면 누구든 사용 가능 합니다. 마지막으로 〈CD〉는 〈Collision Detection〉의 약자로 메시지를 전달하면서 충돌 여부를 살펴봅니다."

성주는 자신이 알고 있는 내용이라 자신 있게 설명했다.

"〈이더넷 ethernet〉은 경쟁 방식으로 통신을 하기 때문에 충돌을 관리하는 것이 매우 중요합니다. 충돌이 발생하면 〈ZAM signal〉을 통해 모든 매체에 충돌 신호가 뿌려지고 〈ZAM signal〉을 받은 모든 장비들은 잠시 대기를 합니다. 그러다 일정 시간이 지나고 다시 통신이 이루어집니다."

"오~ 잘 알고 있네."

황과장은 성주에 대답이 마음에 들었는지 흐뭇하게 성주를 바라보며 말했다.

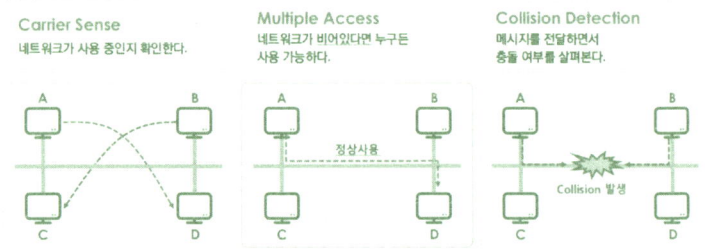

[그림 3-3 CSMA/CD 동작]

"팀장님, 화면에 보이는 것처럼 유선네트워크는 〈CSMA/CD〉를 통해 충돌을 관리하면서 통신을 합니다. 〈CSMA/CD〉프로토콜이 동작하는 영역을 〈Collision Domain〉이라고 하는데 유선네트워크에서는 이 영역을 너무 크지 않게 설계하는 것이 매우 중요합니다."

황과장은 유선네트워크를 잘 모르고 있는 이한영 팀장을 위해 추가 설명을 해주었다.

"예전 〈허브 HUB〉라는 장비를 사용할 때는 이슈가 많았지만 요즘은 〈L2 스위치〉를 사용하고 있어 〈Collision Domain〉에 대한 이슈는 사라졌습니다."

"〈L2 스위치〉는 〈CSMA/CD〉 방식을 사용 안 해?"

이한영 팀장이 황과장에게 질문했다.

"그런 건 아닙니다. 〈허브〉 장비는 전기적인 신호를 들어온 포트만 제외하고 나머지 포트에게 전달합니다. 그리고 충돌이 나는지 확인하죠. 그런데 〈L2 스위치〉는 하드웨어 주소인 〈MAC media access control〉 주소를 가지고 특정 목적지로 정확하게 전달하기 때문에 충돌에 대한 이슈가 사라진 겁니다. 하지만 〈CSMA/CD〉 방식은 그대로 사용합니다."

이한영 팀장이 고개를 끄덕이자 황과장은 계속 설명했다.

CSMA/CA 동작 핵심은 RTS와 CTS

"무선랜은 〈CSMA/CD〉가 아닌 〈CSMA/CA〉 통신 방식을 사용합니다. 〈CSMA/CA〉에 대해 알아보겠습니다. 앞에 〈CSMA〉는 우선 똑같습니다. 하지만 마지막 〈CA〉는 〈Collision Avoidance〉의 약자로 충돌 회피라고 합니다. 유선네트워크는 〈Collision〉, 즉 충돌을 탐지하는 것이 가능합니다. 하지만 무선랜에서는 충돌을 탐지하는 것이 매우 힘듭니다. 그래서 탐지하지 않고 '회피'하는 것이죠"

황과장은 〈CSMA/CA〉 동작 방식 설명자료를 빔 프로젝터에 띄워 놓고 상세하게 설명했다.

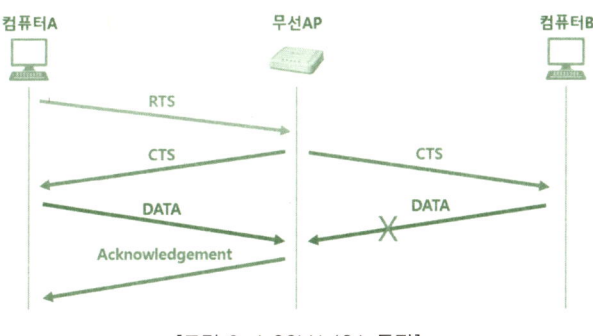

[그림 3-4 CSMA/CA 동작]

"화면을 보면 '컴퓨터 A'는 무선 통신을 하기 위해 〈무선 AP〉에게

〈RTS request to send〉 신호 즉, 〈송신 요청 프레임〉을 보내는 것으로 프로세스가 시작됩니다. 〈무선 AP〉는 송수신 중인 다른 신호가 없다면 '컴퓨터 A'에게 〈CTS clear to send〉 프레임을 보내 응답합니다. 여기서 중요한 것은 〈무선 AP〉는 〈CTS〉 프레임을 '컴퓨터 A'에게만 보내는 것이 아니라 '컴퓨터 B'에게도 보냅니다."

황과장은 매우 진지했다.

"이때 자신이 보내지 않은 〈RTS〉에 응답 프레임 〈CTS〉를 받은 '컴퓨터 B'는 정해진 시간동안 데이터 전송이 제한됩니다. '컴퓨터 A'는 자신이 보낸 〈RTS〉에 대한 〈CTS〉 프레임 신호를 받았기 때문에 데이터 전송이 시작됩니다. 마지막으로 데이터 전송이 끝나면 〈ACK〉를 통해 통신을 마무리합니다. 〈CSMA/CD〉보다는 조금 복잡하죠?"

황과장이 이한영 팀장과 성주를 보며 말했다.

"지하철은 자리가 비면 눈치 빠른 사람이 앉는 방식이고, 기차는 표를 끊을 때 좌석이 결정되는데 비슷한 비유일까, 황과장?"

이한영 팀장은 황과장이 설명해준 내용을 잘 이해하고 있는지 비유를 통해 물어보았다.

"네, 비슷합니다. 유선은 지하철, 무선은 기차와 같은 방식이네요. 그럼 팀장님은 매일 〈CSMA/CA〉 방식으로 출퇴근하고 계시는 거네요?"

황과장이 이한영 팀장을 바라보며 웃으며 말했다.

"그런데, 팀장님 춘천에서 서울로 오는 전철도 있는데 비싼 ITX를 타고 출퇴근하세요?"

성주가 이한영 팀장에게 질문했다.

"그게, 춘천에서 서울로 출퇴근하는 사람들이 생각 외로 많아. 그래서 이른 아침이라 해도 전철에 자리가 없어서 서울까지 서서 와야 해. 그러고 보니 충돌 도메인이 큰가 보네!"

그렇게 한참 유선과 무선 통신 방식에 대해 여러 가지 비유를 하면서 이야기했다.

"오늘은 여기까지 교육을 하겠습니다."

황과장의 교육이 끝나고, 각자 자리로 돌아갔다.

"성주씨, 파워포인트 좀 할 줄 알아?"

황과장이 급하게 물어왔다. 황과장은 성주에게 제안서 파일을 메일로 보내고 일부 수정을 부탁했다. 내용은 모두 작성했기 때문에 디자인만 간단하게 수정하면 되었다. 성주는 학교에서 배운 파워포인트 기술을 활용해 열심히 작성하고 있었다.

"디자인은 재능입니다. 노력으로 되는 일이 아니에요."

최보미 과장이 어느새 성주가 작업하는 컴퓨터를 바라보고 있었다.

"누구예요? 저따위로 문서를 만들어서 수정 해 달라고 한 사람이?"

성주는 당황했다.

"저 색감 하며, 통일되지 않은 폰트, 가로세로 정렬 안된 포맷. 딱 봐도 저 인간인데?"

최보미 과장은 황과장을 한심한 듯 보며 이야기하였다.

"그게, 최과장 시간이 없어서 말야. 그래도 나름 열심히 한 건데…."

황과장이 변명 삼아 말했다.

"성주씨 저한테 메일로 보내요. 제가 해줄게요."

"웬일이야, 최과장이 먼저 해준다고 하고. 성주씨 얼른 보내 마음 변하기 전에. 그리고 나하고 같이 외근 나갑시다."

이한영 팀장이 성주와 최보미 과장을 번갈아 바라보며 말했다.

성주는 작업하던 파일을 최과장에게 이메일로 보내고, 이한영 팀장을 따라 외근을 나갔다. 회사에 입사하고 처음 나가는 외근이었다.

"팀장님, 어디로 가시는 거예요?"

"우리가 대한통신과 일하는 건 알지? 대한통신은 전국에 본부가 있는데 오늘은 수도권본부 담당자분들에게 성주씨 인사 좀 시키려고."

이한영 팀장은 수도권 강북, 강남, 서부본부를 다니면서 성주를 소개했다. 수도권본부 담당자들은 이한영 팀장과 성주를 반갑게 맞아 주었다.

"오늘 힘들었지, 성주씨?"

이한영 팀장이 운전을 하면서 성주에게 말했다.

"운전하시느라 팀장님이 힘들었죠. 저는 옆에만 있어서 괜찮습니다."

"참, 오늘 한지원 팀장 만나기로 했지? 나도 사무실에 차를 두고 퇴근해야 하니까 가는 길에 내려줄게."

"저 사무실에 안 들어 가고 바로 퇴근 해도 되나요?"

"그걸 전문 용어로 '직퇴'라고 하지."

성주는 이한영 팀장 덕분에 늦지 않게 상암 '얼라이드텔레시스' 사무실 앞에 도착했다.

"그럼, 내일 보자고 성주씨."

"네, 조심해서 들어가세요. 팀장님."

차에서 내리자마자 지원에게서 전화가 왔다.

"어디?"

"방금 사무실 앞에 도착했어. 선배!"

"잠깐만 기다려, 금방 내려갈게"

5분 정도 시간이 흐른 후 건물 1층 로비에 지원이 내려왔다. 흰색 블라우스에 베이지색 치마 정장을 입은 지원은 대학 때처럼 사람들의 시선을 사로잡았다. 멀리서부터 지원이 성주를 부르며 다가왔다.

"성주야~."

지원은 회사 근처 중국집으로 성주를 데려갔다. 지원은 성주가 좋아하는 탕수육과 안주로 양장피를 주문했다.

"정말, 오랜만이다~ 성주야. 옛날 생각 하면서 오늘 코가 삐뚤어지게 마셔보자."

술을 마시면서 지원은 계속 성주에게만 질문했다. 자신의 이야기는 의식적으로 하지 않는 것 같았다. 성주도 굳이 물어보지는 않았다.

"참, 인프라사업팀이면 무선랜 컨설팅 업무를 하겠네?"

지원이 성주의 술잔에 술을 따라주며 말했다.

"안 그래도 오늘 〈CSMA/CA〉 방식에 대해 교육을 받았는데, 왜 무선랜은 〈CSMA/CD〉를 사용하지 않고 〈CSMA/CA〉를 사용하는지 이해가 잘 안가요?"

한지원 팀장은 40도가 넘는 독한 고량주를 단번에 마시고는 성주를 위해 〈CSMA/CA〉 프로토콜 설명을 해주었다.

왜? 무선랜은 CSMA/CA를 사용할까?

"성주야, 알고리즘을 공부할 때는 개념에 대해 깊게 공부할 필요가 있어. 우선 〈CSMA〉 프로토콜에 대해 이야기해볼까?" 잠시 뜸을 들인 뒤

지원이 설명을 이었다. "여러 호스트가 네트워크를 사용하고자 할 때, 가장 중요한 것은 서로 충돌이 되지 않도록 질서가 있어야 해. 〈CSMA〉는 성주도 알고 있는 것처럼 데이터를 전송하기 전에 다른 호스트가 먼저 사용 중인지 신호를 감지하는 프로토콜이야."

성주는 학교 다닐 때 네트워크 동아리에서 지원 선배에게 네트워크기술을 배웠던 기억이 떠올랐다.

"유선의 〈CD〉는 〈Collision Detect〉, 충돌을 감지해서 질서를 유지하는 방법이고, 무선 〈CA〉는 〈Collision Avoidance〉 즉, 충돌을 회피하는 방식이지. 여기서 핵심은 무선은 왜 회피를 할까?"

성주는 황과장의 교육 때도 이 부분이 이해가 안 됐다.

"성주야! 무선랜에서는 두 가지 문제 때문에 〈CSMA/CD〉 기술을 사용하지 못하고 〈CSMA/CA〉 기술을 사용하는 거야."

'두 가지 문제.'

"첫 번째는 〈Hidden Terminal Problem〉 우리말로 하면 〈숨겨진 단말 문제〉, 말이 조금 이상하지? 두 번째는 〈Signal Fading〉 문제."

성주는 지원의 설명에 집중했다. 그런데 지원은 성주를 바라보며 갑자기 웃었다.

"오랜만에 만났는데 일 이야기만 하네. 이놈의 직업병. 성주야, 한잔하자."

지원은 성주의 잔에 술을 따라주고는 가방에서 책 한권을 꺼내 이리저리 페이지를 넘겼다.

"여기 어디쯤 있었는데…, 여기 있다!"

지원은 펼쳐진 페이지를 성주에게 보여주며 설명을 했다.

"첫 번째 〈Hidden Terminal Problem〉은 단말기들이 서로를 인지하지 못하는 현상인데, 예들 들어 유선 네트워크는 컴퓨터들이 스위치에 UTP 케이블로 연결되어 있어서 서로 인지할 수 있지. 그래서 충돌 감지를 통해 질서를 유지할 수 있어."

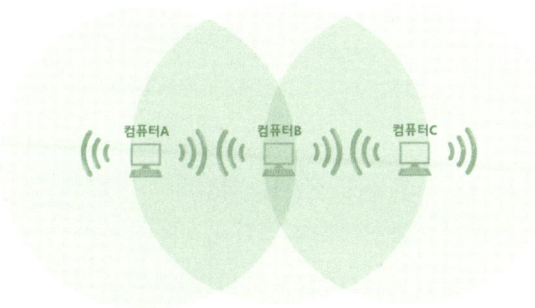

[그림 3-5 Hidden Terminal Problem]

"하지만 무선 통신은 그림처럼 '컴퓨터 A'와 '컴퓨터 C'는 서로를 인지하지 못하기 때문에 〈CSMA/CD〉 기술을 사용한다면 계속 충돌이 발생하면서 통신할 수 없는 상황이 되겠지."

성주는 지원의 설명 덕분에 궁금한 부분이 이해가 되었다.

"그럼 선배 〈Signal Fading〉은?"

"〈Signal Fading〉은 전파의 강도가 시간상으로 변동하는 현상을 이야기하는 거야. 유선은 〈Fading〉 현상이 일어나지 않는데 그 이유는 간단해. 유선 네트워크에서 UTP 케이블을 100m 이상 사용하면 안 되지. 그 이유 알아?"

성주는 케이블을 공부할 때 그냥 외웠던 내용을 갑자기 물어보자 당황했다.

"시간 때문에 그래, 충돌을 탐색하는 시간이 100m야."

"시간?"

성주는 지원은 말이 이해가 잘 안 되는지 고개를 갸우뚱했다.

"성주야, 잘 들어봐. 컴퓨터는 통신하기 위해 데이터를 〈MTU Maximum transmission unit〉 즉, 최대 전송 단위 기준에 의해 수십 또는 수백, 또는 수천 개로 쪼개지?"

"응, 선배."

"자, 그럼 컴퓨터가 쪼개진 프레임을 보낸다고 가정해보자."

성주는 의자를 선배 쪽으로 바짝 당겨 앉으면서 설명에 집중했다.

"컴퓨터는 첫 번째 프레임을 보내고, 100m 거리만큼 시간을 기다리지 정해진 시간 안에 충돌 메시지가 안 오면 컴퓨터는 두 번째 프레임을 보내."

지원은 집중하고 있는 성주를 보며 설명을 이어갔다.

"그렇게 프레임을 보내는 중에 충돌이 나면 충돌과 동시에 〈ZAM Signal〉이 〈Collision Domain〉 전체로 뿌려져. 〈ZAN Signal〉을 받은 컴퓨터들은 무작위 시간 동안 프레임 전송을 대기하고, 일정 시간 이후에 프레임을 다시 전송해. 이런 식으로 유선은 충돌을 관리하면서 통신을 하지."

"아~ 그럼 UTP 케이블이 100M 이상 길어지면 시간이 틀어지겠네, 선배?"

성주는 이해했는지 밝아진 얼굴로 목소리도 커졌다.

"그치, 그런데 무선은 신호가 갔다 오면서 여러 장애물을 만나 감쇄가 일어나기 때문에 충돌 여부를 판단할 수가 없지. 그래서 무선은 〈CSMA/CD〉를 사용할 수 없는 거야."

성주는 지원의 설명 덕분에 〈CSMA/CD〉를 무선랜에서 사용하지 않고 〈CSMA/CA〉를 사용하는지 이해했다.

"선배, 그래서 〈CSMA/CA〉는 〈RTS〉, 〈CTS〉 기술을 통해 해결하는 거구나."

"응, 그렇지. 정확하게 〈RTS/CTS Handshake〉라고 해. 그럼, 이해한 기념으로 건배~."

시간은 어느새 8시에 들어서고 있었다.

"선배, 그런데 나에 대해서만 계속 물어보고, 선배 얘기는 하나도 안 해주네?"

취기가 약간 오른 성주는 술에 힘을 빌려 지원에게 조심스럽게 물었다.

"응……."

겨우 대답한 지원은 한동안 아무 말이 없었다. 성주는 괜한 질문을 한 것 같아 미안했다.

"우리 2차 갈까? 건너편에 수제 맥주집이 있는데 분위기도 좋고 맥주 맛도 괜찮아."

말이 없던 지원이 갑자기 2차를 가자고 하면서 일어났다. 성주는 먼저 카운터로 가 계산을 하려고 했으나, 조금 전에 화장실을 다녀온 지원이 미리 계산을 했다.

"신입사원이 돈이 어딨어? 월급 타면 그때 한턱 내고, 오늘은 내가 2차까지 쏠게!"

성주와 지원은 길 건너 수제 맥주집으로 향했다.

"성주야, 이거 마셔봐. 여기는 이게 제일 맛있어~. 그리고 이것도."

지원이 메뉴판에서 괜찮은 맥주들을 추천했다. 성주는 자신도 모르게 지원을 바라보고만 있었다.

"참, 성주야. 윤재덕 교수님은 자주 보니?"

"아, 맞다. 선배도 교수님 수업 들었지?"

"응, 지금 다니는 회사도 교수님이 추천 해 주셨는데, 국내에 들어오고 인사도 못 드렸네."

"나도 지금 회사, 교수님이 추천 해 주셨는데."

"추천?"

지원은 의아한 듯 성주를 쳐다보았다. 지원과 한 시간 가량 맥주를 마시고 헤어졌다. 2차에서도 지원은 자신의 이야기는 하지 않고 주로 학교 다닐 때 얘기만 했다.

4일 워킹맘

미영의 출근

서울 목동 아파트
목요일 오전 7시 반

　휴대폰 알람이 나지막하게 울렸다. 침대 옆 휴대폰을 잡기 위해 미영은 힘겹게 손을 뻗었다. 휴대폰 알람을 겨우 끄고는 옆에서 자고 있는 남편이 깰까봐 조심스럽게 주방으로 향했다. 미영은 중학교 3학년 딸과 초등학교 6학년 아들을 키우는 워킹맘이었다.
　미영은 고향인 제주에서 대학교까지 졸업했다. 동갑내기 첫사랑인 남편과는 캠퍼스 커플이었다. 직장때문에 서울에 올라와 지내다 결혼까지 했다. 2년 전, 15년 동안 다닌 〈대한통신〉을 그만두고 중소기업인 아이티앤티 본부장으로 재취업했다. 대기업과는 다르게 중소기업에서는 해야 할 일들이 더 많았다. 회사의 프로세스 보다는 개인 역량에 의해 결정되는 것이 많기 때문이다.

미영은 서둘러 아침밥을 차렸다. 7시 반이 되자 중학생 딸이 일어났다.

"얼른 씻고 밥 먹어."

요즘 들어 말수가 부쩍 줄어든 딸은 아무 말도 없이 화장실로 갔다. 곧이어 깬 남편도 화장실을 가려고 나왔다.

"선우야, 얼른 씻고 나와, 아빠 씻어야 해"

화장실 앞에서 남편이 안에 있는 딸에게 재촉했다.

"아~ 좀! 나, 방금 들어 왔어."

아침마다 남편은 화장실 때문에 딸과 다툰다. 오늘도 어김없이 화장실 전쟁이 시작되었다. 잠시 후에 초등학교 6학년 아들 건우도 잠이 덜 깨 좀비 같은 모습으로 거실로 나왔다. 화장실 전쟁에 아들도 합류했다. 미영에게는 익숙한 아침 풍경이라 신경 쓰지 않고 아침을 차렸다.

출근 준비를 마친 남편과 등교 준비를 마친 선우와 건우가 식탁에 앉았다.

가족이 아침을 먹을 때야 미영은 출근 준비를 할 수 있었다. 미영의 출근 준비는 8시가 되어서야 끝났다. 그나마 남편이 설거지를 해주기 때문에 늦지 않게 출근을 할 수 있었다. 미영의 가족은 함께 집을 나서서 각자 회사로, 학교로 향했다.

"건우~, 오늘 학교 끝나고, 수학 학원 갔다가 수영장 꼭 가야 한다. 또 수영장 안 가고 갔다고 거짓말하면 알지!"

미영은 차에 타자마자 방금 헤어진 아들 건우에게 전화를 걸어 잔소리를 했다. 그리고는 딸 선우에게도 남편에게도 전화를 해서 이것저것 잔소리를 했다. 그렇게 가족들과 통화를 하면서 출근시간인 9시, 10분 전 사무실에 도착했다. 직원들은 대부분 출근해 있었다.

미영의 책상 위에는 부서별 발주 현황 자료가 있었다. 사업기획팀은 매일 아침, 전날의 제품 발주 현황을 미영에게 서류로 보고했다. 미영은 자료를 잠시 보고는 보안사업팀으로 향했다.

"김신석 팀장님?"

미영은 보안사업팀의 발주 내용을 토대로 김신석 팀장에게 몇 가지를 확인하고는 인프라사업팀으로 가서 똑같은 확인 절차를 거쳤다.

"우리 본부 매출이 조금 줄었어요. 신경들 좀 써주세요."

인프라사업팀 이한영 팀장과 얘기를 끝낸 미영은 사업기획팀으로 가서 최보미 과장과 최근 진행 중인 프로모션에 관해 의견을 나누고는 본부장실로 돌아갔다. 잠시 후 기술본부 본부장인 김호진 이사가 사무실로 들어왔다.

기술본부와의 갈등

"본부장님, 자리에 계셔?"

김호진 이사는 사업기획팀 사람들에게 묻고는 대답도 듣지 않고 본부장실로 들어갔다. 김호진 본부장은 180이 넘는 큰 키에 외모가 상당히 준수했다.

"어서 오세요. 본부장님, 무슨 일이세요?"

미영은 자신의 방에 찾아온 김호진 본부장을 친절하게 맞았다. 그러나 김호진 본부장의 얼굴은 뭔가 불만이 가득했고 들고 온 서류는 심상치 않아 보였다.

"청림식품 무선랜 사업, 본부장님이 승인하셨어요?"

미영은 어찌된 영문인지 몰라 당황했다.

"아니, 〈무선 AP〉가 100대나 설치되는 사이트에 〈무선 컨트롤러〉 없이 구축하는 게 말이 됩니까?"

김호진 본부장의 목소리에 날이 서 있었다.

"아, 그것 때문에 오셨군요. 저희도 〈무선 컨트롤러〉가 꼭 필요하다고 고객사에 이야기했어요. 그런데 예산이 없어서 〈무선 컨트롤러〉는 내년에 구축하기로 한 거예요."

열이 잔뜩 오른 김호진 본부장을 달래며 미영은 상황을 조곤조곤한 목소리로 설명했다. 하지만 여전히 화가 풀리지 않은 김호진 본부장은 본부장실 문을 거칠게 열고 인프라사업팀을 향해 소리쳤다.

"이한영 팀장님, 이쪽으로 와보세요. 아니, 저 부서 사람들은 무선랜을 알기는 해요?"

김호진 본부장의 말이 과하다 싶었던지 미영이 날카롭게 말했다.

"이 팀장님, 자리에 그냥 계세요."

이한영 팀장은 미영의 지시에 어쩔 줄 모르고 멈칫했다. 참고 있던 미영이 김호진 본부장의 행동에 화가 난 것 같았다.

"본부장님 지금 뭐 하시는 겁니까?"

미영의 목소리가 한껏 높아졌다.

한동안 본부장실에서는 미영과 김호진 본부장의 높아진 언성이 오가고 있었다. 김호진 본부장은 화가 풀리지 않은 채 기술본부로 돌아갔다.

오전부터 사무실 분위기가 안 좋았다. 본부 사람들은 모두들 숨죽이고 모니터만 바라봤다.

"인프라 사업팀은 하루도 조용할 날이 없어."

조용한 사무실에 김영환 차장의 비아냥대는 목소리가 울려 퍼졌다. 사무실 사람들은 일제히 김영환 차장을 노려봤다.

"인프라사업팀, '청림식품' 건 미팅 좀 하죠?"

미영은 본부장실을 나와 회의실로 들어가며 인프라사업팀 직원들을 호출했다.

"네, 본부장님. 다들 회의실로 들어오세요."

이한영 팀장과 팀원들은 미영을 따라 회의실로 들어갔다.

"사실 '청림식품' 프로젝트 진행하면서 예상은 했는데 역시 기술본부 반응이 만만치 않네요."

"죄송합니다. 본부장님."

이한영 팀장이 고개를 푹 숙이며 말했다.

"아닙니다. 인프라사업팀이 일부러 그런 것도 아니고 무엇보다 제가 진행 상황을 잘 알잖아요."

"본부장님 어떻게 할까요? 이대로 진행하면 기술본부에서 가만히 있지 않을 것 같은데요."

근심이 가득한 얼굴로 황과장이 조심스럽게 물었다.

"팀장님, 어찌 되었든 〈무선 AP〉 100대를 〈무선 컨트롤러〉 없이 구축하는 건 우리 기술팀도 힘든 일이지만, 향후에 고객사도 운영하는데 많이 힘들 겁니다."

"네, 그렇죠…!"

이한영 팀장이 고개를 끄덕이며 말했다.

"어떡하든 고객사를 설득했어야 했는데, 제가 생각이 짧았어요."

"아닙니다. 설득을 못한 저희 잘못입니다."

"혹시 다른 방법이 있는지 한 번 더 검토해주세요."

미영은 얼굴에 근심을 한가득 안고 회의실을 나갔다.

"방법이 있을까?"

이한영 팀장이 풀이 죽은 목소리로 팀원들을 바라보며 질문했다.

"우선 제가 막내 데리고 제조사에 가서 협의를 해보겠습니다."

"그래, 황과장. 난 심대리하고 대한통신 영업 대표를 만나볼게."

"시간도 없는데 바로 출발하겠습니다."

황과장과 성주는 회사 차를 타고 상암에 있는 제조사로 향했다.

무선 AP의 종류

상암 '얼라이드텔레시스'로 가는 길은 차가 많이 막혔다.

"그런데, 선배님?"

"응, 왜?"

"〈무선 컨트롤러〉가 없으면 〈무선 AP〉 구축하는데 문제가 있나요?"

"길도 많이 막히는데 〈무선 AP〉 이야기나 해볼까?"

황과장은 운전을 하면서 〈무선 AP〉에 대해 설명했다.

"〈무선 AP〉의 풀 네임은 〈Wireless Access Point〉야. 알지?"

"네, 선배님."

성주는 조수석에서 황과장의 설명에 집중했다.

"우선 〈무선 AP〉 분류부터 해볼까?"

성주는 가방에서 노트를 꺼내 필기 준비를 했다.

"〈무선 AP〉는 분류를 잘해야 해. 〈AP〉 종류가 여러가지 있거든"

"네, 선배님."

"〈무선 AP〉는 설치되는 위치에 따라 〈실내형〉과 〈옥외형〉으로 나누어지는데 아무래도 실내형 〈AP〉보다 옥외에 설치되는 〈AP〉가 〈방수 물로부터 보호〉, 〈방진 진동으로부터 보호〉, 〈방습 습기로부터 보호〉, 〈방염 염분으로부터 보호〉 같은 환경에 민감하겠지?"

"네, 〈무선 AP〉 상품소개서에서 〈AP〉 종류에 〈Indoor〉와 〈Outdoor〉로 표기되어 있는 걸 보았습니다."

"응, 잘 봤어."

"그런데 〈AP〉는 제공되는 기능에 따라 또다시 〈단독형 AP〉, 〈컨트롤러형 AP〉로 나누어져 〈단독형 AP〉는 무선랜 용어로는 〈Fat AP〉라고 해."

"뚱뚱한 AP."

성주가 자기도 모르게 혼잣말을 했다.

"맞아, 뚱뚱한 AP."

성주는 의식하지 않고 내뱉은 말이지만 괜히 황과장에게 미안했다.

"괜찮아 막내. 그런데 〈Fat AP〉는 외형이 뚱뚱한 게 아니고, 기능이 뚱뚱하지."

120kg이 훌쩍 넘는 황과장은 외형이 아닌 기능을 강조했다. 성주는 노트에 필기하면서 집중했다.

"우리가 집에서 사용하는 무선 공유기가 대표적인 〈단독형 AP〉라고 보면 되는데, 성주씨 집에서 사용하는 〈무선 공유기〉는 어떤 기능을 제공할까?"

황과장이 성주에게 질문했다.

"음…, 무선과 관련된 기능들인 것 같은데요?"

황과장의 갑작스러운 질문에 성주가 자신 없이 대답했다.

"〈무선 AP〉 기능 중에서 가장 중요한 기능을 말하라고 하면, 난 무선 신호를 처리하는 안테나 기술이라고 말할 것 같은데."

황과장이 성주를 보며 정확하게 지적했다.

"하지만 이부분에서 우리도 한계가 있는데 사실 무선랜 엔지니어 중에도 〈전파 신호〉에 대해 아는 사람은 별로 없어. 성주씨 정보통신공학과 나왔지?"

"네, 선배님."

"학교 다닐 때 전파나 안테나 같은 기술에 대해 공부한적 있어?"

황과장의 질문에 성주는 잠시 고민을 하다 황과장을 보며 말했다.

"없습니다. 선배님."

대답을 들은 황과장이 설명을 이어갔다.

"우리만 그런 게 아니라 엔지니어들도 상황은 똑같아. 전파는 전자과에서 공부하지 우리같이 정보통신공학과에서 상세하게 공부하는 영역이 아니니까. 그래도 어쩌겠어. 지금이라도 공부해야지. 나도 사실 전파에 대해서는 잘 모르니까, 그 부분은 알아서 공부하고."

황과장이 성주를 보며 허탈하게 웃으며 말했다.

"자, 그러면 다음은 우리가 잘 아는 영역이 나오는데 〈무선 공유기〉는 무선 신호를 받아. 어제 설명해준 〈매체 접근 제어 MAC : Media Access

Control⟩ 방식 중 하나인 CSMA/CA 동작을 하지."

"네, 선배님."

성주는 어제 ⟨CSMA/CA⟩ 기술을 필기한 노트 페이지로 넘기며 대답했다.

"그리고 공유기는 ⟨NAT network address translation⟩와 같은 사설 IP를 공인 IP로 변환하는 기능도 제공하지"

"네, 저도 집에서 ⟨NAT⟩ 기능을 사용하고 있습니다."

"응, 그리고 ⟨DHCP dynamic host configuration protocol⟩ 기능을 통해 컴퓨터나 휴대폰에 자동으로 IP 주소를 할당하지."

성주는 고객를 끄덕였다. 황과장이 설명한 NAT, DHCP 기능은 모든 가정집의 ⟨무선 공유기⟩에서 동작하는 기능들이었다.

"그리고 ⟨인증 authentication⟩, ⟨암호화 encryption⟩, ⟨정책 설정⟩, ⟨보안⟩, ⟨관리⟩ 등 아주 많은 기능을 수행해 무슨 말인지 알겠어?"

"그런데 들으면 알겠는데 이상하게 머리가 복잡해지는데요, 선배님?"

성주는 노트에 황과장이 알려준 기능들을 필기하면서도 이해가 안되는 듯했다.

"⟨무선 공유기⟩가 워낙 많은 기능을 제공해서 그럴 거야."

황과장이 살짝 웃고는 설명을 이어갔다.

"초기 ⟨Fat AP⟩는 이런 기능을 모두 지원했어. 왜냐면 당시에 ⟨Fat AP⟩는 독자적으로 설정하고 독자적으로 동작했기 때문이지."

성주가 노트에 열심히 적었다.

"그런데 문제가 발생한 거지?"

"어떤 문제요, 선배?"

"오늘 '청림식품' 같은 문제."

성주가 고개를 갸우뚱거리며 생각을 하고 있었다.

"회사에 〈무선 AP〉 100대를 구축하는데 성주씨 혼자 설정하고 관리한다고 생각해봐. 처음 설치야 뭐, 하겠지. 나중에 무선랜 관련 설정을 변경해야 하거나, 펌웨어 업그레이드 같은 걸 한다고 생각해봐."

"상당한 작업이겠는데요, 선배님."

"그치! 무선랜 사용이 많아지면서 초기 〈Fat AP〉는 관리에 치명적인 문제가 발생하지. 그래서 나온 〈AP〉가 〈컨트롤러형 AP〉라고 무선랜 용어로는 〈Thin AP〉라고 해."

"아~, 〈Thin AP〉 꼭 피자 시킬 때 생각나는데요?"

"피자 시킬 때, 왜?"

"왜 피자 시킬 때 '도우' 선택하잖아요? 'Thin'으로…?"

"피자 도우가 얇은 게 있어? 왜? 치즈롤, 골드링 이런 것도 있는데 왜 그걸 먹어?"

황과장은 정말 이해가 안 되는 것 같았다.

"아무튼 무선랜에서는 〈무선 컨트롤러〉가 개발되면서 〈Thin AP〉는 안테나와 주파수와 관련한 기능을 제외한 관리 기능을 모두 〈무선 컨트롤러〉에게 넘겨버리지."

"그럼, 〈무선 컨트롤러〉를 통해서 〈AP〉를 관리하는 개념으로 바뀌는 거네요, 선배님?"

성주가 말했다.

"응, 그렇지. 〈무선 컨트롤러〉에서 모든 〈AP〉들을 관리할 수 있기 때문에 설치나 운영이 상당히 쉽지."

"아, 오늘 아침에 기술본부에서 난리치는 이유가 있었네요!"

사실 성주는 지금까지 아침 상황이 이해가 되지 않았다.

"그치. 〈AP〉 100대를 〈무선 컨트롤러〉 없이 설치하고 관리한다는 게 쉬운 일은 아냐."

황과장은 멋쩍은 표정을 지었다.

"오늘 차에서 공부한 내용은 사무실 돌아가면 꼭 정리하고, 성주씨 중간 평가가 8일차 되는 다음주 수요일이지?"

"네, 선배님."

황과장과 〈무선 AP〉 종류에 관해 이야기하다 보니 어느새 〈얼라이드 텔레시스〉가 있는 건물 주차장에 도착했다.

제조사와의 미팅

"어서 오세요? 전화 받고 기다리고 있었습니다."

한지원 팀장은 황과장과 성주를 회의실로 안내했다.

"음료수 좀 가지고 올게요. 잠시 기다려 주세요."

잠시 후에 지원은 김대연 지사장과 함께 회의실로 들어왔다.

황과장은 '청림식품' 무선랜 구축 사업에 관해 오늘 오전 회사에서 있었던 일을 얘기했다.

"본부장님이 난감했겠네요?"

김대연 지사장이 걱정스럽게 물었다.

"안 그래도 오전에 본부장님이 전화 주셔서 저희도 고민을 좀 해봤습니다. 한팀장 말씀 드리죠."

"네, 지사장님."

한지원 팀장이 노트북을 회의실 빔 프로젝터에 연결하고, 자료를 화면에 띄웠다.

"황과장님은 저희 회사의 〈Vista Manager EX〉 제품 알고 계시죠?"

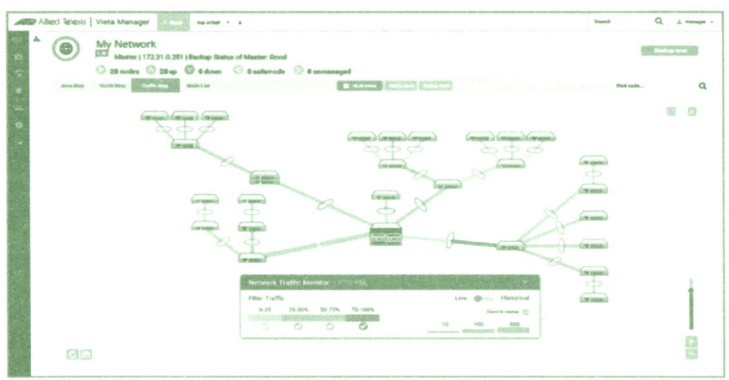

[그림 4-1 Vista Manager EX]

"네, 네트워크나 보안 같은 IT 장비를 관리할 수 있게 해주는 〈NMS network management system〉 정도로 알고 있습니다."

"네, 그런데 이번에 회사에서 〈무선 컨트롤러〉를 〈Vista Manager EX〉에 통합을 시켰습니다. 소프트웨어 방식으로 일정 이상의 PC급 컴퓨터에 설치해서 사용하는 방식입니다."

한지원 팀장은 〈Vista Manager EX〉 제품에 대해 자세하게 설명을 했다.

"'청림식품'은 〈무선 AP〉와 〈PoE 스위치〉 수량이 많기 때문에 〈Vista Manager EX〉 소프트웨어를 무상으로 투자하려고 했습니다. 기존에도 규모가 있는 프로젝트에서 투자한 사례도 많습니다."

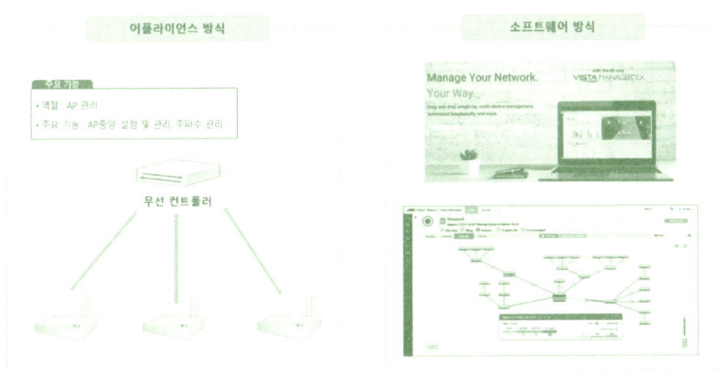

[그림 4-2 무선컨트롤러 방식]

한지원 팀장의 설명에 황과장이 고개를 끄덕였다.
"〈Vista Manager EX〉에 〈무선 컨트롤러〉 라이선스를 저희가 투자하도록 하겠습니다. 〈아이티앤티〉에서는 하드웨어만 투자를 해주시면 됩니다."
김대연 지사장이 파격적인 제안을 했다.
"그렇게만 해주신다면 좋죠."
황과장이 환한 미소를 지으며 말했다.
"우리 회사에서도 처음 출시되는 제품이기 때문에 레퍼런스 확보차원에서 가능한 내용입니다. 이런 일이 반복되면 안 됩니다."
"네, 당연하죠! 그런데 최초 구축이면 새로운 문제가 발생할 여지는 없을까요?"
황과장이 불안한 눈빛으로 김대연 지사장을 바라봤다. 그런 황과장을 보며 한지원 팀장이 미소를 지으며 말했다.

"해외에서는 벌써 많은 레퍼런스가 확보된 상품입니다. 그리고 이번에 구축할 때 제가 직접 내려가니까 걱정 안 하셔도 됩니다. 참, '청림식품' 회사가 춘천에 있는 거 맞나요?"

"네, 맞습니다. 설치가 다음 주 금요일인데 괜찮으세요?"

한지원 팀장이 직접 지원하겠다는 말에 안심한 황과장은 한팀장의 일정을 조심스럽게 확인했다.

"네, 괜찮습니다."

한지원 팀장은 웃으며 대답했다.

"그럼, 잠시만요. 회사에 전화 좀 하고 오겠습니다."

황과장은 회의실을 나가 이한영 팀장에게 전화를 걸었다. 신호가 가자마자 이한영 팀장이 받았다.

"팀장님, 회의 중이세요?"

휴대폰 너머로 이한영 팀장의 한숨 소리가 들려왔다.

"어, 회의 중. 영업대표도 난감해하시는데…."

"해결방법 찾았습니다. 팀장님, 자세한 건 사무실 들어가서 말씀드리겠습니다."

통화를 마치고 돌아온 황승언 과장의 얼굴에는 미소가 사라지지 않았다.

"자, 그럼 점심시간도 되었는데 식사하러 가시죠?"

김대연 지사장은 회의실 의자에서 일어나며 말했다.

상암동에 방송국들이 들어오면서 맛집들이 많이 생겼다. 지사장이 알고 있는 파스타 음식점에서 점심을 먹고, 황과장과 성주는 서둘러 사무실로 돌아왔다. 이한영 팀장이 초조하게 기다리고 있었다.

"황과장 왔어. 본부장님이 아까부터 기다리고 있어. 같이 들어가자고."

미영은 본부장실에서 기다리고 있었다.

"본부장님, 황과장 왔습니다."

"네, 들어오세요."

황과장은 제조사와의 회의 내용을 그대로 보고하였다.

"잘됐네! 그럼 기존 〈Vista Manager EX〉 소프트웨어가 무선 컨트롤러 기능까지 포함되었다는 거지?"

미영의 얼굴이 안도감으로 밝아졌다.

"네, 저희는 PC급 컴퓨터만 구매해서 제공하면 됩니다."

"그거야 당연하지. 팀장님 결재 올리실 때 PC 한 대 포함해서 기안 올리세요?"

"네, 알겠습니다."

이제야 이한영 팀장이 자신감을 찾은 목소리로 대답했다.

"그런데 〈Vista Manager EX〉에서 제공하는 무선 컨트롤러 기능이 궁금하네? 기존 컨트롤러 대비 기능이 어떤지?"

"안 그래도 신입사원에게 오늘 제조사에서 설명한 내용 정리해서 발표를 해보라고 했습니다."

"그래, 잘됐네! 언제?"

미영이 살짝 미소를 지으며 물었다.

"다음주 수요일 신입사원 중간 평가하는 날입니다. 그 때 〈Vista Manager EX〉 부분도 같이 발표를 하라고 했습니다."

"황과장, 〈Vista Manager EX〉에서 보안제품도 연동할 수 있나?"

"네, 본부장님."

"그럼, 다음주 수요일 신입사원 발표 때 보안사업팀과 사업기획팀 모두 들어오라고 하세요."

"전체요? 네 알겠습니다."

"그리고 그날 기술본부도 참석 가능한지 확인해주세요?"

"네, 본부장님."

"오늘 고생들 많았습니다. 그래도 일이 잘 해결돼서 다행이네요."

미영은 이한영 팀장과 황과장을 바라보며 흡족한 얼굴로 웃었다.

이한영 팀장과 황과장은 본부장실을 나왔다. 사무실의 시계가 3시를 가리키고 있었다.

"팀장님, 신입사원 중간 평가할 때 사업본부 전체하고 기술본부까지 참석한 적 있었나요?"

황과장이 물었다.

"그러게, 그러고 보니까 처음인 것 같은데"

"그럼, 전 중요한 희소식을 막내에게 알려주러 가겠습니다.

120kg의 거구 황과장은 나비처럼 가볍게 성주에게 다가갔다.

"막내! 다음주 발표 준비하고 잘하고 있지?"

"네 선배님."

"그래."

황과장의 얼굴에는 미소가 한가득이었다.

"심대리, 다음주 수요일 우리 막내 중간평가를 위해 대회의실 예약 좀 해놔~"

"대회의실요?"

심대리가 놀라며 황과장을 바라봤다.

"응, 본부 전체가 참석하려면 장소가 거기가 딱 맞아~"

"본부 전체요?"

심대리가 놀라면서 재차 물어봤다.

"본부장님 지시사항이야. 사업본부 전체하고 기술본부까지 참석하라는~."

이한영 팀장이 자리에 앉으며 말했다.

"성주씨가 많이 부담되겠는데요?"

심대리가 걱정스러운 눈빛으로 성주를 바라보며 말했다.

후회

오후 5시, 본부장실에서 놀라서 커진 미영의 목소리가 흘러나왔다.

"애가 수영장에 안 왔어요? 4시에 도착해서 수영하면 벌써 끝났을 시간인데, 지금 전화하시면 어떡해요?"

심상치 않은 통화 소리에 임선아 팀장이 본부장실로 들어갔다.

"본부장님 건우한테 전화 해보셨어요?"

미영은 전화를 끊고, 아들 건우에게 전화를 했다. 신호만 하염없이 갈 뿐 건우는 전화를 받지 않았다.

"본부장님, 빨리 건우가 갈 만한데 가보세요. 하시던 일은 제가 정리할게요."

"임팀장, 그럼 부탁할게. 대표님껜 대형 프로젝트의 진행사항만 업데이트해서 보고하면 되거든."

"네, 제가 알아서 할 테니까 빨리 가보세요."

미영은 정신없이 사무실을 나갔다.

"여보, 건우가 수영장도 안 가고, 전화가 안 되는데?"

미영은 차에 타면서 남편과 통화를 했다.

"나, 지금 회의 들어가야 하는데, 빨리 건우 갈만한데 찾아보고 문자 좀 남겨줘."

휴대폰 너머로 남편의 목소리는 건조하게 들렸다.

"뚝! 띠띠띠~~~~"

미영이 한바탕 쏘아붙이려 했지만 이미 전화는 끊어져 있었다.

"안녕하세요? 재민 어머니. 저, 건우 엄마인데요. 혹시 재민이 집에 들어왔어요?"

"네~ 아까 들어왔는데요, 왜요? 건우 어머니."

미영은 괜한 걱정을 할 까봐 대충 둘러대고 전화를 끊었다. 초조한 마음에 여러 곳에 전화를 하면서 집 방향으로 운전을 했다. 학원, 그리고 건우 친구들에게 전화를 했지만 건우의 행방을 알 수 없었다. 미영의 마음은 초조해서 졸아드는 느낌이었다. 6시가 되어서야 집 근처로 들어서는 미영의 눈에 건우가 보였다. 건우는 인형 뽑기 집 앞에 있었다. 건우는 중학생 형들이 인형 뽑는 걸 옆에서 구경하고 있었다. 잠시 화가 났던 미영은 이내 건우를 찾았다는 안도감에 차에 앉아 아이를 잠시 지켜보았다.

"쟤는 저기서 뭐하는 거지?"

건우는 중학생 형들이 인형을 뽑으면 같이 웃고 즐거워했다. 그런 곳에서 웃고 있는 건우가 미영은 낯설었다. 미영은 생각에 잠겼다.

미영에게 시간은 항상 급하고 빠르게 흘러갔다. 육아와 회사 일을 동시에 해야 하는 미영은 아이들과 대화를 할 여유가 없었다. 미영은 대부분 전화 통화로 간단한 대화만 나누고 아이들 일정을 체크했다. 그러다 보니 아이들과 정서적인 교감은 부족할 수밖에 없었다. 미영의 입에서 나오는 말도 '하지마!' '안돼!' 와 같은 부정적인 단어나, '학원에 꼭 가!' '전화해!' 같은 지시적인 단어가 대부분이었다.

해맑게 웃고 있는 아이의 미소를 보자 미영은 많은 생각이 들었다.

'난, 여태껏 뭐한 거지? 고작 초등학교 다니는 아이에게…'

미영은 아이들을 위해서 더욱 열심히 일했지만, 막상 일에 치여 아이를 따뜻하게 바라보지도 불러주지도 못했던 것이 후회되었다.

"건우야~."

미영은 차에서 내려 부드럽게 건우를 불렀다. 해맑게 웃던 건우의 얼굴이 미영의 목소리에 순간적으로 굳어졌다.

"여기서 뭐해?"

굳어진 아이가 안쓰러워 미영은 다정히 물었다. 하지만 건우는 말없이 고개를 푹 숙였다. 미영은 그런 아이에게 다가가서 꼭 끌어안아 주었다. 오늘만큼은 건우에게 잔소리를 하고 싶지 않았다.

그렇게 한참 동안 미영은 건우를 안고 있었다.

지각

일산 → 공덕역 경의선 지하철
금요일 오전 8시 30분

　지하철이 평소보다 느리게 가는 것 같았다.
　성주는 어제 밤늦은 시간까지 공부를 하다 늦잠을 잤다. 공덕역에서 내려 5호선으로 갈아타고 여의도역까지 가야 하는데 벌써 9시다. 중간 역에 정차할 때마다 열리는 문을 손으로 얼른 닫고 싶은 마음이었다. 성주는 9시 반이 되어서야 겨우 사무실에 들어왔다.
　"여러분~, 우리 막내가 드디어 지각을 했습니다."
　황과장은 기다렸다는 듯 박수를 치며 일어나서 큰 소리로 말했다.

"축하해, 성주씨."

축하라니? 성주는 어리둥절했다.

평소 진지한 심대리까지 박수를 치며 황과장 옆에 섰다.

"성주씨, 우리 회사는 신입사원이 처음으로 지각을 하면 본부 전체에 커피를 쏘는 전통이 있어."

심대리가 친절하게 설명을 했다.

"좋은 아침입니다."

항상 지각하면서도 당당한 최보미 과장이었다. 성주가 처음 출근한 다음날부터 최보미 과장은 한 번도 제 시간에 출근한 적이 없었다.

"오다가 김밥이 너무 맛있어 보여서 사 왔는데, 좀 드셔보세요."

최보미 과장은 김밥을 사업기획팀 옆 회의 탁자에 펼쳐 놓고 먹기 시작했다.

"최과장, 좀 일찍 다녀. 지각하면서 김밥 살 정신은 있어?"

임선아 팀장이 김밥을 집어 들며 한 소리 했다.

"근데, 이 김밥 정말 맛있다."

"그렇죠 팀장님. 박대리도 얼른 먹어. 없어지기 전에."

"참, 과장님. 신입사원 오늘 첫 지각했어요."

박보영 대리가 최과장에게 고자질하듯 말했다.

"정말? 그걸 내가 왜 몰랐지?"

"너가, 더 늦었으니까!"

임팀장이 김밥을 먹다 최과장을 째려보며 말했다.

성주는 첫 지각 기념으로 1층 커피숍에서 커피를 사왔다. 전통에 따라 '신입사원 첫 지각기념' 이라고 쓴 포스트잇을 커피에 붙이고 선배들에게 배달했다. 물론 본부장실에도 배달을 해야 했다.

"똑! 똑!"

"들어오세요."

"저…, 본부장님 커피 드세요."

성주는 '신입사원 첫 지각기념'이라는 포스트잇이 붙은 커피를 본부장 책상에 올려놓았다.

"오늘 지각했나 보네?" 정미영 본부장이 싱긋 웃으며 물었다.

"죄송합니다. 본부장님." 성주가 부끄러움에 고개를 숙이며 대답했다.

"괜찮아, 덕분에 이렇게 커피를 마실 수 있잖아!"

정미영 본부장은 커피를 들어올리며 성주의 민망함을 감싸며 말했다. 성주가 본부장실을 나와 자리로 돌아오니 황과장이 성주보라는 듯 익살스러운 표정으로 커피를 마시고 있었다.

"황과장, 오늘 교육은 오후에 진행한다고 했나?"

"네, 팀장님. 오늘은 특별히 얼라이드에서 새로 오신 기술팀장님이 교육을 해 주실 겁니다. 두 시에 사무실로 오기로 했습니다."

"황과장, 그때 오셨던 그 미인 분?"

보안사업팀 김영환 차장이었다.

"네, 선배."

"나한테 아주 고급 정보가 있는데, 이걸 말해줘야 하나?"

김영환 차장은 얼라이드 기술팀장에 대해 뭔가 알고 있다는 표정이었다. 직원 몇명이 김영환 차장에게 모였다. 성주는 그냥 자리에 앉아 있었다.

"그게…, 저도 그쪽 회사 사람들한테 들은 이야기인데, 한지원 팀장이 미국 본사에 있다 왔잖아요."

"그게, 왜?"

보안사업팀 김신석 팀장도 어느새 김영환 차장 옆에 와 있었다.

"사내에서 유부남하고 사귀다가 문제가 되었다고 하던데, 그래서 한국지사로 발령 났대요."

김영환 차장이 목소리를 낮추며 말했다.

"에이, 설마? 선배, 어디서 이상한 소문 들은 거 아닙니까?"

황과장이 어이가 없다는 듯 김영환 차장에게 핀잔을 줬다.

"정말이라니까! 믿을 수 있는 소식통한테 들은 이야기야."

성주는 김영환 차장의 말이 믿기지 않았다. 아니, 믿기 싫었다. 지원의 사생활이 얘기 되어지는 이 상황이 불편했다.

"사무실에서 쓸데없는 소리 그만하고 일들이나 하세요."

어느새 보안사업팀에 와 있던 정미영 본부장이 꾸짖듯 말했다. 사람들은 본부장의 한 마디에 서둘러 자리로 돌아갔다.

장비 분실

"김신석 팀장님, 기술본부에 전화 좀 해보세요. 엔지니어가 고객사에 설치하러 가다가 장비를 분실했다는데, 무슨 상황인지 확인 좀 해보세요."

"네, 알겠습니다."

김신석 팀장이 자세한 상황을 알기 위해 기술본부로 전화했다.

"아… 네, 알겠습니다. 어쩌다… 참 난감하네요."

"무슨 일이야, 김팀장."

이한영 팀장이 자리에 일어나 보안사업팀을 바라보며 물어보았다.

"엔지니어가 장비를 직접 들고 지하철 타고 가다가 목적지역에서 장비를 두고 내렸대요."

"지하철 분실물센터에 전화는 해봤대?"

이한영 팀장은 걱정스러운 표정으로 김신석 팀장을 바라보며 말했다.

"네, 전화하고, 찾아도 가봤는데, 아직까지 접수된 게 없대요."

"기술본부에서 책임지라고 해야죠."

김영환 차장이 냉정하게 말했다.

"선배, 요즘 발주가 많아서 엔지니어들이 매일 야근하고 있어요. 그러다 지하철에서 잠들어 못 챙기고 내린 것 같은데?"

같은 팀 노지훈 대리가 김영환 차장을 보며 말했다.

"노대리, 보안장비가 한두 푼도 아니고. 어제 그 장비, 천만 원짜리야!"

"인간이 어쩜 저렇게 냉정하냐!"

보안사업팀을 지나가면서 최보미 과장이 김영환 차장을 째려보며 한마디 툭 던졌다.

"넌, 좀 조용히 해. 안 그래도 내가 지켜보고 있다."

김영환 차장이 발끈해서 응수했다. 그러나 최보미 과장은 대수롭지 않은 표정으로 성주에게 왔다.

"성주씨, 저번 제안서 내가 이메일로 보냈어요. 확인해 봐~."

성주는 최과장이 보내 준 이메일을 열어 제안서 파일을 확인했다. 최과장이 수정해준 제안서는 확실히 달랐다. 완벽할 가까웠다.

"과장님 정말 고맙…."

"너, 정말 선배가 이야기하는데 무시하냐?"

김영환 차장이 발끈해 쫓아와서 최과장에게 따졌다.

"누구세요?"

최과장은 김영환 차장을 싹 무시하며 자리로 돌아갔다.

"최보미, 너 정말!"

"김차장 그만하고, 나 좀 따라와봐."

김신석 팀장이 부르자 김영환 차장은 분을 삭히지 못한 표정으로 본부장실로 들어갔다. 장비 분실 건 때문이었다. 한참 후 본부장실에서 나온 김영환 차장은 불만이 많아 보였다.

"아니, 왜 우리 부서에서 비용을 책임져야 합니까, 팀장님?"

"본부장님 말씀이 맞지. 기술본부가 돈 버는 부서도 아니고, 책임질 방법이 없잖아."

"딱 봐도 어제 인프라사업팀 사고 친 거를 기술본부에서 불만이 많으니까 우리 건으로 퉁치는 거 아닙니까?"

"김차장, 그 이야기가 여기서 왜 나와? 이제 좀 그만해!"

화가 안 풀린 김영환 차장은 노지훈 대리를 불러 사무실을 나갔다. 김신석 팀장은 이한영 부장에게 김영환 차장을 대신해 사과했다.

그렇게 또 한차례의 태풍이 몰아치며 오전 업무 시간이 흘러갔다. 점심을 먹고 사무실에서 잠시 휴식을 취하고 있는데, 기술본부에서 장비를 분실한 엔지니어가 보안사업팀으로 왔다.

"죄송합니다. 제가 실수를 해서…."

기술팀 엔지니어는 성주와 함께 면접을 보았던 신익주 사원이었다. 15명 정도가 함께 면접을 봤는데 최종합격자는 3명이었다. 성주는 사업부서로, 나머지 2명은 기술본부로 발령났다. 기술부서 신입사원은 성주보다 일주일 먼저 출근했다.

'일주일 일찍 출근했을 뿐인데 벌써 혼자 일을 하네.'

성주는 그런 기술본부 신입사원이부러운지 저도 모르게 혼잣말이 나왔다.

"이번에 입사한 엔지니어인가 보네? 괜찮아, 일하다 보면 그럴 수 있지."

김신석 팀장은 사과하러 온 엔지니어를 따뜻하게 감싸며 위로했다. 옆에 앉은 김영환 차장은 여전히 못마땅한 표정이었다.

누구나 실수를 한다. 그런 실수를 따뜻하게 감싸는 선배들의 모습이 오늘따라 성주의 눈에 멋있어 보였다.

한시 반이 되자 한지원 팀장이 사무실로 들어왔다. 지원은 사무실 사람들과 간단히 인사한 후 교육 준비를 위해 회의실에 들어갔다. 인프라 사업팀 사람들도 노트북을 챙겨 회의실로 들어갔다.

전파의 역사

"안녕하세요? 얼라이드텔레시스 기술팀 팀장 한지원입니다. 오늘 〈무선 AP〉 핵심 기술인 〈전파 radio wave〉에 대한 교육 요청을 받았는데, 맞나요?"

지원은 빔 프로젝터 화면이 가려지지 않는 왼쪽으로 가서 섰다. 프리젠테이션 업무에 매우 익숙해 보였다.

"네, 저도 실무적인 〈AP〉 기술만 알지, 〈전파〉에 대한 기술 교육을 받아 본 적이 없어서요."

가는 목소리의 황과장이 평소와 다르게 목소리를 깔며 말했다.

"〈AP〉의 가장 핵심 기술이 무엇인지 부서 막내인 성주씨가 말해볼래요?"

지원이 성주에게 질문했다.

'선배가 유부남과 그럴 리가 없지. 선배가, 왜?'

오전에 들은 김영환 차장의 말이 성주의 머리에서 계속 맴돌고 있었다.

"성주씨?"

성주는 이한영 팀장이 부를 때서야 정신이 들었다.

"무슨 생각을 그렇게 해? 교육에 집중하지 않고."

"죄송합니다. 팀장님."

"성주씨, 〈AP〉의 가장 핵심 기술 무엇인지 질문을 했는데?"

지원이 옅은 미소로 성주를 바라보고 있었다.

"아무래도 무선 통신을 하기위해서는 무선을 송수신할 수 있는 〈안테나〉 기술이 중요할 것 같습니다."

성주는 지원의 질문에 대답했다. 눈은 지원에게 고정한 채였다.

"네, 맞습니다. 그래서 오늘은 안테나를 통해 보내는 신호 〈전파〉에 대해 자세하게 살펴보겠습니다."

성주와 부서 사람들은 지원의 말에 노트를 펼쳐 필기를 준비했다.

"〈전파〉는 중학교 과학 시간에 공부한 내용입니다. 팀장님, 기억나세요?"

"글쎄요. 배우긴 했는데 내용은 잘 기억이 안 나는 것 같기도…."

이한영 팀장은 말을 얼버무리며 다른 직원들을 쳐다봤다.

"〈AP〉의 〈안테나〉는 전선이 아닌 공기 중에 신호를 보내고 받을 수 있게 해주는 부품이죠. 이때의 신호를 〈전파〉라고 합니다. 학술적인 표현으론 〈전자기파 electromagnetic wave〉라고 합니다. 그럼 〈전자기파〉에 대해 설명하기 전에, 역사부터 알아볼까요? 지금부터 하는 이야기는 실무와는 상관없습니다."

지원 선배는 빔프로젝트에 준비한 자료를 띄워 놓고 설명을 이어갔다.

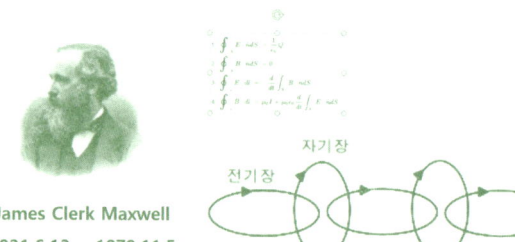

James Clerk Maxwell
1831.6.13 ~ 1879.11.5
[물리학자, 수학자]

[그림 5-1 Maxwell 방정식]

"〈전자기파〉의 존재는 영국 〈캠브리지대학교〉의 〈제임스 클러크 맥스웰〉 교수가 〈맥스웰 방정식〉을 통해 수학적으로 예언해 세상에 알려졌습니다."

"맥스웰 커피?"

이한영 팀장이 조용히 말했다.

"실제로 최고의 물리학 박사가 좋아하던 커피라는 말도 있었는데, 사실은 아닙니다."

지원이 이한영 팀장을 보며 살짝 미소를 지으며 대답했다.

"〈맥스웰 방정식〉은 〈전기장〉과 〈자기장〉의 두 가지 성분으로 구성된 〈파동〉이 빛의 속도로 〈전파〉 되며 공간으로 퍼져가는 것을 설명해

냈습니다." 사람들 반응을 살피며 지원이 말을 이었다.

"〈맥스웰〉교수가 커피가 아닌 컬러 사진을 처음 만들었는데 혹시 아세요?"

부서 사람들은 처음 듣는 말에 서로를 쳐다봤다.

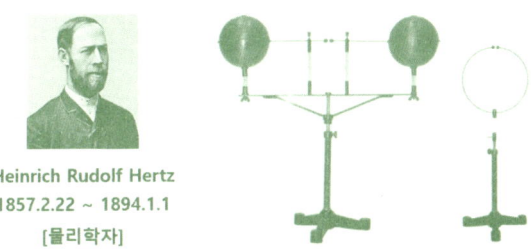

[그림 5-2 Herts의 전자기파 증명]

"〈전자기파〉에서 두 번째로 중요한 인물입니다."

"우리 일상생활에서 자주 쓰는 〈주파수〉의 단위 〈헤르츠 $_{Hz}$〉는 이분의 이름에서 따온 것입니다. 〈맥스웰〉교수는 수학적 예언으로 그쳤지만 〈헤르츠〉교수는 실제 실험을 통해 〈전자기파〉의 존재를 처음으로 증명했습니다. 하지만 바로 실용화되지는 않았습니다. 〈전파〉의 거리가 너무 짧았기 때문입니다."

"세 번째 마지막 인물입니다. 이름이 좀 길어요 〈굴리엘모 조반니 마리아 마르코니〉 앞에서 〈맥스웰〉교수의 수학적 예언, 그리고 〈헤르츠〉교수의 실험적 증명 이후 〈헤르츠〉의 〈전자기파〉 이론에 기초하여 현대의 장거리 무선통신의 기초를 이룬 분입니다."

성주는 지원의 발표를 집중해서 듣고 있었다.

Guglielmo Giovanni Maria Marconi
1874.4.25 ~ 1937.7.20
[전기공학자]

[그림 5-3 Marconi의 전자기파 실용화]

"쉽게 이야기하면 앞에 두 교수의 연구를 기반으로 전기공학자가 실용화시켰다고 보면 되겠죠. 이런 분들의 열정과 도전으로 현대의 휴대폰을 비롯한 다양한 무선 통신이 가능해진 것입니다."

"그럼, 무선통신이 1900년 초부터 가능했네요?"

이한영 팀장이 질문을 했다.

"그런데, 아쉽게도 1901년 처음 대서양 횡단 무선통신을 시도할 때 'S' 단 한글자만 성공했습니다. 그 이후로도 엄청난 노력이 있었겠죠?"

지원은 이한영 팀장의 질문에 답을 해주고는 바로 설명을 이어갔다.

"전자기파의 역사를 알아봤으니까 지금부터 전파에 대해 자세히 알아보겠습니다. 화면을 같이 볼까요?"

빔 프로젝터에서 쏘아진 화면에 지원이 준비한 자료가 보였다.

"앞에서 우리가 흔히 부르는 〈전파〉의 학술적 용어는 〈전자기파〉라고 했습니다. 〈전파〉는 정확하게 3,000GHz 이하의 〈전자기파〉로 규정되어 있습니다. 〈전자기파〉는 우리 일상 생활에 많이 사용되고 있습니다." 지원이 잠시 숨을 골랐다.

"〈주파수〉가 큰 순서대로 살펴보면 방사선 물질에서 나오는 y-ray라

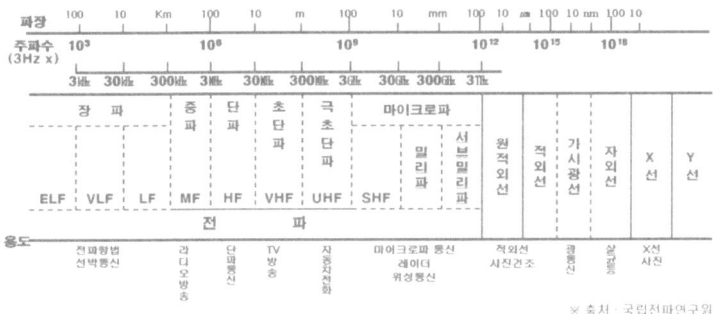

[그림 5-4 전자기파 분류]

고 불리는 감마선, 의료분야에서 X-ray 촬영 때 사용하는 X선, 자외선, 가시광선, 적외선, 전파가 있습니다. 또 〈전파〉는 마이크로파, 초고주파, 저주파로 나누어집니다."

"한 팀장님, 〈주파수〉라는 용어가 나오는데, 막연하게는 알겠는데 정확한 설명 부탁드려도 될까요?"

이한영 팀장이 질문했다.

"네~, 〈주파수 frequency〉는 무선랜에서 아주 중요한 용어입니다. 안 그래도 다음 슬라이드가 주파수를 설명하는 페이지입니다."

주파수란?

"주파수를 간단히 설명하면 전파가 이동할 때 진동을 하게 되는데, 이때 초당 진동하는 횟수를 〈진동수〉라고 합니다. 〈전자기파〉에서는 〈진동수〉 대신 〈주파수〉라는 용어를 사용합니다. 단위는 앞에서 설명했는데 팀장님, 기억나시죠?"

잠시 고민하던 이한영 팀장은 지원을 보며 말했다.

"〈하인리히 루돌프 헤르츠〉의 이름을 따서 〈헤르츠 Hz〉라고 표기합니다."

"네에! 정확합니다. 그럼, 화면 같이 보시죠"

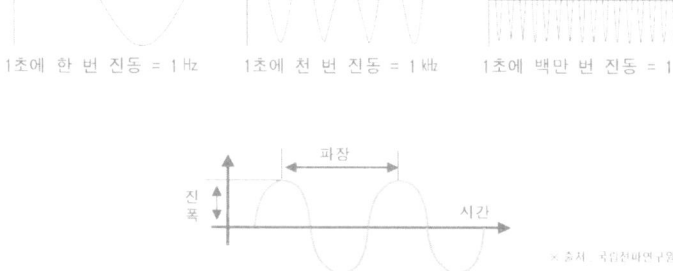

[그림 5-5 주파수 개념]

"1초에 한 번 진동하면 〈1 Hz〉라고 합니다. 1초에 천 번 진동하면 〈1 KHz〉, 1초에 백만 번 진동하면 〈1 MHz〉입니다."

성주의 눈에 지원은 학생 때의 풋풋한 모습이 아닌 당당한 직장 여성의 모습이었다.

'선배 꽤 멋있는데!'

"우리가 무선랜에서 자주 이야기하는 〈2.4 G〉와 〈5 G〉는 〈무선주파수 Radio Frequency〉 라고 합니다. 정확한 표현은 〈2.4 GHz〉, 〈5 GHz〉입니다. 〈2.4 GHz〉를 사용하다 무선랜의 사용빈도가 높아지면서 〈5 GHz〉가 추가되었습니다." 지원은 당당한 모습을 잃지 않은 채 설명을 이어갔다.

"자, 무선랜에서 사용하는 〈주파수〉는 1초에 몇 번 진동하는지 계산해 보겠어요? 정답을 맞춘 분에게는 교육 끝나고 제가 커피를 쏘겠습니다."

"2.4 GHz는 이십 사억 번이고, 5 GHz는 오십억 번입니다."

성주가 순식간에 정답을 맞췄다. 이한영 팀장과, 황과장은 계산을 하려고 볼펜을 들다 도로 내려 놓았다. 다들 놀라는 표정이었다.

"정답입니다."

지원도 성주가 너무 빨리 맞추자 살짝 당황하며 인프라사업팀 직원들을 둘러봤다.

"신입사원이 정답을 맞히었네요! 그렇다면 모두 알고 있었고…, 신입사원에게 양보를…?"

잠시 고민하던 지원이 말했다.

"눈치가 엄청나시네. 그걸 눈치를 챘어!"

황과장의 한마디에 회의실 안은 웃음이 터졌다.

"음…, 그럼, 모두 맞추셨다고 생각하고 쉬는 시간에 다 같이 가시죠."

지원은 성주를 살짝 보며 말했다.

"그럼, 〈전파〉와 〈주파수〉에 대한 개념은 어느 정도 이해되셨죠?"

사람들의 반응을 살피며 지원은 말을 이었다.

"참고로 〈주파수〉를 도로에 비유할 수 있습니다. 도심한복판 차가 많이 다니는 '시내도로'와 도시와 도시를 연결하는 '고속도로'가 있습니다. 시내 도로는 차가 많이 이동해야 하기 때문에 8차선, 10차선인 경우가 많죠? 대신 도로의 길이가 짧습니다. 하지만 멀리 가야 하는 고속도로는 2차선, 4차선 정도입니다. 대신 도로의 길이가 아주 길죠. 우리가 사용하는 무선랜 〈주파수〉를 비교해보면 〈2.4 GHz〉보다 〈5 GHz〉 〈주파수)가 더 많은 차선을 가지고 있겠죠. 당연히 많은 차들이 다닐 수 있습니다. 대신 파장이 짧습니다. 파장은 주파수와 반비례하니까요.

"성주씨? 이해가 되었죠?"

"네, 선…, 아니, 팀장님."

성주는 지원을 선배라고 부를 뻔했다. 여긴 회사이며 업무 공간이라는 생각이 번뜩 들었다.

지원은 그런 성주가 귀여웠는지 살짝 미소를 지었다.

"지금부터는 전파의 성질에 대해 살펴보겠습니다. 〈AP〉에서 보낸 신호, 즉 전파의 성질을 알고 있어야 무선 신호를 방해하는 요소가 어떤 것인지 이해할 수 있습니다. 화면을 같이 보겠습니다."

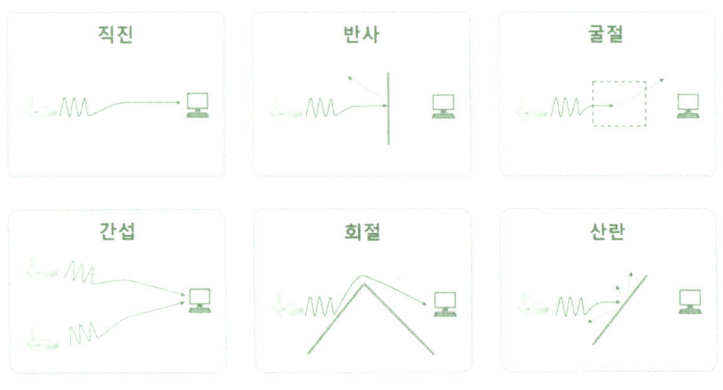

[그림 5-6 전파의 성질]

"일부 용어들이 좀 낯설기는 한데, 내용은 별거 없습니다. 간단하게 살펴보겠습니다."

지원은 서 있던 자리를 가볍게 이동하면서 인프라사업팀 직원들을 일

일이 바라보며 설명을 했다.

"첫 번째 〈직진 Straight〉입니다. 전파는 장애물이 없는 한 직진합니다. 스스로 방향을 바꿀 수 없습니다.

두 번째 〈반사 Reflection〉입니다. 거울과 같은 장애물에 전파는 반사됩니다.

세 번째 〈굴절 Refraction〉입니다. 어항과 같은 장애물에 전파는 굴절됩니다.

네 번째 〈간섭 Interference〉입니다. 두 개 또는 그 이상의 전파가 중복되면 전파 상호간에 신호가 강했다, 약했다 하는 현상을 간섭이라고 합니다. 예를 들면 물에 돌을 던지면 파장이 일어나죠. 그런데 옆에서 더 큰 돌을 물에 던지면 더 큰 파장이 일어나 처음 발행한 파장이 급격하게 작아집니다. 이러한 현상을 간섭이라고 합니다.

다섯 번째 〈회절 Diffraction〉입니다. 장애물을 돌아가는 현상입니다.

여섯 번째 〈산란 Scattering〉입니다. 장애물에 의해 신호가 흩어지는 현상을 말합니다."

이한영 팀장과 팀원들은 꼼꼼하게 필기를 했다.

"일부 용어가 낯설기는 하지만 이해 안되는 부분은 없으시죠?"

인프라사업팀 사람들은 한지원 팀장을 보며 고개를 끄덕였다.

"잠시, 10분 정도 쉬고 하겠습니다."

기다렸다는 듯이 황과장은 부서에서 유일한 흡연자인 성주를 데리고 나갔다. 이한영 팀장과 심상민 대리는 한지원 팀장에게 배운 것에 대해 이것저것 질문을 했다. 짧은 휴식 시간이 끝나고 교육은 다시 시작됐다.

"자, 지금부터는 무선랜 통신의 품질을 떨어뜨리는 방해 요소에 대해 알아보겠습니다. 오늘 교육내용 중 상당히 중요한 부분입니다. 무선랜을 방해하는 요소는 세 가지가 있습니다.

첫 번째는 〈장애물〉입니다. 장애물은 전파의 길을 막고 통신 신호를 완전히 차단하거나 반사해 신호를 약하게 하죠.

두 번째는 〈잡음〉, 세 번째는 〈간섭〉입니다. 이 방해 요소들도 신호의 품질을 떨어뜨리죠."

성주와 부서 사람들은 노트에 필기했다.

"첫 번째 장애물부터 확인해보겠습니다." 지원은 잠시 호흡을 가다듬고 말을 이었다. "유선랜은 케이블 상태나 길이에 문제만 없다면, 통신 품질을 방해하는 물리적 요소가 없습니다. 하지만 무선랜은 전파가 통과하는 공간에 어떤 물체가 있는지가 상당히 중요합니다. 〈컴퓨터〉와 〈AP〉사이에 장애물이 있다면 그 물질의 성질에 따라 통신 품질에 상당한 영향을 주게 됩니다."

설명을 이어가는 지원의 표정은 매우 진지했다.

"〈AP〉 전파는 눈에 보이는 것이 아닙니다. 전파를 빛에 비유하면 이해하기 쉬울 것 같은데요. 사무실마다 골고루 빛을 주기 위해 형광등의 위치를 고민해야 합니다. 형광등의 위치가 너무 한쪽에 치우쳐 있다면 반대편은 어둡겠죠? 그리고 중간에 벽이 있다면 벽 뒤에는 빛이 들어오지 않겠죠? 〈AP〉의 전파도 같습니다."

지원은 일어나서 빔 프로젝터 앞으로 나갔다.

"무선통신을 하기 위해 가장 좋은 환경은 〈컴퓨터〉와 〈AP〉 사이에 그 어떤 장애물도 없는 것입니다. 왜죠? 앞에서 우리는 전파의 〈직진성〉을 공부했기 때문입니다. 하지만 그런 환경은 극히 드물죠?"

한지원 팀장은 손에 든 무선 프리젠터를 눌러 슬라이드를 넘겼다.

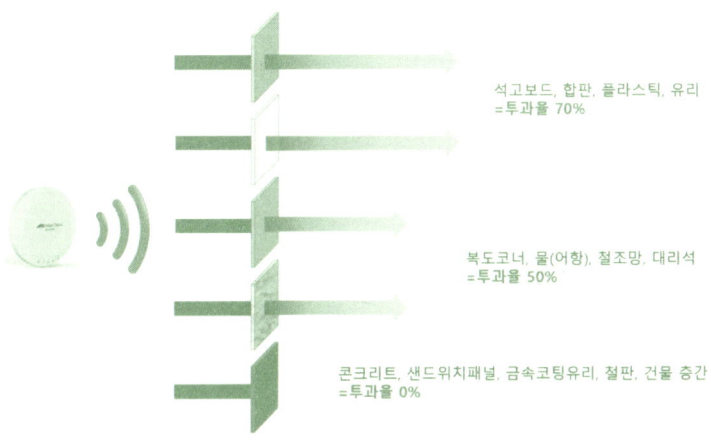

[그림 5-7 물질에 따른 전파 투과율]

"전파를 방해하는 장애물은 밀도가 높은 물체일수록 투과율이 낮습니다. 석고보드의 투과율은 70%, 물과 대리석은 50%정도입니다. 콘크리트나 건물 층간은 투과율이 0%입니다. 그리고 금속물질 같은 전도체들은 전파를 완전히 차단하거나 반사합니다.

다음 데이터 시트를 같이 보겠습니다.

〈AP〉는 이론적으로만 보면 중간에 장애물이 전혀 없는 경우 신호가 도달할 수 있는 거리가 300M입니다. 하지만 현실은 많이 틀리겠죠. 실무에서는 30M에서 50M를 기준으로 컨설팅을 합니다. 중간에 장애물이 있다면 더 줄어듭니다."

"그런데 자료를 보면 30평을 기준으로 1대의 〈AP〉를 권장하였는데, 어떤 기준이죠?"

황과장이 질문했다.

구분		IN DOOR AP		
		AT-TQm1402	AT-TQ5403	AT-TQ5403e
	외관 이미지			
도입 기준	AP 방식	Micro Cell 방식	Cannel Blanket 방식	Cannel Blanket 방식
	AP 종류	Indoor/Wall mount형	Indoor/Wall mount형	outdoor/Wall mount형
	권장/최대 인원	30 / 128	40 / 128	50 / 200
	적용 평수	20평 66 제곱미터 m2	30평 99 제곱미터 m2	40평 132 제곱미터 m2
무선규격		802.11 a/b/g/n/ac	802.11 a/b/g/n/ac	802.11 a/b/g/n/ac
Radio Frequency		2.4GHz and 5GHz	2.4GHz and 2 x 5GHz	2.4GHz and 2 x 5GHz
전송속도		300 Mbps	867 Mbps	867 Mbps
MIMO		2 X 2 MU-MIMO	2 X 2 MU-MIMO	2 X 2 MU-MIMO
SSID		16	16	16
인터페이스		1P x 10/100/1000 Mbps	2P x 10/100/1000 Mbps	2P x 10/100/1000 Mbps
안테나		내장형	내장형	외장형
PoE 지원 전력		지원 (15.4 watts)	지원 (15.4 watts)	지원 (15.4 watts)
컨트롤러 지원		O	O	O

[그림 5-8 무선 AP 데이터시트]

"사실, 〈AP〉 자료를 만들면서 적용 평수 기준을 설정하기가 가장 힘들었습니다. 환경에 따라 〈전파〉의 신호 감쇄는 매우 다릅니다. 하지만 최대한 여러 상황과 경험을 고려하였을 때, 일반적인 사무실 환경에서는 〈AP〉가 벽과 같은 장애물이 없을 경우 30평 기준이 가장 적합하다고 결론을 내렸습니다."

"팀장님 자료에 도입기준을 보면 하나의 〈AP〉에 연결할 수 있는 최대 인원과 권장 인원이 있는데 어떤 의미인지, 설명 좀 부탁드립니다."

심대리가 질문했다.

"최대 인원은 〈AP〉에서 128명을 수용할 수 있다는 의미입니다. 하지만 어떤 무선통신 서비스를 하는지가 중요합니다. 예를 들어 모바일 사용자를 위한 무선통신 서비스와 업무용 컴퓨터를 유선이 아닌 무선으로 사용하는 서비스라면 상황은 완전히 달라집니다. 이런 경우 〈AP〉 사용자를 30명으로 제한하여 권고합니다."

"네, 감사합니다."

심대리가 조용한 목소리로 대답을 했다. 지원은 계속 설명을 이어갔다.

"그런데 장애물은 문제를 사전에 알고 있다면 피해가거나 치워버리면 쉽게 해결이 됩니다. 무선랜에서 심각한 문제는 '잡음'과 '간섭'입니다. 우선 잡음부터 살펴보겠습니다."

"혹시 심대리님, 무선랜에서 〈다중경로 페이딩 multipath fading〉이라고 들어 보셨나요?"

지원이 심상민 대리를 바라보며 질문했다.

"직접 전달되는 전파와 장애물에 반사된 반사파로 구성된 복합적인 신호라고 알고 있습니다."

심대리는 잠시 고민을 하다 차분하게 대답했다.

"네, 정확하게 알고 있네요."

지원은 심상민 대리의 대답을 듣고 바로 설명을 했다.

"컴퓨터에서 출발한 데이터는 〈전파〉를 통해 〈AP〉에게 보냅니다. 경로상에는 여러 장애물이 있을 수 있습니다. 어떤 장애물은 〈전파〉를 〈산란 Scattering〉시킵니다. 〈산란〉은 신호가 흩어지는 현상입니다. 또 어떤 장애물은 〈회절 Diffraction〉시킵니다. 〈회절〉은 신호가 장애물을 돌아가는 현상입니다. 그리고 〈반사 Reflection〉시킵니다. 이런 신호가 복합적으로 〈AP〉에 수신되면서 수신 장애를 발생하는 것을 〈다중경로 페이딩 multipath fading〉이라고 합니다."

지원의 설명이 끝나자마자 이한영 팀장이 질문했다.

"유선과는 다르게 무선에서는 잡음이 심각하네요?"

"매체의 특성상 〈다중경로 페이딩〉에 의한 잡음은 어쩔 수 없습니다."

지원은 이한영 팀장의 질문에 답을 하고는 설명을 이어갔다.

채널 간섭

"그리고 마지막으로 '간섭'입니다."

심대리는 컵에 물을 따라 한지원 팀장에게 주었다. 지원은 물을 마시고 설명을 이어갔다.

"앞에서 전파의 성질에서 〈간섭 Interference〉을 간략하게 설명 드렸습니다. 다시 설명드리면 두 사람이 물에 돌을 동시에 던지면 두 개의 파장이 생깁니다. 두 개의 파장이 만나는 지점에서 파장은 깨집니다.

무선랜에서도 같습니다. 무선랜에서 채널 간섭이 가장 심한 〈2.4 GHz〉 주파수를 가지고 설명을 드리겠습니다. 〈2.4 GHz〉 주파수는 〈ISM band industrial, scientific and medical band〉를 사용합니다. 〈ISM 밴드〉는 〈ITU international telecommunication union : 국제전기통신연합〉에서 관리를 합니다. 주로 산업, 과학, 의료용 기기에 사용하기 위해 지정된 주파수 대역입니다."

지원은 손에 들고 있던 무선 프리젠터로 슬라이드를 넘겼다.

"화면을 보면, 2.4 GHz 〈무선 주파수〉는 총 13개의 채널을 사용합니다. 〈IEEE〉 무선랜 표준에 의해 하나의 주파수 채널당 〈20 MHz〉의 무선 대역폭을 가집니다. 가장자리 끝 〈2 MHz〉는 사용하지 않습니다"

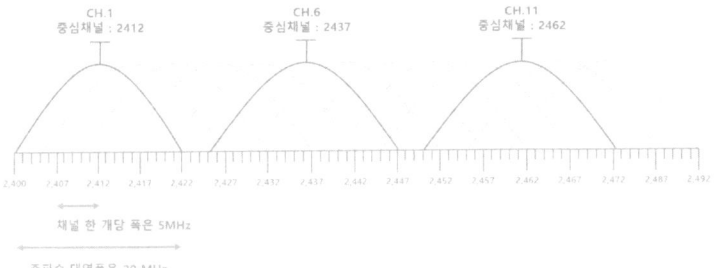

[그림 5-9 2.4 GHz 무선 주파수 채널]

"그렇다면 인접한 채널이 중첩되는데요?"

조용히 교육을 받던 황과장이 질문했다.

"네, 황과장님 맞습니다. 1번 채널은 2번, 3번, 4번 채널과는 아주 많이 신호가 겹치죠. 그리고 5번 채널과는 아주 조금 겹칩니다."

인프라사업팀 직원들은 진지하게 화면을 바라보았다.

"그럼, 팀장님 〈AP〉에서 1번 채널을 사용하고 있는데, 가까운 〈AP〉에서 2번 채널을 사용한다면 채널 간섭 현상이 발생하는 건가요?"

이한영 팀장이 다소 흥분한 목소리로 질문했다.

"이해를 돕기 위해 다음 슬라이드로 다시 확인해보죠."

"건물 평면도입니다. 101호부터 106호까지 6개의 회사가 입주해 있습니다. 6개의 회사는 각각 〈AP〉 한 대식 구축되어 있습니다. 물론 〈2.4GHz〉 무선주파수를 사용하고 있습니다. 그런데 슬라이드에 있는 것처럼 채널이 설정되어 있다면 이 건물의 무선랜 상황이 예상 되시나요?"

지원은 인프라사업팀 직원들을 둘러봤다.

"아 그렇군요, 채널1과 채널 2번, 그리고 3번 채널은 서로 다른 독립적인 채널 같아 보이지만 앞에서 설명해주신데로 채널 한 개당 폭〈20

MHz〉를 생각하면 신호가 많이 겹치는 채널이네요. 그렇다면 신호 간섭이 매우 심하겠는데요?"

이한영 팀장이 진지하게 한지원 팀장의 질문에 답을 하였다.

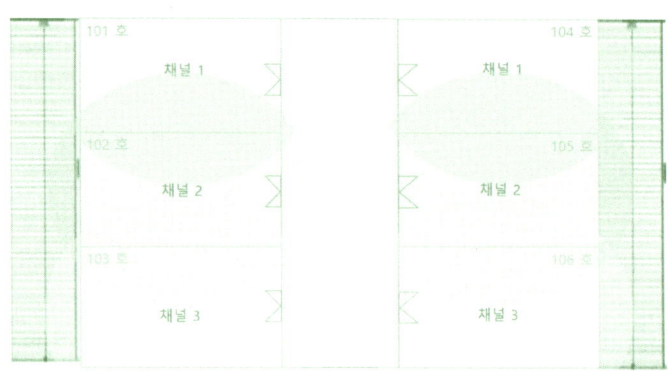

[그림 5-10 2.4 GHz 무선 주파수 채널 간섭]

"네, 팀장님 정확하게 이해하셨습니다. 일부에서는 13개의 채널이 〈5 MHz〉 폭으로 독립적 채널을 유지하는 것으로 오해를 하고 있습니다. 하지만 〈IEEE 802.11〉 문서에서 〈2.4 GHz〉 무선 주파수 대역을 확인해보면 〈20 MHz〉인 것을 알 수 있습니다. 그럼, 다음 슬라이드에서 채널 간섭을 피하는 방법을 확인해보겠습니다."

지원은 빔 프로젝터를 바라보며 슬라이드를 천천히 넘겼다.

"다음 화면에 보이시는 것처럼 〈2.4 GHz〉 무선주파수는 신호가 중첩되지 않는 채널이 3개입니다. 3개의 채널을 잘 활용하여 채널 간섭이 일어나지 않게 〈AP〉를 설계해야 합니다."

"그럼 팀장님 〈5 GHz〉는 어떤가요?"

성주가 지원에게 질문했다.

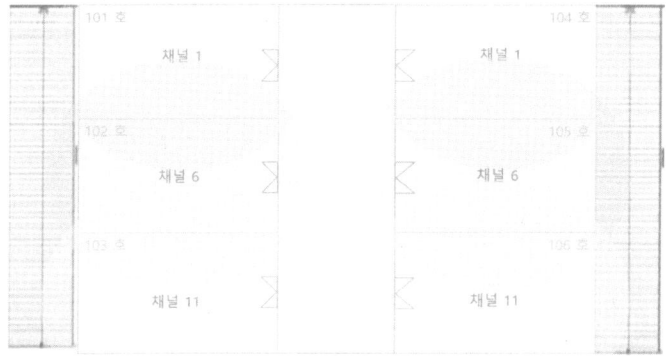

[그림 5-11 2.4 GHz 비중첩 채널]

"같은 방식으로 확인해 볼까요?"

지원은 설명을 이어갔다.

"〈5 GHz〉 무선주파수는 〈UNII unlicensed national information infrastructure : 국가정보기간망〉 대역을 사용합니다. 〈2.4 GHz〉 ISM 대역은 총 83.5MHz 대역폭으로 전자레인지, 무전기, 블루투스 등 다양한 산업에서 공동으로 사용하기 때문에 상당히 혼잡합니다. 하지만 〈5GHz〉 무선주파수는 총 380MHz 최소 23개의 중첩되지 않는 채널이 있기 대문에 채널 간섭이 심하지 않습니다."

지원은 슬라이드를 넘기며 다음 말을 이었다.

"슬라이드에 표를 봐주시겠습니까 우선 〈5 GHz〉의 주요 채널번호와 중심 주파수 현황입니다. 〈2.4 GHz〉의 비중첩 주파수 채널이 3개였죠? 그런데 〈5 GHz〉 비중첩 주파수는 채널은 23개입니다. 다음 슬라이드를 같이 볼까요?"

[표 5-1 5 GHz 무선주파수 채널]

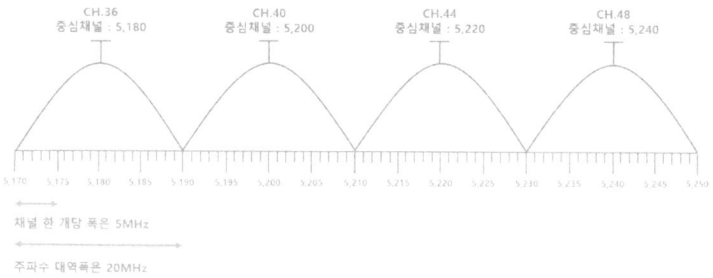

[그림 5-12 5 GHz 무선주파수 비중첩 채널]

"⟨5G Hz⟩의 UNII-1 대역만 살펴보겠습니다. ⟨5 GHz⟩ 무선 주파수는 채널 36과 채널 40사이에 간섭이 발생할 수 있는 37, 38, 39 채널은 아예 사용하지 않습니다. 채널당 ⟨20 MHz⟩를 미리 띄워 놓고 설계를 하기 때문입니다. 이런 채널이 23개나 되는 거죠."

지원은 인프라 사업팀 직원들을 한번 둘러봤다. 그리고 질문했다.

"채널 간섭은 매우 중요한 내용입니다. 이해가 좀 되셨나요?"
"네, 팀장님. 덕분에 정확하게 이해했습니다."
황과장이 밝게 웃으며 말했다.
"그런데, 팀장님. 무선랜 설계를 할 때 장애물과 신호 잡음과 간섭이 발생할 수 있는 환경을 꼭 체크해야겠네요!"
말을 멈추고 잠시 고민하던 한영이 지원에게 질문했다.
"그런데, 사람의 육안으로 점검이 가능할까요?"
"네, 팀장님. 중요한 질문입니다."
지원은 이한영 팀장의 질문을 기다렸다는 듯이 다음 슬라이드를 넘겼다.

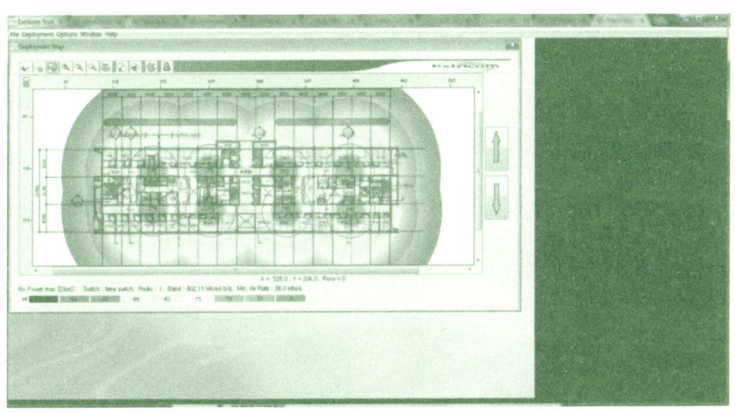

[그림 5-13 무선 시뮬레이션 프로그램]

"화면에 보이는 프로그램은 건물 도면과 벽 재질에 대한 정보를 넣으면 〈AP〉 신호를 테스트할 수 있는 시뮬레이션 프로그램입니다."
지원은 무선랜 시뮬레이션 프로그램 사용법을 10분 정도 간단히 설명해주었다.

"쉽죠. 제가 프로그램을 드릴 테니까 직접 해보시면 금방 이해가 될 겁니다."

지원은 빔 프로젝터 전원을 끄면서 이야기했다.

"오늘 교육은 여기까지입니다. 혹시 질문 있으신가요?"

지원이 교육을 끝내면서 물었다.

"평상시 궁금했던 부분이 있으면 질문들 하세요"

이한영 팀장이 팀원들을 보면서 말했다.

"중간중간 질문으로 궁금증을 풀어서 없을 것 같은데요? 팀장님."

황과장은 이한영 팀장에게 말했다.

"그럼, 오늘 교육은 마치겠습니다. 약속한 데로 제가 커피를 쏘겠습니다. 같이 내려가시죠?"

"아닙니다. 팀장님 우리를 위해 교육까지 해주셨는데 커피는 제가 사겠습니다."

인프라사업팀 부서 사람들은 지원과 1층 커피숍으로 갔다. 약속을 지키겠다며 끝내 한지원 팀장이 커피를 사자, 이한영 팀장은 미안한지 뒷머리만 긁었다.

"성주씨, 우리 먼저 들어갈게."

이한영 팀장과 부서 사람들이 서로 눈짓을 주고받더니 사무실로 먼저 올라갔다. 성주와 지원, 둘만 남았다.

"성주야 오늘 너 답지 않게, 교육 중에 다른 생각이나 하고. 무슨 일 있어?"

지원이 성주를 보면서 걱정스럽게 물었다.

"아니에요, 선배. 어제 밤 공부한다고 잠을 좀 못 자서…."
성주는 사실 오전 김영환 차장의 말이 계속 신경 쓰였다.
"참, 내일 주말인데 뭐해?"
"별로 할 일 없는데, 왜요? 선배!"
"너두, 참. 아직 여자친구 없어?"
"응 그게….''
"주말 잘 보내고. 나, 간다."
성주가 대답을 얼버무리자 지원은 싱긋 웃더니 등을 돌려 갔다.
금요일 퇴근이 가까워지는 시간이면 직장인들은 해방감에 젖어 들었다. 결혼한 직원들은 가족여행 준비로 퇴근을 서두르기도 하고, 미혼인 직원들은 '불금' 즉 '불타는 금요일'을 위해 완전무장에 가까운 준비를 했다.
최보미 과장은 앞머리에 구르프를 말고 있었다.
"최과장, 오늘 달리는 거야?"
임선아 팀장이 구르프를 말고 있는 최과장이 부러운 듯 말했다.
"네, 팀장님. 친구들과 홍대에 놀러 가요"
바쁘게 화장을 고치며 최과장이 말했다.
"좋을 때다. 난 체력이 안돼서 집이나 일찍 들어가야겠다."
김 빠진 표정으로 임팀장이 말했다.
"먼저 퇴근합니다."
6시 "땡" 하자 마자 최과장은 핸드백을 챙겨서 나갔다.
"쟤, 지금 구르프 말고 그냥 나간 거지?"
"네, 팀장님. 어떻게, 전화로 알려줄까요?"

"그냥, 놔둬!"
임팀장과 박보영 대리는 공모자처럼 함께 웃었다.
"퇴근합시다. 다들 주말 잘 보내요."
정미영 본부장의 퇴근을 신호로 사무실 사람들도 서둘러 퇴근을 했다.
성주도 서둘러 회사를 빠져나왔지만, 딱히 약속도 갈 곳도 없었다. 금요일 퇴근길 전철 안은 더욱 북적거렸다.

6일
첫 프로젝트 그리고 야근

승언의 출근

봉천동 아파트
두 번째 월요일 오전 6시 반

따리리리~~~ 따리리리~~~
아침 어스름을 가르며 휴대폰이 울렸다. 승언은 알람인 줄 알고 끄려다 보니 액정에 정미영 본부장의 이름이 떠 있었다.
"네, 본부장님?"
잠이 덜 깬 채 전화를 받는데 옆에서 아내가 자고 있어 목소리를 낮췄다.
"황과장, 아침 일찍 미안한데…."

수화기에서 정미영 본부장의 급한 목소리가 흘러나왔다.
"아닙니다. 일어나려고 했습니다. 그런데 무슨 일 있으세요?"
"신일물류 고객사에서 급하게 미팅하자고 연락이 와서 이한영 팀장하고 사무실에 못 들리고 바로 가니까, 인프라사업팀 주간보고 오늘 황과장이 좀 해."
"네, 본부장님."
"이한영 팀장은 아직 전화가 안 돼서 내가 황과장한테 먼저 전화했어. 좀 일찍 출근해."

매주 월요일 아침에는 회사 대표와 Biz사업본부 본부장 그리고 사업팀장들이 주간회의를 한다. 지난주의 발주 현황과 새롭게 시작되는 한 주의 이슈 사항들을 공유하는 자리였다. 정미영 본부장은 월요일 이른 아침부터 이한영 팀장, 승언에게 전화하면서 일주일을 시작했다.

"무슨 일이야?"
자고 있던 아내도 벨 소리에 잠이 깨서 말했다.
"본부장님하고 팀장님이 회의에 못 들어오신다고, 나보고 좀 일찍 출근해서 회의에 들어가라고."
아내도 서둘러 일어나 아침을 차리러 주방으로 갔다.
"아침 안 먹어도 되는데, 좀 더 자!"
쌍둥이 둘을 힘겹게 키우고 있는 아내의 아침잠을 깨운 것이 미안해 다정하게 말했다.
"얼른 씻어. 어제저녁에 끓여 둔 찌개하고 반찬 있으니까, 간단하게 먹고 출근해요."
승언은 서둘러 샤워를 하고 식탁에 앉았다.

"우리 공주님들은 잘 자고 있나?"

승언은 혜림과 유림, 쌍둥이 딸을 둔 아빠였다. 아이들 방문을 살짝 열어보았다. 천사처럼 잠들어 있는 딸들을 잠시 보고 서둘러 출근했다.

평상시엔 8시에 집을 나서지만 오늘은 40분 일찍 집을 나섰다. 사무실에 도착하니 7시 40분. 회의 시작 10분 전이었다.

사무실에는 임선아 팀장과, 김신석 팀장이 자리에 앉아 있었다.

"황과장, 왜 이렇게 일찍 왔어?"

김신석 팀장이 물었다.

"오늘 이팀장님이 회의에 못 들어와서 황과장이 대신 주간회의 참석해요."

임팀장이 대신 대답했다.

"어, 팀장님 어떻게 아셨어요?"

승언이 임팀장을 바라보며 물었다.

"아침 7시에 본부장님이 전화해서 굳이 이야기 해주시더라고…." 임선아 팀장이 약간 불만 섞인 표정으로 말했다. 그러면서 덧붙였다. "참, 황과장 자리에 인프라사업팀 자료 올려두었어! 참고해."

"회의실로 올라갑시다."

회의자료와 노트를 챙겨들고 김신석 팀장이 책상에서 일어나며 말했다. 임팀장, 승언은 김신석 팀장과 함께 경영지원본부가 있는 12층 회의실로 올라갔다.

부서별 발주나 매출 현황을 체크하고, 금주 주요 이슈 사항에 대한 정보를 공유하고 회의는 9시 10분 끝났다. 그리고 회의가 끝나고 정미영 본부장이 승언과 임팀장, 이한영 팀장에게 전화를 하기 전인 6시 반에 대표이사에게 먼저 전화를 했다는 것을 알았다.

"6시 반에 대표님께 전화하다니 역시 본부장님이야."

"대표님도 잠을 설치셨는지 회의 시간 내내 하품하시던데, 보셨어요?"

임팀장과 승언이 웃으면서 말을 주고 받았다.

승언이 사무실에 돌아오니 최보미 과장만 빼고 Biz본부 사람들이 모두 출근해 있었다.

"심대리, 성주씨, 주말 잘 보냈어?"

"어, 과장님이 회의 들어가셨어요?"

승언을 보며 심대리가 물었다.

"응, 본부장님하고 팀장님은 신일물류 고객사에서 갑자기 미팅하자고 해서 '직출'했어."

"직출이요?"

성주가 '직출'의 뜻을 몰라 혼잣말처럼 물었다.

"현장으로 바로 출근하는 것을 직출이라고 해"

성주는 얼마 전 이한영 팀장이 말한 '직퇴'를 떠올렸다.

"뭔가 불길하죠? 선배."

심대리는 불안한 듯 승언을 보며 말했다. 승언도 심대리를 보며 고개를 끄덕였다.

잠시 침묵이 흘렀다.

무선 표준과 전송기술방식(DSSS & OFDM)

"성주씨, 지난주에 무선랜 표준 〈IEEE 802.11〉에 대해 정리해오라는 거, 했어?

"네, 선배님."

성주는 미리 출력해 놓은 자료를 승언에게 건넸다.

"그럼 802.11 위원회에 대해서 설명해봐."

승언은 자료를 보며 성주에게 질문했다.

"〈IEEE 802.11〉 위원회는 무선랜의 표준을 연구하는 위원회의 이름입니다. 〈IEEE institute of electrical and electronics engineers〉는 전기와 전자 분야의 국제 전문가 조직으로 다양한 분야에 산업 표준을 구현하고 있습니다. 전기공학, 전자공학, 물리학, 수학 같은 기초과학분야까지 상당히 광범위합니다. 그 중 무선랜 802.11 위원회가 있습니다."

성주는 〈IEEE〉에 대해 알고 있는 것을 간단하게 설명했다.

"응, 그렇지. IT 분야에서 일하는 사람이라면 〈IEEE〉를 모를 수가 없지."

승언은 성주가 요약한 한 페이지짜리 문서를 천천히 훑어봤다.

"음, 깔끔하게 정리가 잘됐네."

IEEE 표준	802.11b	802.11a	802.11g	802.11n	802.11ac
제정년도	1999년	1999년	2003년	2009년	2013년
Radio Frequency	2.4GHz	5GHz	2.4GHz	2.4GHz or 5GHz	5GHz
채널 대역폭	20 MHz	20 MHz	20 MHz	20/40 MHz	20/40/80/160 MHz
사용 채널	13채널(한국은 11채널)	23(한국은 19채널)	13채널(한국은 11채널)		23(한국은 19채널)
비조첩 채널	1	23	1	1, 23	23
최대속도 data rate	11 Mbps	54 Mbps	54 Mbps	600 Mbps	6.9 Gbps
전체속도 throughput	6~7 Mbps	27 Mbps	22 Mbps	100 Mbps	800 Mbps
MAC	CSMA/CA	CSMA/CA	CSMA/CA	CSMA/CA	CSMA/CA
MIMO	1	1	1	4	8
변조기술	DR-DSSS	OFDM	OFMD	OFDM	OFDM
실내 도달거리 data range	35m	35m	38m	70m	
실외 도달거리 data range	140m	120m	140m	250m	

[표 6-1 IEEE 802.11 무선 표준]

"그런데, 선배님. 궁금한 부분이 있는데 질문해도 될까요."

문서를 보고 있는 승언에게 성주가 말했다.

"어, 해봐."

승언의 말에 기다렸다는 듯이 성주는 질문했다.

"IEEE 802.11 무선 표준 문서에 전송기술 〈DSSS〉와 〈OFDM〉 기술에 대해 이해를 못 했습니다."

승언은 자료를 천천히 보면서 성주에게 말했다.

"그러면 전송 기술부터 설명해 볼까."

성주는 노트를 펴고 승언의 설명을 기다렸다.

"유선에서는 숫자 0과 1로 구성된 〈비트〉를 물리적인 케이블을 통해 전송하면 되는데, 무선은 전파를 통해 보내야 하니까 전송 방식 기술이 따로 필요하겠지. 이때 〈비트〉를 무선 신호로 변환하는 것을 인코딩이라고 하는데 다양한 기술이 있지. 가장 초기부터 사용되었던 주파수 분할 방식인 〈FDMA frequency division multiple access〉, 휴대폰 2G에서 사용되었던 〈TDMA time division multiple access〉, 3G에서 사용되었던 〈CDMA code division multiple access〉, 그리고 현재 무선랜에서 사용하는 〈DSSS direct sequence spread spectrum〉와 〈OFDM orthogonal frequency division multiplexing〉 두 가지 방식이 대표적이야."

성주는 진지하게 듣고 있었다. 승언은 설명을 계속 했다.

"우선, 이 자료를 보면…."

승언은 자신의 컴퓨터에 띄운 자료를 성주에게 보여주며 설명했다.

"〈DSSS〉와 〈OFDM〉는 물리계층에 속한 전송 기술이라고 알고 있으면 되는데 우선 〈DSSS〉는 우리 말로 〈직접 시퀀시 확산 스펙트럼〉이라

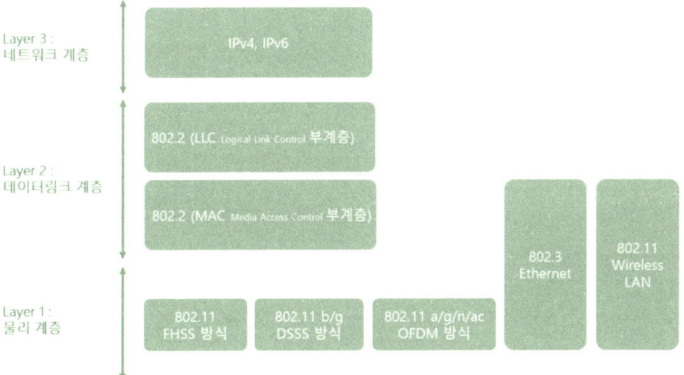

[그림 6-1 계층에 따른 IEEE 802.11 표준 기술]

고 불러. 그리고 〈OFDM〉은 우리말로 〈직교 주파수 분할 다중 방식〉이라고 불러. 우리말로는 복잡하니까 그냥 〈DSSS〉와 〈OFDM〉으로 부르자고."

"네, 선배님."

성주는 노트에 필기를 하면서 승언의 설명에 집중했다. 승언은 설명을 계속 했다.

"유선에서도 물리 계층에 유선 매체에 대한 정의가 되어 있지 예를 들어 CAT 5, CAT 5e, CAT 6 그리고 광통신처럼."

승언은 성주를 보며 계속 설명했다.

"〈DSSS〉와 〈OFDM〉 방식에 관해 설명을 해볼까. 먼저 〈DSSS〉는 〈IEEE 802.11b〉에서 사용하니까 〈2.4 GHz〉 주파수 채널을 사용하겠지. 한 개의 채널을 그대로 사용하는 기술이야. 디지털 신호를 매우 작은 전력으로 넓은 대역에 분산하여 동시에 송신하는 방식이야. 노이즈가 발생하더라도 복원시에 노이즈가 확산되기 때문에 통신에 영향이 적고 또한 강한 신호를 발생하지 않기 때문에 다른 통신을 방해하지 않는 장점이 있지."

승언은 노트 필기를 하는 성주를 보며 설명을 했다.

"하지만 빠른 속도를 위해서는 한 개의 채널만을 가지고 통신을 해서는 안 되기 때문에 〈OFDM〉 이름이 말하듯이 주파수를 분할하는데 주파수의 간격을 최소화하기 위해 직교성을 부여하는 기술이 필요한 거지. 이 기술은 고속통신이 가능하다는 장점이 있어."

승언의 설명이 끝나자 성주는 예를 들어 질문했다.

"선배님, 우리회사에서 야유회를 간다고 하면 〈DSSS〉는 버스 한 대에 모든 직원을 싣고 가는 방식이고, 〈OFDM〉은 각자 자가용을 타고 오는 방식이라고 생각하면 되나요?"

승언은 예를 들어 이해하려고 하는 성주를 흡족하게 바라보며 대답했다.

"응, 그렇지."

무선랜 속도의 비밀

승언의 설명은 계속 이어졌다.

"지금부터 정말 중요한 내용이야. 무선랜 속도에 대한 비밀을 이야기해 줄게."

성주는 노트 필기를 준비하면서 승언을 바라봤다.

"유선랜은 명확하게 속도를 알 수 있어, 예를 들어 10 Mbps 스위치,

100 Mbps 스위치, 요즘 들어 많이 사용하는 1 Gbps 스위치 최근에는 10 Gbps 스위치 등 스위치 인터페이스 스펙만 확인하면 〈스위치〉에서 지원하는 속도를 금방 알 수 있지. 하지만 무선랜은 상황이 좀 달라."

승언의 설명을 멈추고 잠시 성주를 바라보다 질문을 했다.

"성주씨, 집에서 사용하고 있는 〈무선 공유기〉의 최대 속도에 대해서 알고 있어?"

성주는 갑작스러운 질문에 잠시 고민을 하다 조심스럽게 입을 열었다.

"잘 모르겠는데요, 선배님."

승언은 미소를 지으며 설명을 했다.

"괜찮아, 대부분의 사람들이 〈무선 공유기〉나 〈AP〉를 사용하면서 지원하는 최대 속도는 모르고 사용하고 있으니까."

"정말 그런데요, 선배님. 유선은 명확하게 지원하는 속도를 알고 사용하는데 무선은 그렇지 않은 것 같습니다."

성주는 승언을 바라보며 말했다.

"지금부터 무선랜 속도의 비밀을 알려줄 테니까, 잘 들어."

승언은 노트북을 빔 프로젝터에 연결하며 설명을 계속 했다.

"1997년 최초 2.4 GHz 기반으로 〈IEEE 802.11〉 무선랜 표준이 발표되고, 무선랜 속도는 1 Mbps와 2 Mbps 두 가지 원시 데이터 전송 속도밖에 안 나왔어. 이때 인코딩 방식은 〈FHSS frequency hopping spread spectrum〉와 〈DSSS direct-sequence spread spectrum〉을 사용했지."

"유선랜에 비하면 상당히 느린 속도인데요, 선배님?"

성주는 승언을 바라보며 말했다. 승언은 설명을 계속 했다.

"그렇지. 그래서 그 다음으로 1999년에 발표된 2.4 GHz 기반의

〈IEEE 802.11b〉는 최대속도 11 Mbps로 같은 해에 발표된 5 GHz 사용하는 〈IEEE 802.11a〉는 54 Mbps로 상향되었지."

"속도가 비약적으로 빨라졌는데요. 선배님 그런데 어떻게 속도가 올라갔나요?"

성주에 질문을 듣고 승언은 미소를 지으며 설명을 계속 했다.

"〈IEEE 802.11b〉의 인코딩 기술이 〈HR-DSSS high-rate direct-sequence spread spectrum〉 방식으로 업그레이드되었고, 〈IEEE 802.11a〉는 〈OFDM orthogonal frequency-division multiplexing〉 방식으로 바뀌었기 때문이야"

성주는 승언의 대답을 듣고 잠시 망설이다 질문했다.

"인코딩 기술이 바뀌었다고 해서 속도가 향상되나요?"

성주의 질문을 들은 승언은 한참 자신의 노트북에서 자료를 찾았다.

"여기 있네!"

승언은 자료를 화면에 보여주며 설명을 했다.

"아무래도 〈DSSS〉 보다는 〈OFDM〉이 중요하니까 보충 설명을 해 줄게. 〈OFDM〉은 고속의 송신 신호를 저속의 신호로 병렬 전송하는 구조로 다중의 부반송파로 분할하여 전송하는 기술인데 여기서 부반송파를 〈Subcarrier〉 라고 해, 화면을 같이 볼까? 〈IEEE 802.11a/g〉에서는 64개의 〈Subcarrier〉 중 인접 채널 간섭 방지를 위해 11개를 사용하지 않고, 중앙 1개와 4개의 파일럿 〈Subcarrier〉도 데이터 전송을 하지 않지. 그래서 48개의 〈Subcarrier〉를 통해 최대 54 Mbps의 최대 전송 속도가 가능하다고 할 수 있어."

성주는 열심히 노트에 필기를 했다.

"다음 〈IEEE 802.11n〉은 64개의 〈Subcarrier〉 중 4개의 〈Subcar-

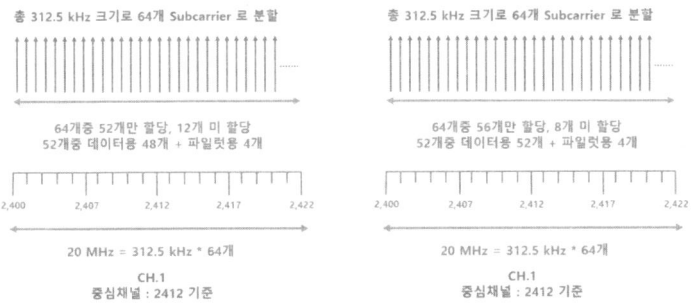

[표 6-2 OFDM Subcarrier]

rier〉가 늘어난 52개의 〈Subcarrier〉가 데이터 전송에 사용되고 있어 그래서 11 Mbps 늘어난 65 Mbps의 성능이 가능하지. 여기에 〈가드 인터벌〉이라는 시간 감소로 인해 7Mbps 추가되어 72.2 Mbps 속도 향상이 되었지."

그러나 성주는 이해가 잘 되지 않는 표정이었다.

변조 방식을 알면 무선랜 기본 속도를 알 수 있다.

"〈OFDM〉에서 사용하는 디지털 변조 방식을 알면 이해하기 수월할 거야."

승언은 화면에 자료를 하나 더 띄워서 설명을 이어갔다.

"우선 〈변조 modulation〉라는 것은 신호, 즉 정보를 저장, 전송하기 위해 전기적 신호로 변환하는 것을 의미하는데 아날로그 변조 방식과 디지털 변조 방식 두 가지가 있어. 우리는 디지털 변조 방식을 알아볼 거야. 디지털 변조 방식은 0101010101과 같은 이진 부호를 전기적인 신호로 변환하는 과정이야."

승언은 화면의 자료를 보면서 진지하게 설명을 했다.

Modulation	Full name	설명	
BPSK	Binary phase shift keying	신호 하나에 있는 1볼 보내는 기술로 1bit 정보를 표현할 수 있다.	
QPSK	Quadrature phase shift keying	신호 하나에 00, 01, 10, 11을 보내는 기술로 2bit 정보를 표현할 수 있다.	
16-QAM	Quadrature amplitude modulation	신호 하나에 0001, 0010, 0011, 0100을 보내는 기술로 4bit 정보를 표현할 수 있다.	
64-QAM	Quadrature amplitude modulation	신호 하나에 000001, 000010, 000011, 000100을 보내는 기술로 6bit 정보를 표현할 수 있다.	
256-QAM	Quadrature amplitude modulation	신호 하나에 00000001, 00000010, 00000011, 00000100을 보내는 기술로 8bit 정보를 6가지 있다.	

[표 6-2 디지털 변조 방식]

"성주씨, 쉬운 질문을 하나 해볼까?"

"네, 선배님."

성주는 흔쾌히 답했다. 승언이 곧바로 질문했다.

"화면을 보면 다양한 변조 방식에 대한 설명이 있는데 어떤 차이가 있을까?"

성주는 화면을 잠시 보다가 주저없이 승언을 바라보며 말했다.

"변조 방식에 따라 신호 하나에 보내는 〈bit〉의 수가 다릅니다."

성주의 대답이 마음에 들었는지 승언은 미소를 지으며 설명을 이어갔다.

"맞아, 성주씨. 변조 방식에 따라 신호 하나에 보내는 〈bit〉수가 다르기 때문에 무선 속도의 변화가 발생합니다. 자료를 좀 더 보여줄게."

승언은 노트북에서 자료를 하나 더 찾아 빔 프로젝트에 띄웠다.

- IEEE 802.11a/g

구분	변조방식	Coding rate	Data rate
1	BPSK	1/2	
2	BPSK	1/4	
3	QPSK	1/2	
4	QPSK		18
5	16-QAM	1/2	24
6	16-QAM	1/4	36
7	64-QAM	2/2	
8	64-QAM		54

- IEEE 802.11n

구분	변조방식	Coding rate	Data rate
1	BPSK	1/2	7.2
2	QPSK	1/2	14.4
3	QPSK	3/4	21.7
4	16-QAM	1/2	28.9
5	16-QAM	3/4	43.3
6	64-QAM	2/3	57.8
7	64-QAM	3/4	65
8	64-QAM	5/6	72.2

[표 6-3 디지털 변조 방식]

"화면을 같이 볼까. 성주씨가 조사해온 〈IEEE 802.11a/g〉에서 최대 속도 〈54 Mbps〉는 〈64-QAM〉 변조 방식을 사용할 때 가능한 속도야."

성주는 본인이 조사한 〈IEEE 802.11 무선 표준〉 문서에 〈IEEE 802.11b〉와 〈IEEE 802.11a〉 그리고 〈IEEE 802.11g〉 최대속도에 동그라미로 체크를 하고, 〈IEEE 802.11n〉 최대속도 600Mbps엔 물음표를 적고 고민에 빠졌다. 승언은 성주가 표시한 것을 보고 살짝 웃으며 질문했다.

"성주씨가 조사한 자료에 〈IEEE 802.11n〉 최대속도가 어떻게 적혀 있지?"

성주는 기다렸다는 듯이 황과장을 보며 대답했다.

"600 Mbps로 적혀 있습니다."

승언은 잠시 뜸을 들이다 갑자기 생각난 듯 말했다.

"벌써, 점심 시간이네. 심대리 점심 먹으로 가자고."

승언은 자리에서 일어났다. 심대리도 주저 없이 따라 나섰다.

아직 의문이 풀리지 않은 성주만 멍해져 있다가 허둥거리며 그들을 따라 식당으로 향했다. 성주는 〈IEEE 802.11n〉 최대속도 600 Mbps 속도 때문에 머리속이 복잡했다.

"나만 빼고 밥을 먹으러 간단 말이야!"

점심을 먹으러 식당으로 향하는 승언일행 뒤에서 최보미 과장이 토라진 듯 말했다.

"우리 사무실 나올 때 최과장 안보였는데."

승언이 최과장을 돌아보며 변명했다. 최과장은 성주를 힐끔 보고는 심대리에게 말했다.

"그런데, 막내는 정신이 나간 사람처럼 멍한 표정이네, 무슨 일 있어?"

심대리는 뭔가 재미있는 일이라도 있는 듯 웃으며 최과장에게 은밀하게 속삭였다.

"그게, 오전 교육 시간에 황과장님이 성주씨 궁금증을 풀어주지 않고 교육을 끝내버려서요."

"막내! 선배한테 물어봐. 내가 그래도 과장식이나 되는데."

성주는 최보미 과장의 말에 기분이 좋아져서 용기내 질문했다.

"최과장님, 〈IEEE 802.11n〉의 최대 속도 600 Mbps가 어떻게 나오는지 궁금해서요."

최과장은 식판을 들면서 성주를 보며 진지하게 말했다.

"막내야, 여긴 식당이지. 질문은 나중에. 나 밥 먹을 때는 절대로 말걸지마!"

"네, 과장님."

최과장의 말에 움찔한 성주는 조용히 밥을 먹었다. 승언과 심대리는 이 상황이 재미난 듯 서로 곁눈질로 쳐다보며 웃고 있었다.

본부장과 이한영 팀장은 점심시간이 지나서야 사무실에 들어왔다.

"다들 사무실에 있었네. 점심은 먹었지? 황과장은 아침에 주간 회의 별일 없었어?"

이한영 팀장이 허겁지겁 책상에 앉으며 부서 팀원들에게 물었다.

"네, 팀장님 별일 없었습니다. 참 고객사에서 회의가 많이 길었나 보네요?"

"그러게…, 다들 회의실로 좀 모여봐요."

인프라사업팀은 회의실에 모였다.

"그동안 진행하던 신일물류 네트워크 고도화 사업이 유선네트워크에서 무선랜 구축사업으로 변경되었습니다."

"네, 갑자기 왜요?"

"위에서 결정이 된 것 같아."

"저희 입장에서는 나빠진 것은 없는데요?"

심대리가 대수롭지 않게 말했다.

"그렇기는 한데, 설계를 모두 변경한다고 해서 내일까지 자료를 고객사에 제출해야 해."

이한영 팀장의 말이 끝나자 마자 승언은 어디론가 전화를 걸면서 자리에서 일어났다.

"여보, 나 오늘 못 들어갈 것 같아. 애들하고 밥 먼저 먹어."

승언이 집으로 전화를 한 뒤 자리에 가서 외투를 챙겨 입었다.

"성주씨, 외근 나가게 준비해! 심대리, 내가 성주씨하고 현장 가서 실사할 테니까 심대리는 팀장님하고 자료 정리 좀 부탁해."

"네, 과장님. 물량 나오면 현장에서 바로 전화로 알려주세요"
이한영 팀장 한마디에 승언과 심대리는 각자 할 일을 시작했다.
"다녀오겠습니다. 팀장님."
승언은 인사를 하고는 급하게 사무실을 나갔다.
"참, 성주씨. 이번주 금요일 '청림식품' 춘천 출장이야~."
승언을 따라 급히 나가는 성주에게 이한영 팀장이 소리쳐 알렸다.
"네, 알겠습니다."
성주는 돌아보며 대답하고 서둘러 승언을 뒤따라 나갔다.
"엄청 빠르네! 심대리, 제안서 내용 같이 수정하자고."
남겨진 이한영 팀장과 심대리는 제안서 수정 작업에 들어갔다.
"성주씨, 운전할 수 있지?"
승언은 성주에게 자동차키를 던져주고 조수석에 앉자마자 노트북을 열었다.
"선배님 '신일물류'는 어디에 있어요?"
"어, 그렇게 멀지는 않아. 네비에 '신일물류' 검색하면 김포 주소가 나올 거야."
승언은 '신일물류' 전산담당자에게 전화를 걸어 도착 예정시간을 2시 반으로 알리고 노트북을 열어 제안했던 기존 자료들을 살폈다. 성주가 운전하는 차가 올림픽도로를 따라 1시간 가량 달려 '신일물류'에 도착했다. 회사 입구에서 출입등록 절차를 밟고 승언과 성주는 전산실로 향했다.
"일찍 도착했네요."
조금은 나이가 들어 보이는 '신일물류' 전산 담당자가 반갑게 맞아주었다.

"안녕하세요? 차장님. 전화로 부탁한 건물 도면 준비가 되었나요?"
"네, USB에 넣어 놓았습니다."
신일물류 전산 담당자가 USB를 승언에게 건넸다.
"무선랜이 속도가 괜찮을까요?"
전산 담당자가 걱정스러운 표정으로 물었다.
"뭣 때문에 그러시는데요, 차장님?"
승언은 신일물류 담당자에게 되물었다.
"회사 일부 회의실에서 무선랜을 사용하고 있거든요. 유선보다는 속도가 빠르지 않더라구요. 고민입니다."
신일물류 전산 담당자의 말을 들은 승언은 의아한 듯 말했다.
"유선에 비해 속도가 많이 느리지 않을 텐데요. 혹시 〈AP〉가 있는 회의실에 같이 가볼 수 있을까요?"
승언과 성주는 담당자를 따라 〈AP〉가 설치되어 있는 회의실로 이동했다.
"여기입니다."
회의실로 들어가니 〈AP〉 한 대가 회의실 탁자에 올려져 있었다. 승언은 신일물류 담당자에게 〈SSID〉와 비밀번호를 물어보고는 속도를 테스트 해 보았다.
"정말, 느리네요. 속도가 90 Mbps 정도만 나오네요. 〈AP〉가 〈IEEE 802.11n〉 타입이면 이론적으로 최대 전송 속도가 600 Mbps까지는 나오는데, 이렇다면 문제네요"
승언을 말을 들은 신일물류 담당자가 걱정스럽게 승언과 성주를 바라보았다.

무선랜 속도의 핵심 MIMO와 채널 본딩

승언은 회의실 〈AP〉에 노트북을 연결해서 〈AP〉 설정 값을 확인했다.

"음, 그랬군."

뭔가 발견한 듯 승언은 미소를 지으며 신일물류 담당자에게 노트북 화면을 보며 주며 설명했다.

"〈IEEE 802.11n〉 기술은 〈마이모 MIMO multiple-input multiple-output〉와 〈채널 본딩〉을 적용하지 않으면 기본적으로 속도가 72.2 Mbps 가 나옵니다. 그런데 현재 〈AP〉 모델은 〈MIMO〉가 2X2 지원 모델이라 144.4 속도까지 가능합니다."

승언의 말을 듣고도 신일물류 전산담당자와 성주는 멍하니 승언만 바라보았다. 승언은 두 사람을 잠시 번갈아 보다가 말을 이어 나갔다.

"앗! 제가 '마이모' 설명을 안 드렸네요. 〈MIMO multiple-input multiple-output〉는 무선 통신의 속도를 높이기 위한 안테나 기술입니다. 〈IEEE 802.11n〉의 기본 속도가 72.2 Mbps인 것은 안테나가 하나일 때 기준입니다. 안테나가 두개이면 안테나당 72.2 Mbps 속도가 지원되어서 144.4 Mbps 속도가 가능합니다."

"2x2라고 말하신 게 안테나 수를 말하는 거였군요. 그런데 이 제품은 최대 300 Mbps 지원이 된다고 했는데요?"

설명을 듣던 신일물류 전산 담당자가 승언에게 물었다. 승언은 노트북 화면을 신일물류 담당자에게 보여주며 설명을 시작했다.

"여기 보시면 〈채널 대역폭〉 설정 값이 20 MHz로 되어 있죠?"

신일물류 전산 담당자와 성주는 승언의 노트북 화면을 보았다. 승언은 설명을 계속 했다.

[그림 6-3 무선 AP 채널대역폭 설정 값]

"무선랜에서 사용하는 2.4 Gbps 와 5 Gbps에는 기본적으로 한 개의 채널당 대역폭이 5 MHz로 할당되어 있습니다. 하지만 5 MHz만으로만 통신을 하지 않고 채널 대역폭을 기본적으로 20 MHz로 확장하여 사용합니다."

신일물류 담당자와 성주는 진지하게 듣고 있었다. 승언은 노트북 화면과 신일물류 전산담당자를 번갈아 보며 설명했다.

"〈IEEE 802.11b/a/g〉 방식은 채널대역폭을 20 MHz 밖에는 사용 못합니다. 하지만 〈IEEE 802.11n〉에서는 속도를 향상하기 위해 채널 대역폭을 40 MHz까지 확장이 가능합니다. 〈IEEE 802.11ac〉에서는 160 MHz까지 확장이 가능합니다. 이 기술을 〈채널 본딩 channel bonding〉이라고 합니다."

"아, 그러면 현재 〈AP〉에서 〈채널 본딩〉을 설정하지 않아서 속도가 느린 거네요?"

신일물류 전산담당자는 그제서야 이해했는지 환한 얼굴로 승언을 보며 물었다.

"네, 정리를 하면 현재 〈AP〉는 〈IEEE 802.11n〉 기반이기 때문에 20 MHz 기본 속도 72.2 Mbps 속도에서 40 MHz로 〈채널 본딩〉을 통해 144.4 Mbps 속도에서 간섭 방지용 인접 채널이 합쳐지면서 6 Mbps를 얻게 되어 150 Mbps 속도가 됩니다."

승언은 전산 담당자가 이해하기 쉽게 노트북에 타이핑을 하면서 설명했다. 옆에서 지켜보던 성주가 한마디 거들고 나섰다.

"선배님, 무선랜 속도는 채널 본딩을 40 MHz로 설정한 상태에서 MIMO 기술을 2x2 적용하면 300 Mbps이고, 3x3 이면 450 Mbps, 4x4 적용하면 600 Mbps가 되는 거네요?"

승언은 성주를 바라보며 고개를 끄덕였다.

"이런, 무선랜이 유선랜에 비해 느린 게 아니고 제가 설정을 안 해서 느린 거였군요. 좋은 기술을 가르쳐주셨으니까 커피 한잔 사 드릴게요. 참, 옆에분과는 아직 인사를 나누지 않았었네요."

"아~ 참. 성주씨, 신일물류의 김덕진 차장님한테 인사 드려요. 명함 가지고 왔지?"

성주와 김덕진 차장은 서로 명함을 주고받았다.

"이쪽으로 오세요."

전산 담당자의 안내로 승언과 성주는 신일물류 매점으로 이동했다.

AP 설계

"커피, 잘 마셨습니다. 그럼 AP 물량 설계를 하겠습니다."

승언은 설계에 필요한 프로그램을 열었다.

[그림 6-4 무선랜 시뮬레이션 - 프로젝트 생성]

"아! 선배님, 한지원 팀장이 지난주 교육할 때 사용한 프로그램이네요?"

성주가 반가운 마음에 아는 체를 하며 노트북 화면을 봤다.

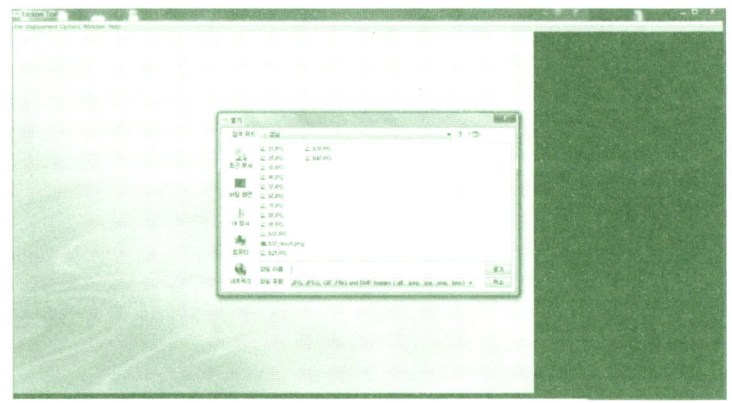

[그림 6-5 무선랜 시뮬레이션 - 도면 선택]

"응. 기존에 사용하던 프로그램보다 편한 것 같아서 한번 사용해보려고. 우선 신규 프로젝트를 생성하고 도면을 불어오면…."

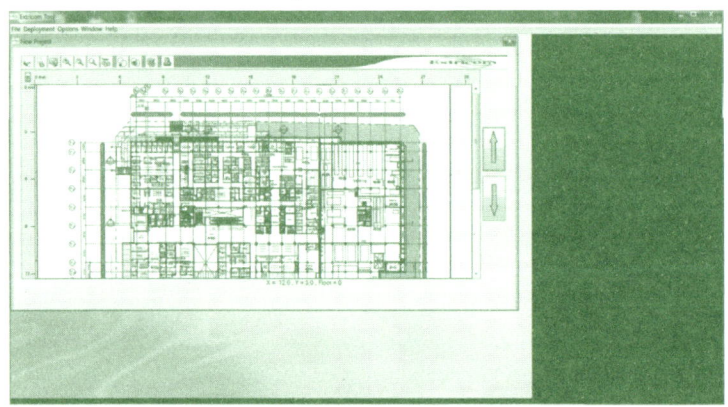

[그림 6-6 무선랜 시뮬레이션 - 도면 불러오기]

승언의 노트북에 '신일물류' 도면이 나타났다.

"오, 신기한데요."

승언은 작업을 시작했다.

"스케일 설정부터 하고 〈AP〉와 〈PoE 스위치〉 배치를 시작합시다. 성주씨."

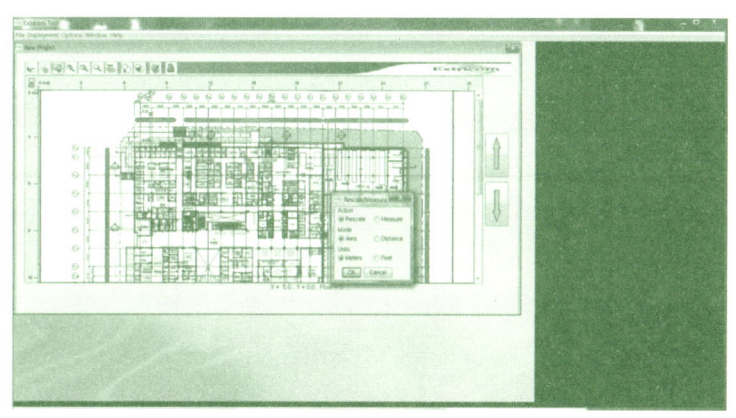

[그림 6-7 무선랜 시뮬레이션 – 스케일 설정]

"스케일이요?"

"별 건 아니고 도면을 기준으로 가로 세로 거리를 입력해주는 거야."

성주는 이해 못 한 표정으로 승언을 바라보았다.

"도면은 실제의 거리를 도면상에서 축소하여 표시하였으니까, 실제 거리로 변환하는 과정이 필요하겠지."

"아~, 이해했습니다."

성주의 대답을 들은 승언은 노트북 화면을 보며 스케일 설정을 하기 시작했다.

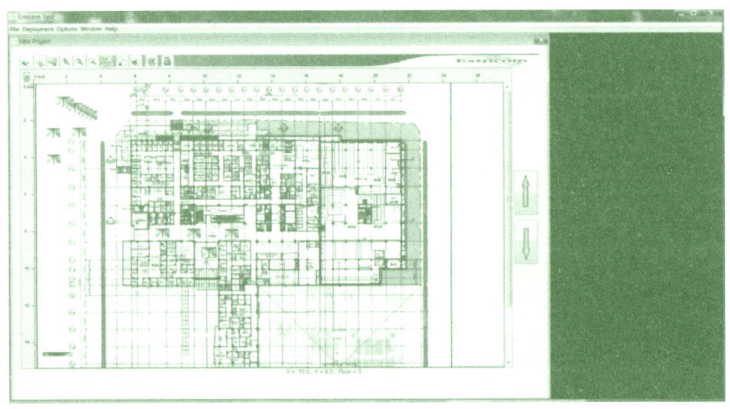

[그림 6-8 무선랜 시뮬레이션 - AP 배치]

"스케일 설정은 끝났고, 이제부터 〈AP〉 배치를 시작해볼까?"

승언은 한참 동안 고민하면서 도면에 〈AP〉 배치를 했다. 또 〈PoE 스위치〉를 배치하기 위해 〈AP〉와 거리도 꼼꼼히 체크했다.

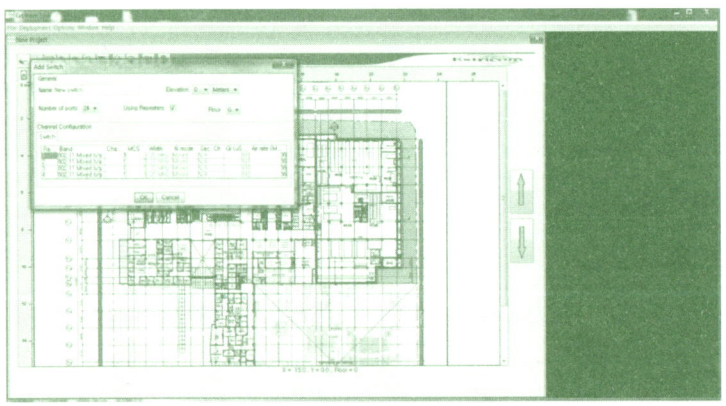

[그림 6-9 무선랜 시뮬레이션 - PoE 스위치 배치]

"이제, 〈PoE 스위치〉 배치를 시작해볼까?"

"〈PoE 스위치〉도 배치를 해줘야 하나요?"

"〈PoE 스위치〉와 〈AP〉 간 케이블 공사를 해야 하는데 거리를 정확하게 알기 위해서 꼭 해야 하는 단계야."

〈PoE 스위치〉배치를 끝낸 승언이 말했다.

"이제부터 가장 중요한 채널 설정을 해보자고. 어제 공부했으니까 성주씨가 한번 해볼래?"

"네, 선배님."

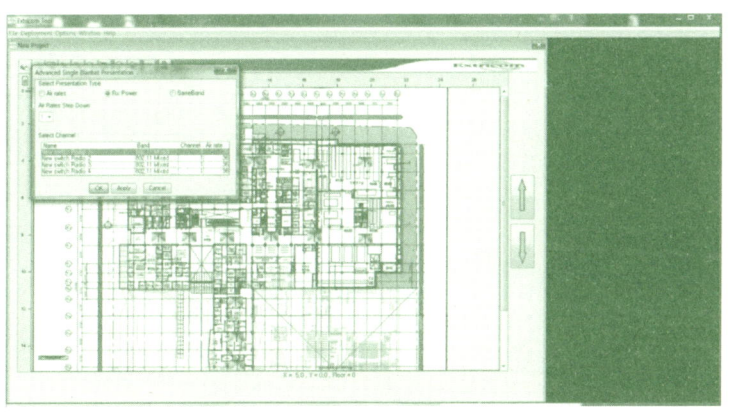

[그림 6-10 무선랜 시뮬레이션 - 채널 생성]

성주는 〈AP〉를 선택할 때 채널간 간섭이 일어나지 않게 확인해가며 채널 설정을 했다.

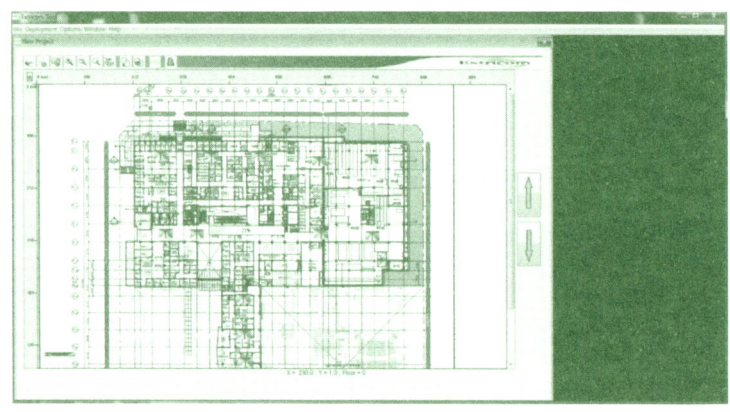

[그림 6-11 무선랜 시뮬레이션 - 채널로딩]

"다 끝났습니다. 선배님."

"오케이~ 확인 버튼 누르고, 이제 손 내려 놓고 기다려봐."

컴퓨터 화면에는 채널 로딩이 복잡한 계산을 수행하기 위해 동작하고 있었다.

"긴장되는데요, 선배님."

성주가 승연을 바라보며 말했다.

'신일물류' 전산담당자인 김덕진 차장도 신기한 듯 보고 있었다.

한참 동안이나 로딩을 하던 컴퓨터에 드디어 결과물이 나타났다. 성주가 처음으로 설정한 것이었다.

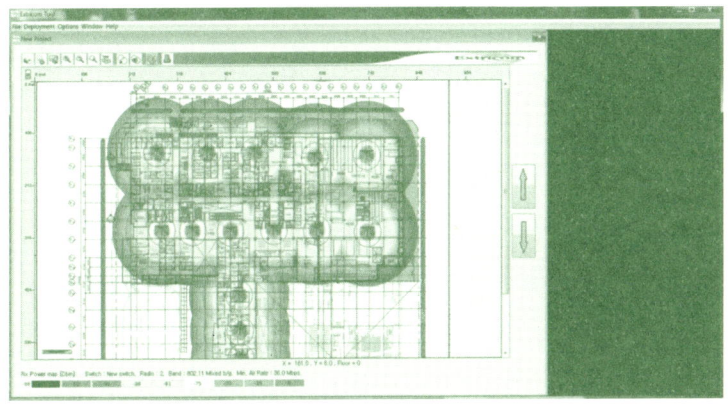

[그림 6-12 무선랜 시뮬레이션 - 가상RF 테스트]

"오~ 깔끔하게 나왔는데."

승언이 만족스럽게 웃으며 말했다. 성주도 입가가 벌어진 채 자신의 결과물을 신기하게 바라봤다.

"김덕진 차장님, 혹시 모르니까 현장을 돌면서 변수가 있는지 체크해 보겠습니다."

승언이 다음 계획을 알리자 김덕진 차장이 대답했다.

"네, 그럼 저랑 같이 돌죠?"

꼼꼼하게 살피느라 저녁 6시가 되어서야 현장실사가 마무리되었다.

"성주씨, 사무실에 전화해서 심대리한테 〈AP〉하고 〈PoE 스위치〉 수량 알려줘."

"네, 선배님. 수고하셨습니다."

성주는 심상민 대리에게 전화를 걸었다. 휴대폰에서는 작게 심상민 대리의 목소리가 흘러나왔다.

"고생했어, 성주씨. 황과장님께도 수고했다고 전해주고."

심대리도 현장 실사 결과에 만족감을 드러냈다.

"네, 지금 사무실로 들어가겠습니다."

현장 보고를 끝내고 시계를 보자 6시 30분이었다.

"그럼, 차장님 저흰 들어가보겠습니다."

'신일물류' 전산 담당자인 김덕진 차장에게 인사를 하고 두 사람은 사무실로 향했다.

"아, 배고파. 성주씨는 배 안 고파?"

"네, 저는 괜찮은데요."

"6시가 넘었는데 배가 안 고프다고? 얼른 가서 밥부터 먹고 하자고?"

승언은 사무실에 전화해 저녁 메뉴를 상의하는 것 같았다. 이한영 팀장과 심대리도 저녁을 먹지 않고 기다리고 있었던 것이다. 회사 건물 주차장에 도착하니 이한영 팀장과 심대리가 벌써 내려와 있었다.

"얼른 타세요 팀장님, 심대리도."

배가 고픈 승언은 재촉했다. 이한영 팀장과 심대리도 서둘러 차에 올랐다.

"정말, 그렇게 맛있어, 그 집이?"

이한영 팀장이 기대감을 드러내며 승언에게 물었다.

"제가 보증합니다. 마포대교만 넘어가면 됩니다."

인프라사업팀은 승언이 추천한 마포역 막창집에 도착했다.

"아줌마 여기 '막창' 6인분 주세요? 들어가서 일해야 하니까 술은 못 마시고…, 사이다 2병 주세요."

"팀장님, 누가 더 오나요?"

성주가 이한영 팀장에게 물었다.

"아니, 왜?"

"사람은 넷인데 6인분을 시켜서요?"

"팀장님하고 황과장님이 2인분씩이야."

심대리가 물을 따르며 대신 대답했다.

"뭘, 당연한 걸 가지고 설명씩이나." 덩치 큰 승언이 대수롭지 않게 말하고는 이한영 팀장에게 말했다.

"팀장님, 〈AP〉하고 〈PoE 스위치〉 물량은 다 나왔으니까 제안서만 수정하면 됩니다."

저녁을 먹는 동안 승언과 심대리, 이한영 팀장은 사무실로 돌아가 할 일들에 대한 의견을 교환했다. 푸짐한 저녁식사를 마치고 회사로 돌아오니 모두 퇴근하고 사무실은 텅 비어 있었다.

"자~, 시작합시다."

이한영 팀장이 스위치를 켜며 말했다. 어둠에 잠겼던 사무실 형광등이 차례로 깜박이며 깨어났다.

제안사 소개는 신입사원 성주가, 제안내용은 승언이, 상세수행방안은 심대리가 그리고 기타사항과 가격은 이한영 팀장이 맡아서 하기로 했다.

시간이 11시 넘어가도록 사무실에는 키보드 타이핑 소리만 울렸다.

"간식들 좀 먹고 하세요?"

정미영 본부장이 간식을 한 보따리 사 들고 사무실로 들어왔다. 옷차림이 편한 운동복인 걸로 봐서는 집에서 온 것 같았다.

"본부장님, 일부러 나오신 거예요?"

"직원들 일 시키고 집에 있으려니까 얼마나 불편한지요. 또 황과장이 지금쯤이면 배고파 할 것 같아서요."

"어찌 아셨습니까? 역시 우리 본부장님! 감사히 먹겠습니다."

승언은 정미영 본부장이 사온 간식을 빠르게 펼쳐 놓았다. 간식을 먹는 동안 정미영 본부장과 인프라사업팀은 제안서 내용에 관해 이야기를 했다.

"저만 집에 들어가서 미안하네요."

"본부장님이 얼른 들어 가셔야 저희가 일을 합니다."

승언이 익살스럽게 말했다.

"그럼, 먼저 들어갑니다."

정미영 본부장이 돌아가고 그 후로도 제안서 작업은 한참 동안 계속되었다.

12시가 넘어가는 여의도의 빌딩들에는 여전히 불을 밝힌 사무실이 많았다. 막차가 서둘러 도로를 달리고 늦은 귀가에 오른 사람들은 택시를 잡아 탔다. 새벽 늦게까지 사무실에선 네 사람이 내는 타이핑 소리만 정적을 밀어내고 있었다.

7일
대리로 산다는 것

야근 다음 날

사무실 상민 자리
두 번째 화요일 오전 7시

"아니, 집에 안 들어갔어?"
임선아 팀장이 사무실 책상에서 자고 있는 상민을 보곤 말했다.
"아, 네… 그게… 팀 전체가… 제안서… 때문에….'
상민은 잠이 덜 깬 상태로 기운 없이 말했다.
책상에 엎드려 자던 이한영 팀장도 눈을 비비며 일어났다.
"임팀장, 이렇게 일찍 출근했어?"
"저, 아침에 이 건물에서 운동하잖아요. 가방 두고 가려고요."

"왜 살 빼게?"

"아니, 내가 뺄 살이 어디 있어요? 그냥 건강을 위해서죠?"

임팀장이 이한영 팀장을 째려보며 말했다.

"나머지 직원들은요?"

"회의실에 있을 걸?"

임팀장은 회의실을 바라봤다. 회의실에는 황과장과 성주가 회의실 테이블에 엎드려 자고 있었다.

"회사가 무슨 모텔도 아니고…, 팀장님 가서 씻고 아침 드시고 오세요."

"아, 그러게. 심대리 황과장하고 성주씨 좀 깨워. 밥 먹으러 가자고."

"네, 팀장님."

상민과 직원들은 회사 근처 24시간 영업하는 해장국 집에서 아침을 먹고, 사우나에서 간단하게 씻고 사무실로 돌아왔다.

시간은 8시 반이었다.

"자, 그럼, 다시 일 시작하죠."

모범생 상민은 자리에 앉자 마자 일을 시작했다.

"황과장님, 어제 보내주신 〈AP〉 물량하고 〈PoE 스위치〉 물량 체크 다시 해주세요? 안 맞는 것 같아요."

상민이 황과장에게 말했다.

"내가 다섯 번 정도 확인했는데?"

황과장은 멋쩍은 듯 자료를 열어 보았다.

"성주씨, 이따가 사업기획팀 출근하면 우리회사 무선랜 구축 실적 최근 2년 이내 자료 모두 뽑아 달라고 해."

"네, 대리님."

성주는 상민의 지시사항을 혹시 잃어버릴까 봐 포스트잇에 메모해서 컴퓨터에 붙여놓았다.

"팀장님 견적 내용을 두 가지 안으로 준비해야 할 것 같습니다. 신일 물류 측도 시간이 없어서 가격을 가지고 시간을 길게 끌 것 같지 않습니다."

"어, 이따가 본부장님 오시면 최대 할인할 수 있는 단가를 준비해 놓을게."

상민은 꼼꼼하게 여러 가지를 챙기며 제안서를 작성했다.

복잡한 무선랜 용어 BSS, ESS, DS, SSID

"성주씨, 잠깐 이쪽으로 와 봐요?"

성주는 하던 일을 멈추고 상민 쪽으로 의자를 당겨 앉았다.

"성주씨, 〈IP 주소 internet protocol address〉 설계할 줄 알지?"

"네, 선배님."

"혹시 〈BSS〉하고 〈ESS〉 그리고 〈DS〉나 〈SSID〉 용어 들어봤어?"

성주는 처음 들어보는 용어에 당황했다.

"괜찮아요. 별거 없으니까 설명 들으면 금방 이해할 거야. 우선 〈BSS basic service set〉는 무선 통신 영역 가장 기본적인 단위인데 〈Independent BSS〉와 〈Infrastructure BSS〉 두 방식으로 나누어져."

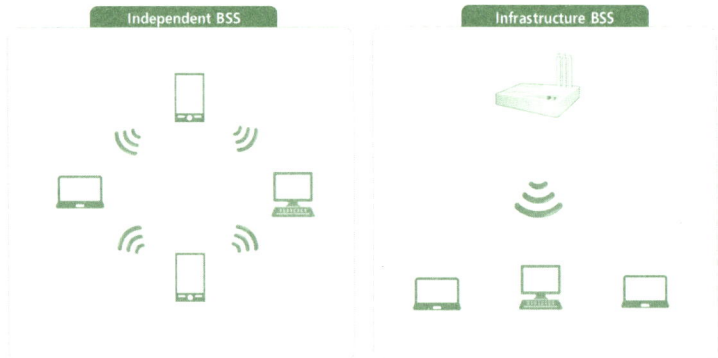

[그림 7-1 Independent BSS와 Infrastructure BSS]

상민은 노트북 화면에 자료를 보여주며 설명했다.

"〈Independent BSS〉는 〈AD Hoc〉 네트워크라고 하는데 기존 인터넷망을 사용하는 것이 아닌 〈무선 단말기〉 간에 임시적으로 망을 구축해 사용하는 방식이야. 바로 블루투스 연결 방식이 〈AD Hoc〉 네트워크의 대표적인 사례라고 할 수 있지."

상민의 쉬운 설명에 성주는 고개를 끄덕였다.

"두 번째 〈Infrastructure BSS〉인데 일반적인 무선랜 설계에 가장 많이 사용하는 방식이야. '신일물류' 무선랜 설계는 이 방식을 사용해. 하나의 〈AP〉와 연결된 컴퓨터들의 그룹 정도로 이해하면 될 거야."

상민은 작성하던 '신일물류' 페이지를 성주에게 보여주면서 설명을 계속했다.

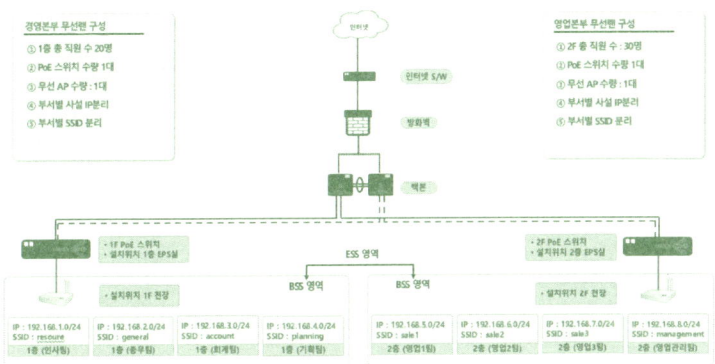

그림 7-2 신일물류 네트워크 구성도

"음, '신일물류' 무선랜 구축사업은 〈백본 스위치〉 2대를 이중화하고 〈PoE 스위치〉하고 〈AP〉를 구축하는 방식이야. 방화벽은 기존에 있던 운용 장비 한 대를 그냥 사용할 거야."

상민은 성주를 위해 구성에 대해 천천히 설명해주었다.

"성주씨, 지금 보고 있는 구성도에는 〈BSS〉가 몇 개 있죠?"

성주는 구성도를 잠시 살펴보고 대답했다.

"구성도에는 경영본부와 영업본부 두 개의 〈BSS〉 그룹이 있습니다."

"그렇지. 경영본부 〈BSS〉와 영업본부 〈BSS〉 2개가 있어. 구성도를 보면 〈ESS extended service set〉 용어가 보이지? 〈BBS〉 그룹 전체를 의미해. 무선랜 전 구간."

"네, 이해했습니다."

성주는 상민의 설명을 금방 이해했다.

"〈DS distributed system〉는 물리적으로 연결된 구간, 즉 〈AP〉와 연결된 시스템을 의미해. 어떤 게 있을까?"

성주는 조심스럽게 대답했다.

"⟨AP⟩와 연결되는 장비면 ⟨L2 스위치⟩와 ⟨PoE⟩를 제공하는 ⟨PoE 스위치⟩인 것 같습니다."

"응, 맞아. 그럼 질문을 또 하나 해볼까?"

상민은 구성도를 보면서 성주에게 질문을 했다.

"음…, 지금 보이는 구성도에서 ⟨DS⟩구간 선로 공사 수량은?"

"2개 선로 공사를 해야 합니다."

"그치, 그럼 이제 ⟨SSID subsystem identification⟩ 하나 남았네"

상민은 금방 이해하는 성주가 기특했다.

"⟨SSID subsystem identification⟩ 무선랜의 이름이야. 대소문자를 구별해서 최대 32자로 이름을 지정할 수 있는데 SSID는 IP주소 대역별로 할당을 하지."

상민의 설명이 끝나자 성주는 조심스럽게 말했다.

"그럼, 지금 구성도에서 ⟨SSID⟩는 총 8개네요, 대리님?"

"그렇지."

"성주씨, 지금 이 자료 보내줄 테니까, 다른 본부하고 부서들 그리고 물류 창고까지 작성할 수 있겠지?"

"네, 대리님."

상민은 성주에게 자료를 보내고 다른 작업을 하기 시작했다.

"심대리, ⟨AP⟩ 물량하고 ⟨PoE 스위치⟩ 물량 확인했는데 문제없어?"

"과장님, ⟨DS⟩구간 케이블 공사 물량도 확인해주세요."

"아, 맞다."

황과장은 상민의 말을 듣고는 다시 물량을 검증하기 시작했다. 성주도 선배들의 대화를 알아듣고 저절로 미소를 지었다.

"심대리, 본부장님이 가격 승인했어. 기존 금액에서 10% 정도 할인은 우리 보고 알아서 하래."

본부장실을 나오면서 이한영 팀장이 상민에게 보고하듯 말했다.

신기하게도 이한영 팀장과 황과장 그리고 성주까지 모두 상민에게 의지를 하고 있었다.

상민은 한동안 제안서 작업에 몰두했다. 어느새 11시 30분이 되었다.

"오케이~, 끝났습니다."

상민이 제안서 파일에 저장버튼을 마우스로 꾹 누르며 지친 목소리로 외쳤다. 이한영 팀장은 본부장에게 바로 전화를 했다.

"수고했어, 심대리."

황과장이 졸린 눈을 비비며 상민에게 말했다.

"본부장실로 모두 들어가자고."

부서원들이 함께한 제안서를 상민이 요약해 설명하고 본부장이 살피며 점검했다.

"짧은 시간에 작성하느라 모두 고생했습니다."

정미영 본부장은 흡족하게 웃으며 말했다.

"몇 시까지 고객사에 제출하기로 했죠?"

"3시까지 직접 방문해서 제출하고, 프리젠테이션도 하기로 했습니다."

이한영 팀장이 일정을 간략하게 말했다.

"프리젠테이션도 하는군요. 발표자는 누구죠?"

"아무래도 제안서 전체를 꿰고 있는 심대리가 적격이라고 생각합니다."

황과장의 한마디로 발표자가 결정되었다. 모두가 심대리를 보며 일제히 고개를 끄덕였다. 인프라사업팀은 함께 점심을 먹고, 상민과 성주는 제안서 제출본을 만들기 위해 근처 인쇄소에 갔다.

"선배님, 고생 많으셨습니다."

성주는 상민에게 말했다. 인쇄소 앞에서 상민은 성주와 음료수를 마시며 제안서의 제본 〈낱장으로 되어 있는 인쇄물을 한권의 책으로 만드는 일〉이 끝나기를 기다리고 있던 참이었다.

"고생은 무슨, 다들 하는 일인데…." 상민이 대수롭지 않게 말했다.

"저도 대리가 되면 대리님처럼 일할 수 있을까요."

"아마 그럴 걸, 대리가 되면 누구나 다해."

성주는 무덤덤하게 말하는 상민이 신기한 듯 바라보았다.

"다 됐겠다. 들어가 볼까, 성주씨."

상민은 들고 있던 음료수를 한 번에 들이키고는 일어났.

 마무리된 제본을 받아 들고 상민와 성주는 사무실로 돌아와 발표 준비를 했다. 시간이 되자 인프라사업팀 모두가 신일물류로 출발했다.

"심대리는 발표 준비해야 하니까, 운전은 제가 하겠습니다."

황과장이 핸들을 잡았다.

신일물류로 가는 동안 다들 피곤한지 말이 없었다. 상민은 발표 자료를 체크하고 있었다.

제안서 발표

'신일물류'에 도착하고 프리젠테이션을 바로 시작해야 했다. 상민과 이한영 팀장만 발표장에 들어갈 수 있었다. 발표장에 들어간 상민 눈에 신일물류 임원진들이 보였다. 모두들 무표정하게 앉아 상민을 쳐다봤다.

"발표 시간은 30분입니다. 시간은 꼭 지켜주시고 발표는 바로 시작하시면 됩니다."

담당자가 발표 전 주의사항을 알렸다.

"안녕하십니까? 아이티앤티 심상민입니다."

상민은 긴장감을 풀기 위해 일부러 큰 목소리로 인사를 했다.

자리에 앉아서 상민을 바라보는 임원들은 상민이 실수하기만을 바라는 늙은 여우들로 보였다. 상민은 혼자 적진에 들어와 있는 기분이었다. 이한영 팀장이 발표장에 있지만 이 순간에는 도움이 될 수 없었다. 발표장 밖에는 황과장과 성주가 대기하고 있었다.

"이런 일이 많나요, 선배님?" 발표장 밖에서 대기하던 성주가 황과장에게 물었다.

"응, 뭐? 프리젠테이션 하는 거?"

"네!"

"응, 엄청."

황과장은 짧게 대답하고는 의자에 기대서 잠들었다. 발표시간 30분이 지나갔다. 상민과 이한영 팀장이 발표회장을 나왔다.

"수고했어. 심대리. 팀장님, 반응 어땠어요?"

"어, 당연히 좋았지. 심대리가 프리젠테이션 한두 번 해."

이한영 팀장이 흡족한 듯 황과장을 보며 말했다.

"내가 알려준 대로만 했으면 잘했을 거야."

황과장이 상민의 어깨를 가볍게 만지며 말했다.

"고생하셨습니다."

'신일물류' 김덕진 차장이었다.

"발표를 잘 하셔서 좋은 결과가 있을 겁니다."

"차장님 결과 언제 나오나요?"

황과장이 넉살 좋게 김덕진 차장에게 붙으며 물었다.

"내일 나오니까. 바로 알려줄게요."

이로써 인프라사업팀의 '신일물류' 프로젝트가 끝났다.

돌아오는 길은 이한영 팀장이 운전했다. 팀장으로서 고생한 직원들에 대한 배려였다.

회사 주차장에 도착하니 5시였다.

"팀장님 5시인데 사무실 들어가실 거예요?"

황과장의 말에 이한영 팀장이 시계를 봤다

"무슨 소리야~. 지금 내 시계는 6시 넘었는데. 자, 낮술이나 얼른 먹고 집에 가자고."

팀원들은 환호했다.

"팀장님, 어제 막창 먹으면서 술 안 땡기셨어요?"

황과장이 물었다.

"너무 힘들었어. 막창에는 소주를 곁들여야 하는데."

이한영 팀장은 막창이 마치 눈 앞에 있듯 먹고 마시는 시늉을 했다.

"팀장님, 본부장님께 전화하셨어요?"

상민이 이한영 팀장에게 물었다.

"어, 아까 발표 끝나고 바로 전화 드렸지. 저기 오시네."

정미영 본부장이 1층 로비에 나타났다.

"아직 퇴근 시간 전이니까 조용히 막창집으로 출발합시다."

정본부장은 인프라사업팀 직원들과 택시를 타고 이동했다.

"너무 고생들 했습니다."

정본부장은 인프라사업팀 직원들에게 술을 따라주며 말했다. 한동안 술잔이 오고 가며 화기애애한 분위기였다.

"오늘 상민씨 술 좀 마시네?"

이한영 팀장이 상민의 잔에 술을 채웠다.

술이 약한 상민이지만 오늘은 부서 사람들과 즐겁게 어울려 취하고 싶었다.

"전, 잠시 화장실 좀 다녀오겠습니다."

상민이 자리에서 일어나 화장실로 향했다.

"저기, 팀장님?"

황과장이 휴대폰을 가리키며 이한영 팀장을 불렀다.

"황과장, 왜?"

"최보미 과장한테 전화가 오는데요."

"아, 맞다. 끝나고 회식하면 전화하라고 했는데."

이한영 팀장이 당황했다.

"끝나고 피곤해서 그냥 퇴근했다고 하겠습니다."

정본부장은 가만히 볼 뿐이었다.

"어, 최과장 오늘 일 끝나고, 너무 피곤해서 다들 그냥 퇴근했어."

"어, 그래, 그럼 나도 그냥 퇴근해야겠네! 알았어."

황과장 휴대폰에서 최과장의 목소리가 흘러나왔다.

"누구예요?"

화장실을 갔다 온 상민이 자리에 앉으며 말했다.

"최과장. 그냥 다들 퇴근했다고 했으니까 내일 말조심해."

"어! 내가 회식한다고 여기로 오라고 알려줬는데요."

상민에 말을 들은 이한영 팀장과 황과장은 깜짝 놀랐다.

'쾅'

상민의 말이 채 끝나기 전에 막창집 현관문이 큰소리로 열렸다.

"아이고, 퇴근하고 모두들 집에 일찍 오셨네요? 언제부터 모두들 막창집에서 하숙을 하셨을까?"

최과장이 황과장과 이한영 팀장을 째려보며 자리에 앉았다.

"사장님, 여기 하숙생들 술 떨어졌네요. 소주 한 병 주세요."

이한영 팀장과 황과장은 얼어붙은 표정으로 최과장 눈치만 살폈다.

최과장까지 합석하니 회식 자리가 더욱 들썩였다. 최과장은 황과장과 이한영 팀장을 놀리며 회식 분위기를 주도했다.

"그럼, 먼저 들어갑니다."

정미영 본부장이 택시에 오르며 인사했다.

"그럼, 나도 들어가야겠다. 참 내일 성주씨 발표도 있고 오늘은 간단하게 여기까지만 하고 들어갑시다."

이한영 팀장의 권유로 모두 귀가하기로 했다.

"선배님?"

성주가 상민을 직책이 아닌 선배라는 호칭으로 불렀다.

"어, 성주씨 왜?"

"저도 선배님처럼 멋진 대리가 되도록 노력하겠습니다."

상민은 쑥쓰러운지 옅은 미소로 인사하고 갔다.

교수와의 만남

회사 근처 커피숍
두 번째 수요일 오전 8시

성주는 아침 일찍 회사 근처 커피숍에서 누군가를 기다렸다.
"성주! 일찍 왔네?"
윤재덕 교수가 커피숍으로 들어서며 인사했다.
"이제는 성주를 보려면 아침 일찍밖에 시간이 없네."
"죄송합니다. 아침 일찍 저 때문에…."
성주가 자리에서 엉거주춤 일어나며 말했다.
"아니야, 나도 여의도에 볼일 있어서 괜찮아~."

윤재덕 교수는 웃으면서 자리에 앉았다.

"교수님, 뭐 드시겠어요? 저도 이제 직장인이니까 커피 정도는 사드릴 수 있습니다."

"그래, 그럼 성주한테 커피 한잔 얻어 먹어볼까?"

성주는 카운터에서 주문하고 잠시 기다려 커피와 샌드위치를 가지고 왔다.

"오늘 중간 평가를 프리젠테이션 발표 방식으로 한다고?"

커피잔을 들어올리며 윤재덕 교수가 물었다.

"네, 갑자기 사업본부 전체와 기술본부까지 참석을 한다고 해서 걱정입니다."

성주는 근심가득한 표정이었다.

"자료 좀 볼까?"

성주는 준비한 자료를 윤교수에게 보였다.

"공부 많이 했네. 그래, 어떤 부분에서 고민을 하고 있지?"

"교수님, 가정에서 사용하는 〈무선 공유기〉와 기업에서 사용하는 〈무선 AP〉를 실무에서는 많이 비교를 합니다."

"응, 그렇겠지. 아무래도 〈무선 공유기〉는 누구나 사용하고 있으니까."

"그런데 둘을 비교하다 보면 닮은 듯 하면서 완전 다른 장비같이 느껴집니다."

윤교수는 슬며시 미소를 지었다.

"뭔가 비슷한 것 같아 비교하려고 하면 또 비교가 안됩니다."

윤교수가 알겠다는 표정으로 말했다.

"성주야, 너무 기능에 집착하지 말고, 근본적인 기술을 들여다보면 해결될 것 같은데."

"네?"

"어렸을 때 '어린 왕자' 책 읽어 봤지?"

"책은 있었는데, 읽지는 않은 것 같습니다."

"그래, 책 서두에 좋은 내용으로 시작하는데 잠깐 이야기해줄까?"

"네, 교수님."

"호기심 많은 6살 남자아이가 코끼리를 통째로 삼킨 보아뱀의 겉모습을 그렸어. 물론 보아뱀의 겉모습이기 때문에 코끼리는 보이지 않았지. 아이가 그린 그림 1호였어."

성주는 윤교수의 '어린 왕자' 이야기를 듣고 있었다.

"아이는 자신의 그림 1호를 항상 가지고 다니면서 어른들에게 보여주고는 무섭냐고 물어보았지? 하지만 어른들은 왜 모자 그림이 무섭냐고 반문했어."

윤교수는 성주를 보며 계속 이야기를 했다.

"아이는 당연히 모자 그림을 그리지 않았지. 코끼리를 소화시키고 있는 보아뱀 그림을 그렸으니까."

"그래서요, 교수님?"

성주가 물었다.

"어른들이 이해를 못하니까, 아이는 또 다른 그림 2호를 그렸어."

"어떤 그림인데요, 교수님?"

"어른들이 알아볼 수 있도록 보아뱀 속에 코끼리를 그렸지. 눈에 보이도록 그려야 어른들이 알아보니까."

"아, 교수님!"

성주가 무언가 깨달은 듯했다.

"전, 지금까지 모자만 보고 있었네요, 교수님."

"이해했구나!"

"네, 이해했습니다."

궁금증이 풀려 마음이 편안해진 성주는 윤교수에게 학교의 동향을 묻기도 하고 학창시절 얘기도 했다.

"그럼, 이제 일어날까?"

"네, 교수님. 오늘 정말 감사했습니다. 참, 그 아이 2호 그림 성공했나요?"

"어른들은 보아뱀의 속이 보였다, 안보였다 하는 그림에 관심이 없었지. 어른들이 아이에게 이상한 그림만 그리지 말고 지리나 역사 같은 공부를 하라고 충고를 하는 바람에 아이는 화가라는 직업을 6살에 포기했어."

윤교수와 헤어진 성주는 사무실에 일찍 출근했다. 잠시후 사람들이 들어오기 시작했다.

"성주씨, 일찍 왔네?"

이한영 팀장이 들어오며 말했다. 춘천에서 장거리 출퇴근을 하는 이한영 팀장은 언제나 남들보다 일찍 출근했다.

오전 업무가 시작됐다. 별다른 사고 없이 시간은 흘러갔다. 점심 시간이 지나고 오후 업무도 한참 지난 4시 30분이 되었다.

"성주씨, 준비는 다했어?"

이한영 팀장이 성주의 책상에 음료수를 올려놓으며 말했다.

"성주씨, 아무래도 첫 발표라서 많이 떨릴 거예요. 이거 먹고 올라갑시다."

심대리가 본인 책상 서랍에서 '우황청심환' 한 알을 꺼내 주었다. 성주는 음료수와 우황청심환을 먹고는 심대리와 12층에 있는 대회의실로 올라갔다.

5시 10분전에 발표 준비가 마무리되었다. 보안사업팀, 사업기획팀, 그리고 이한영 팀장과 황과장도 대회의실에 들어왔다. 맨 앞 자리에 있던 미영이 일어서더니 본부 직원들을 향해 섰다.

"오늘 이렇게 급하게 모이라고 한 건 얼라이드텔레시스의 〈Vista Manager EX〉 제품의 기능이 추가되어 내용을 같이 공유하기 위해서입니다."

정본부장이 본부 직원들에게 오늘 자리에 대해 간단히 설명했다.

"보안사업팀의 보안 제품들도 〈Vista Manager EX〉에서 연동이 가능하니까 잘들어보고 활용할 수 있는 부분이 있는지 검토하세요. 사업기획팀은 잘 들어보고, 새로운 사업기회나 프로모션에 대해 고민 좀 해보세요."

정본부장의 말이 끝나자마자 대회의실 문이 열렸다.

"좀 늦었습니다. 벌써 시작한 건 아니죠?"

김호진 본부장이 기술본부 직원들과 회의실로 들어왔다. 지난번 청림식품 일로 사업본부와 기술본부는 냉전 중이었다.

"못 오실 줄 알았는데 잘 오셨어요. 기다렸습니다."

정미영 본부장이 반갑게 맞았다.

"저희 기술본부도 신제품에 대해 당연히 알아야죠."

김호진 본부장이 정본부장의 옆에 앉으며 말했다.

"그럼, 시작하세요. 성주씨."

정본부장의 말이 끝나자 성주는 일어나서 발표 탁자가 있는 앞으로 나갔다. 대회의실에 본부 직원들이 모두 모이니 성주는 저절로 긴장이 됐다. 성주가 앞으로 나서자 대회의실이 조용해졌다. 모두들 성주만 보고 있었다.

"안녕하십니까? 인프라사업팀 신입사원 조성주입니다."

다소 떨리는 목소리로 프리젠테이션을 시작했다.

"오늘 발표할 내용은… 신입사원인 제가 그동안 배운 무선랜 기술을 정리해서 부서 선배들에게 발표하는 자리였습니다. 그런데 제 발표 내용 중에 신제품에 관한 내용이 있어서 본부 전체 선배님들이 참석하게 되었습니다." 성주가 프리젠테이션의 목적을 먼저 설명했다.

"앞에 조금 시간을 주시면 제가 배운 내용을 먼저 정리하고, 신제품에 관한 내용을 발표해도 괜찮을까요, 본부장님?"

"네, 그렇게 하세요."

정본부장이 미소를 지으며 답했다.

"그럼, 발표를 시작하겠습니다."

성주의 목소리가 처음에는 긴장한 듯 떨렸지만 발표를 시작하자, 긴장을 했던 게 맞나 싶을 정도로 금세 안정을 찾았다.

"〈AP〉 장비는 어떤 기능을 제공할까? 많은 고민이 되었습니다. 〈AP〉 관련 자료를 찾아보신 분이라면 저처럼 고민이 될 수밖에 없을 겁니다."

이한영 팀장이 고개를 끄떡이며 공감했다. 그리고 일부 기술본부, 사업본부 직원들도 공감하는 듯했다.

가정용 무선공유기와 기업용 무선 AP 비교 가능할까?

"저를 더 헷갈리게 한 것은 가정집에서 사용하는 〈무선 공유기〉였습니다."

성주가 말을 할 때 빔 프로젝터의 화면은 계속 바뀌고 있었다.

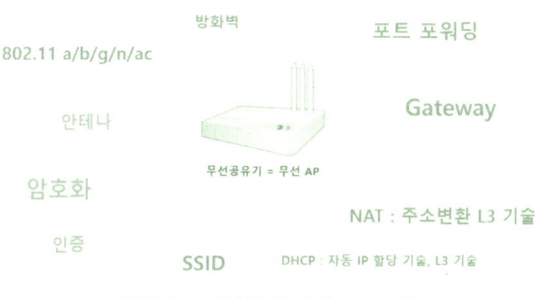

[그림 8-1 무선공유기 넌 누구냐?]

"실제로 우리는 〈무선 AP〉를 〈무선 공유기〉와 많이 비교합니다. 고민하던 중 AP는 어떤 장비를 대체하는 장비였지? 이런 생각이 문득 들었습니다. 답은 생각 외로 간단했습니다. 유선네트워크 구성도와 무선네트워크 구성도를 그려보면 쉽게 알 수 있었습니다. 화면을 같이 보겠습니다.

저는 구성도를 작성하면서 〈무선 AP〉는 〈L2 스위치〉를 대체하는 장비구나? 깨닫게 됐습니다. 가정용 〈무선 공유기〉는 아주 많은 기능을 제공합니다. 〈L3 스위치〉 기능, 〈방화벽〉에 일부 기능까지도 제공합니다. 가격도 저렴한데 말이죠"

대회의실에 모인 사람들은 성주의 발표에 점점 빠져들고 있었다.

"여기 모인 선배님들은 아실 겁니다. 가정용 〈무선 공유기〉가 〈L2 스

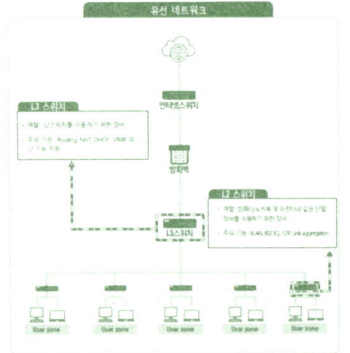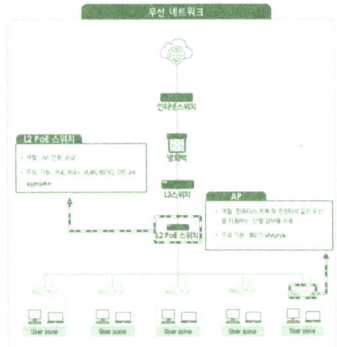

[그림 8-2 유선 vs 무선 네트워크 구성도]

위치〉의 역할은 물론 일부 〈L3 스위치〉 기능을 제공하고, 〈방화벽 기능〉을 제공한다고 해서, 가정용 〈무선 공유기〉를 가지고 기업에서 〈L3 스위치〉나 〈방화벽〉으로 사용하지 않는다는 것을 말입니다."

일부 선배들이 알고 있다는 듯 웃었다.

"하지만 작은 기업들 중 일부는 가정용 〈무선 공유기〉를 가지고 사내망을 구성한 사례도 많이 있습니다."

또다시 웃음이 터져 나왔다. 선배들이 웃자 성주는 더 자신감이 붙었다.

"가정에서 사용하는 〈무선 공유기〉는 여러 장비의 기능 중 일부를 통합하여 사용하는 장비입니다. 이런 장비를 가지고 기업에서 사용하는 〈무선 AP〉와 비교를 하니 정말 헷갈렸습니다."

성주의 솔직한 발표를 미영이 흐뭇한 미소로 지켜봤다.

"지금부터 〈AP〉의 기능에 관해 정리를 해보겠습니다. 전기 전자의 산업 표준을 구현하는 〈IEEE institute of electrical and electronics engineers〉에서 표준화된 네트워크 구조를 제시한 기본 모델 〈OSI 7 Layer open system interconnection 7 layer〉를 기준으로 〈L2 스위치〉와 비교하여 설명 드리겠습니다.

〈L2 스위치〉는 Layer 2계층에서 동작하는 장비입니다. 〈무선 AP〉도 〈Layer 2〉 계층에서 동작하는 장비입니다. 그럼, 우리는 〈Layer 3〉 계층 기능인 〈NAT network address translation〉, 〈DHCP dynamic host configuration protocol〉와 같은 〈Layer 3〉계층 기능을 〈AP〉가 지원하지 않는다는 것을 당연하게 받아들여야 합니다. 방화벽 기능도 당연히 〈Layer 3〉 계층 이상에서 동작하는 기능이니까, 안되겠죠?"

일부는 고개를 끄덕였지만, 청중 속에 앉아 있던 기술본부 엔지니어가 성주에게 질문을 했다.

"그런데 가정용 〈무선 공유기〉말고, 일부 제조사 〈무선 AP〉는 〈NAT〉와 〈DHCP〉 기능을 제공하는 제품도 있습니다."

성주는 기술본부의 선배로 보이는 엔지니어를 바라보며 말했다.

"네, 맞습니다. 저도 자료를 준비하면서 저희 부서 선배에게 이야기를 들었습니다."

성주는 첫 질문에 긴장했는지, 잠시 호흡을 가다듬고 말을 이어나갔다.

"프로젝트를 하면서 특정 기능을 추가로 개발할 수 있습니다. 예를 들어 유원지나 공원 같은 곳은 공공 와이파이를 구축하는데 〈방화벽〉과 〈L3 스위치〉를 구축하고 싶어도 사무실 공간이 없어 구축할 수가 없는 열악한 환경입니다. 그래서 회선 그대로를 〈무선 AP〉가 받아서 〈NAT〉, 〈DHCP〉를 해준다면 편리하겠죠? 그렇다고 이런 곳에 가정용 〈무선 공유기〉를 설치할 수는 없으니까요?"

성주는 침착하게 설명을 했다.

"특정 프로젝트에 따라 특정 기능을 추가 개발해서 제공할 수는 있지만, 그 내용을 가지고 일반화시키는 건 안 된다는 뜻이네요?"

질문을 했던 기술본부의 엔지니어가 말했다.

"네, 맞습니다. 앞으로 우리는 〈Layer 2 기반〉의 〈무선 AP〉에게 넌 왜 〈Layer 3〉 기능을 제공 못하니? 라는 질문보다, 원래는 안되는 거지만 〈Layer 3〉 기능을 제공할 수 있을까? 라고 질문해야 합니다."

성주는 기술본부의 선배와 자연스럽게 기술적인 내용들을 이야기하고 있었다.

"답변, 감사합니다. 우리도 당연했던 부분에 대해 정리를 하지 않고 기술에만 집착했던 것 같습니다."

미영은 성주와 기술본부의 엔지니어의 질의 응답을 보며 매우 흡족해 했다.

"우리 막내 맞아?"

황과장이 속삭이는 목소리로 심대리에게 질문했다.

"뭐야? 우리 막내한테 너희들 무슨 짓을 한 거야?"

이한영 팀장도 최대한 작은 목소리로 심대리에게 물었다.

"저도 저런 이야기는 안 해줬는데요?"

심대리도 어리둥절한 표정이었다.

Fat AP와 Thin AP

"그럼, 〈무선 AP〉 종류에 대해 정리를 해보겠습니다."

성주의 발표가 계속됐다.

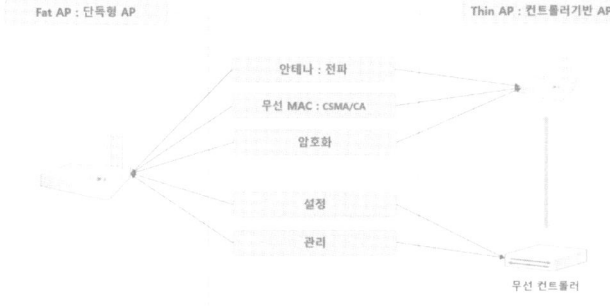

[그림 8-3 Fat AP vs Thin AP]

"무선랜 초기 〈무선 AP〉가 많이 사용되지 않을 시기에는 지금 가정집에서 사용하는 〈무선 공유기〉처럼 모든 기능을 〈무선 AP〉가 처리해야 했습니다. 물론 〈무선 AP〉들은 서로 독립적으로 동작했습니다. 이때 〈무선 AP〉 방식을 〈Fat AP〉 또는 〈단독형 AP〉라고 불렀습니다. 이 후 무선랜은 상당한 발전을 했고, 그에 따라 시장에서는 무선랜 구축 수요가 증가했습니다."

성주가 손에 든 '무선 프리젠터' 버튼을 누르자 다음 슬라이드로 자연스럽게 넘어갔다.

"우선 〈Fat AP〉는 대규모 회사에서 사용하기에는 상당히 불편했습니다. 〈무선 AP〉들이 독립적으로 동작하기 때문에 초기 설치 단계부터 운영하는데도 많은 불편을 감수해야 했습니다. 그래서 장비 설정과 관리하는 영역을 분리하여 별도의 〈무선 컨트롤러〉가 개발이 되었습니다. 이때 〈무선 AP〉를 〈Thin AP〉라고 합니다."

무선 AP 기능

"그럼 〈무선 AP〉는 어떤 기능이 있는지 〈L2 스위치〉와 비교해서 설명을 드리겠습니다."

성주는 물을 한 모금 마시고 발표를 이어갔다.

"물리계층인 1계층부터 비교해보겠습니다. 〈L2 스위치〉와 〈무선 AP〉는 물리계층인 1계층에서 〈RJ45 주로 8가닥의 선을 이용하여 컴퓨터 랜 케이블을 만드는데 주로 사용되는 커넥터〉 포트에 연결된 유선 케이블을 사용하는지 〈전파〉를 사용하는지 차이입니다."

성주의 발표는 막힘없이 진행되고 있었다.

"유선 네트워크에서 우리는 다양한 케이블의 표준에 대해 공부를 합니다. Categories 5 또는 5e, 6 등 그리고 광케이블에 관한 공부를 하죠. 무선 네트워크에서는 유선 케이블이 존재하지 않기 때문에 〈전파〉에 대한 지식이 필요합니다. 〈무선 주파수〉와 〈주파수 대역〉에 관한 〈IEEE 802.11〉의 표준을 공부해야 합니다. 그리고 2계층인 〈데이터링크계층〉에서는 유선 네트워크의 경우 〈CSMA/CD〉에 관한 공부를 합니다. 그리고 무선 네트워크는 〈CSMA/CA〉에 관한 공부를 하죠."

성주는 지난번 한지원 선배가 설명해준 〈Hidden Terminal Problem〉 문제와 〈Signal Fading〉의 문제를 설명하면서 〈CSMA/CA〉를 설명했다.

"이렇게 1계층과 2계층의 차이를 설명할 수 있습니다. 단, 유선에서는 없던 암호화 부분이 무선에서는 존재합니다. 유선네트워크는 물리적인 케이블을 통해 통신을 하기 때문에 암호화 통신을 고려할 필요가 없었습니다. 하지만 무선 통신은 공기 중의 전파를 통해 데이터를 보내고 받아야 하기 때문에 기본적으로 암호화가 고려되었다고 보시면 됩니다."

새로운 사업 제안

성주는 대회의실을 한번 둘러보고, 발표를 이어나갔다.

"이상이 무선랜 기술을 정리한 내용입니다. 그럼 지금부터 Vista Managed EX 제품 설명을 드리도록 하겠습니다."

성주는 한지원 팀장에게 전달받은 Vista Manager EX 제품에 무선 컨트롤러가 포함되었다는 새로운 기능을 설명했다.

"오늘 제가 발표할 내용은 여기까지입니다."

성주는 잠시 주춤하다가 정미영 본부장에게 질문을 했다.

"본부장님, 혹시 Vista Manager EX 관련한 저의 의견이 한 페이지 남았는데 설명 드려도 될까요?"

"네, 당연하죠!"

정본부장은 흔쾌히 허락했다.

성주는 침을 꿀꺽 삼키고는 조심스럽게 말을 시작했다.

"얼마전 청림식품 무선랜 구축 사업 때문에 사업본부와 기술본부간 갈등이 있었습니다. 사업부서는 나름대로 규모가 되는 고객사의 무선랜 구축 사업이기에 당연히 〈컨트롤러형 AP〉로 제안했습니다. 하지만 고객의 사정으로 〈무선 컨트롤러〉는 발주에서 제외 되었습니다."

성주는 기술본부 직원들이 있는 곳을 바라보며 발표를 진행했다.

"당연히 기술본부에서는 이러한 프로젝트는 잘못된 것이라고 말할 수 있습니다. 사업본부도 충분히 이해를 하고 있는 내용이었습니다."

성주는 긴장되었다. 기술 내용이 아닌 사업과 관련한 본인에 의견을 말하는 상황이기 때문이었다.

"이번 Vista Managed EX는 단순한 〈무선 컨트롤러〉가 아닌 유선, 무선, 또는 보안과 서버 장비까지 통합 모니터링 할 수 있는 솔루션입니다."

정본부장은 비록 신입사원이지만 성주의 의견 발표가 매우 흥미로워 집중해 듣고 있었다.

"앞으로 청림식품과 같은 고객사는 점점 늘어날 것입니다. 단순히 예산 문제보다는 전산 인력의 부족으로 〈무선 컨트롤러〉를 운영하는 것이 현실적으로 어렵기 때문입니다. 이는 무선 컨트롤러의 문제만이 아닙니다. 현재 운영중인 장비들의 관리에도 상당한 문제가 있습니다."

성주의 발표가 거의 막바지에 다다랐다.

"전, 우리회사 자체에 Vista Manger EX 서버를 구축하고 고객사에 납품된 〈무선 AP〉와 연동을 해주는 〈무선 컨트롤러〉 서비스 사업을 제안합니다. 이것은 차후에 다양한 IT제품들과 연동해 관리할 수 있는 서비스 사업으로까지 확대가 가능할 것으로 생각합니다. 다행히 서버의 하드웨어가 크지 않아도 되고, 제조사에서도 이런 서비스에 충분한 의지가 있기 때문에 비용 부분에서는 큰 부담이 없습니다."

잠시 대회의실이 조용해졌다. 모두들 좀 놀란 듯했다.

"이상입니다."

"짝! 짝! 짝!"

환호와 함께 박수가 쏟아졌다. 정본부장도 박수를 치면서 일어났다.

"간만에 좋은 발표를 들었습니다."

김호진 본부장이 자리에서 일어나 정미영 본부장을 보며 말했다. 정본부장도 흡족한지 미소로 답했다.

"사업기획팀은 오늘 신입사원이 제안한 내용 검토해주세요"

"네, 본부장님."

임팀장과 최과장이 대답했다.

"참, 그리고 팀장님들, 오늘 저녁 약속 없으면 간만에 우리 본부 회식할까요?"

"네, 좋습니다. 본부장님"

"기술본부도 참석해도 되나요?"

김호진 본부장이 환하게 웃으며 정미영 본부장에게 물었다.

"당연하죠!"

인프라사업팀 이한영 팀장과 팀원들은 성주에게 다가가 어깨를 두드리며 격려했다.

9일
입사 동기

창만의 출근

파주 창만의 집
목요일 오전 7시 반

"창만아 일어나서 밥 먹어~."
엄마의 목소리가 크게 울렸다. 창만에게는 자명종이나 휴대폰 알람이 필요 없었다.
"이놈이 한번 말하면 처먹지를 않아."
문이 벌컥 열리면서 창만이 덮고 있는 이불이 날아가고, 청소기가 창만의 머리 주변을 맴돌았다.
"어머니, 벌써 기침하셨습니까?"

"얼른, 밥 처먹고 출근해야지. 언제까지 엄마가 뒤치다꺼리를 해줘야 하니, 웬수야?"

창만은 엄마의 성화에 못 이겨 겨우 일어나 샤워를 하고 식탁에 앉았다.

"어머니, 아버님은 아직 기침 전이십니까?"

"어제 술 처먹고 와서 아직 기침 안 하고 있으니까, 뒈졌는지 들어가봐?"

창만은 안방 문 앞으로 다가가 조용한 목소리로 말했다.

"아버님, 창만입니다. 잠시 입실 좀 해도 되겠습니까?"

"퇴실할 거다."

아버지의 짧은 대답이 방안에서 흘러나왔다. 잠시 후 아버지는 양복바지에 와이셔츠를 단정하게 차려 입고 나오셨다. 창만과 아버지는 함께 식탁에 앉았다. 창만은 어릴 때부터 아버지의 말투를 듣고 자라서인지 한자어를 섞어 쓰는 버릇이 있었다.

"아드님은 이제 일을 하니까 조식을 거르지 말고 꼭 챙겨 먹어야 하네."

아버지가 창만의 밥에 반찬을 올려주며 말했다.

"네, 아버님도 노시더라도 식사를 거르시면 안 됩니다."

창만의 아버지는 공직 생활을 하다 얼마전 정년퇴직을 하고 집에서 쉬고 있었다.

"그래, 아드님. 지갑 좀 보여주겠나?"

창만은 방에서 지갑을 가지고 나와 아버지께 공손히 드렸다.

"오만 원은 아버지가 중요한데 쓸 터이니 그렇게 알게."

창만의 엄마는 부자간 대화를 한심한 듯 보고 있었다.

"아침부터 부자가 쌍으로 지랄들이네. 나 먼저 밭에 갈 테니까 당신도 얼른 밥 먹고 나와요."

"어머니, 퇴청하십니까?"

밥을 먹다 말고 창만은 마당까지 나가 인사를 했다. 아침을 먹고 출근 준비를 서둘렀다. 파주 역에서 공덕 역까지 전철로 50분, 공덕에서 여의도까지 20분, 내려 걷는데 10분, 총 1시간 반 정도 출근에 소요되었다. 창만은 항상 8시 30분이면 사무실에 도착한다.

기술본부는 총 3개 팀으로 구성되어 있었다. 네트워크와 무선랜 제품 기술지원 업무를 하는 기술1팀, 팀원은 10명 정도였다. 보안제품을 담당하는 기술2팀은 8명이었다. 그리고 기술지원팀이 있었다. 기술지원팀은 기술팀들의 다양한 행정 업무를 지원하는 부서였다. 창만은 기술1팀 소속이었다.

사무실에 도착한 창만은 항상 부서 선배들 자리와 본인 자리를 깨끗하게 청소했다.

"부지런한 창만씨, 역시 일찍 왔네?"

박현수 과장이 사무실에 들어서며 창만에게 인사했다.

"선배님, 좋아하시는 카페라떼 보다 맛있는 커피 믹스입니다."

"고마워, 창만씨."

창만은 아침마다 선배들에게 커피를 타다 주었다.

"창만씨, 오늘 외근 없지?"

창만이 일정을 확인하고는 박현수 과장을 보며 말했다.

"네, 선배님. 금일 외근 일정 없습니다."

"오늘 사업본부에서 조성주씨가 지원 나오니까 청림식품 장비 테스트

같이 해요."

"네, 선배님."

창만과 성주는 어제 회식 자리에서 처음 인사를 했다. 입사 동기라 금세 친해졌다.

"굿모닝~."

김호진 본부장이 사무실에 들어오면서 직원들에게 인사했다.

"본부장님, 등청 하셨습니까?"

"그래, 등청 했네. 신입사원은 밤새 별고 없었는가?"

김호진 본부장은 신입사원의 말투를 따라 익살스럽게 인사를 나누고는 본부장실로 들어갔다.

"창만씨, 오늘 오전 기술본부 기술회의 있는 거 알지?"

"네, 선배님. 들어가서 준비해 놓겠습니다."

창만은 회의실로 들어가 발표 준비를 했다. 어제 사업부서 동기인 성주의 발표를 보고 나니 좀 긴장이 되는 것 같았다. 잠시 후, 선배들과 본부장이 회의실로 들어왔다.

"오늘 주제가 뭐죠?"

"무선랜 보안입니다."

창만이 본부장에게 대답했다.

"시작합시다."

창만은 발표를 시작했다.

무선랜 환경 취약점

"무선랜은 유선랜에 비해 사용이 편리합니다. 편리함 외에도 많은 장점이 있지만 동시에 취약점도 가지고 있는 것 또한 사실입니다. 시중에 나와 있는 많은 무선 도청 프로그램들이 그 증거입니다."

무선랜 취약점을 설명하면서 창만의 발표가 시작됐다.

"유선랜은 케이블이라는 물리적인 매체를 통해 데이터를 송수신합니다. 하지만 무선은 지금도 공기 중에 데이터들이 떠다니고 있습니다. 이런 패킷이 아무런 암호화 조치도 되지 않고 지금 우리 주위를 떠다니고 있다면 '비밀'이라는 것은 지켜질 수 없을 겁니다."

창만이 발표할 때는 평상시 쓰는 한자어를 쓰지 않았다.

"무선랜 환경에서는 어떤 취약점이 있는지 대표적인 것들을 확인해보겠습니다. 화면을 같이 보겠습니다."

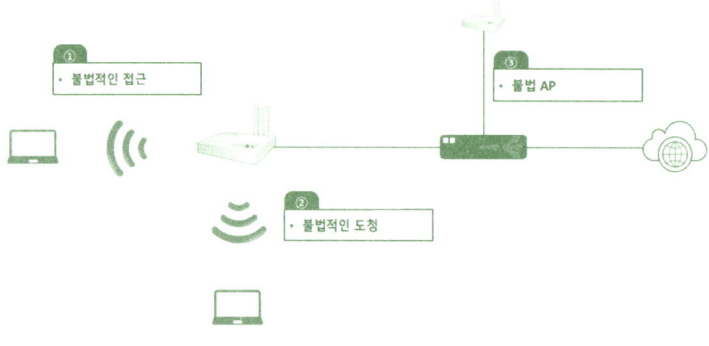

[그림 9-1 무선랜 환경 취약점]

"첫 번째는 '불법적인 접근'입니다. 무선이라는 특수한 접근 방법에서는 〈무선 AP〉에 접근하는 〈무선 단말기〉에 대한 안전한 인증이 필요합니다. 두 번째는 '불법적인 도청'입니다. 때문에 〈무선 단말기〉와 〈무선

AP〉 간의 안전하게 암호화된 통신이 필요합니다. 마지막으로 세 번째는 허가 받지 않은 '불법 〈무선 AP〉'를 통제할 방안까지 꼭 필요합니다."

회의실은 숨소리까지 들릴 정도로 조용했다.

"이외에도 외부에 〈노출된 AP〉의 도난과 파손 같은 문제점이나, 〈노출된 AP〉의 리셋 버튼을 통한 장비 초기화, 전원 케이블 분리에 따른 장애가 발생합니다. 이런 물리적인 보안도 상당히 중요합니다."

"맞아요. 우리가 논리적인 〈AP〉 보안은 상당히 중요하게 취급하고 있지만, 노출된 〈AP〉의 물리적인 보안에는 소홀히 하는 경향이 있습니다. 좋은 지적이었어요, 창만씨."

김호진 본부장이 창만의 발표에 동의 발언을 하며 직원들에게 주지시켰다.

무선 AP의 보안 Hidden SSID 부터

"불법적인 접근을 막기 위한, 첫 번째 방법은 〈SSID〉를 숨기는 것입니다. 유선랜은 유선케이블을 컴퓨터에 연결해야만 통신을 할 수 있습니다. 하지만 무선랜은 물리적인 연결 매체가 없기 때문에 〈무선 AP〉 자신이 서비스하고 있다는 것을 주기적으로 〈무선 단말기〉에게 알립니다. 이것을 〈Beacon Frame〉이라고 하는데 〈Beacon〉의 정보는 〈SSID〉와 〈무선 주파수〉, 〈속도〉, 〈무선 신호 세기〉등을 포함합니다."

창만이 준비한 자료들이 설명과 동시에 화면에 나타났다.

"〈Beacon〉 정보에서 〈SSID〉 정보만 정의하지 않고 나머지 정보를 보내는 것을 〈SSID 숨김〉 기능이라고 합니다. 〈SSID〉를 광고하지 않

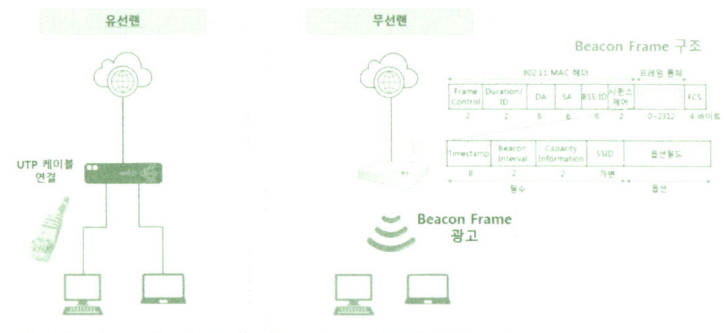

[그림 9-2 유선 vs 무선 연결 방식]

는 것이 무선랜 보안의 시작입니다."

"〈Hidden SSID〉 기능은 기술적으로 〈SSID〉를 광고하지 않기 때문에 안전할 수 있지만, 사용자들 입으로 전달될 수 있기 때문에 보안은 안 되고 불편함만 줄 수 있지 않을까요?"

기술본부 선배가 창만에게 질문을 했다.

"네, 충분히 가능합니다. 〈SSID〉를 알고 있는 직원이 유출할 수 있습니다. 하지만 보안은 완벽하게 방어하는 것이 목표가 아니라 공격자의 의지를 좌절시키는 것이 우선 목표이기 때문에 아주 귀찮게 할 수는 있을 것 같습니다."

창만은 선배의 질문에 대답했다.

MAC 주소 인증

"두 번째 보안 기능에 대해 설명해 드리겠습니다. 무선을 사용하고자 하는 단말기들은 고유한 하드웨어 주소인 〈MAC media access control Address〉

를 가지고 있습니다. 무선 전파를 송수신하는 무선랜 카드에 부여된 〈MAC〉 주소 값을 이용하여 무선랜 서비스 접속을 제한할 수 있는 기능을 〈MAC 인증〉 또는 〈MAC 필터링〉이라고 합니다."

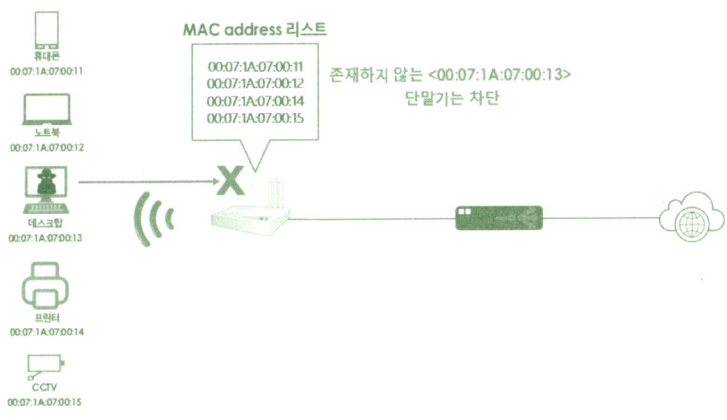

[그림 9-3 MAC 주소 인증]

창만은 물을 한 모금 마시며 숨을 돌렸다.

"무선을 사용하는 단말기에 별도의 설정을 하지 않아도 되는 매우 간단하고도 상당히 효과적인 기술입니다."

"〈MAC〉 주소는 〈MAC 스푸핑 MAC 주소를 속이는 기술〉* 공격에 의해 언제든지 변조될 수 있는 단점이 있고, 무선 단말기 수천 대가 존재한다면 그 많은 〈MAC 주소〉를 관리하는 것 자체도 상당히 힘들 텐데요?"

기술본부의 다른 선배가 창만에게 날카로운 질문을 했다.

"네, 맞습니다. 물론 〈MAC 스푸핑〉과 같은 공격에 쉽게 무력화될 수 있습니다. 하지만 별도의 인증서버가 없는 소규모 무선랜에서는 많이 활용되고 있는 기술입니다."

창만은 날카로운 질문에도 흔들림 없이 답했다.

IEEE 802.11i (ID & Password 방식)

"지금까지 무선랜 보안을 위한 〈SSID Hidden〉과 〈MAC 인증〉 두 가지 방식에 대해 알아보았습니다. 지금부터는 마지막으로 〈IEEE 802.11i〉에 대해 설명해 드리겠습니다."

창만은 잠시 생각을 하다 신중하게 말을 이어갔다.

"우선, 본격적으로 프로토콜을 설명해 드리기 전에 무선랜 표준을 수립하는 두 기관을 먼저 알아보겠습니다. 첫 번째는 〈IEEE institute of electrical and electronics engineers〉입니다. 여기 계신 선배님들도 모두 알고 계실 겁니다. 이것은 전세계 전기전자공학 전문가들로 구성되어 '전기 전자 표준'을 정하는 표준화 기구입니다. 그리고 〈Wi-Fi Alliance〉입니다. 〈IEEE〉는 초기 장비를 테스트할 여력이 없었습니다. 그래서 〈IEEE 802.11〉 제품 간 상호 운용성 문제가 발생했습니다. 그래서 무선랜 기술을 장려하고 표준을 준수하면 제품을 인증해 주는 조합이 설립된 것입니다. 〈Wi-Fi Alliance〉는 와이파이 상표를 소유하고 있습니다. 〈iEEE 802.11i〉는 앞에서 설명 드린 〈IEEE〉에서 2004년 비준한 무선랜 표준입니다. 현재 가장 안전한 방식입니다."

창만은 슬라이드를 넘기며 설명을 계속했다.

"그럼, 2004년 이전의 무선랜 보안은 어떤 모습이었을까요?"

"〈WEP wired equivalent privacy〉는 1997년 〈IEEE 802.11〉 표준으로 도입하여 사용했던 대표적인 무선랜 보안 프로토콜입니다. 하지만 2001년

WEP   WPA   IEEE 802.11i

Wired Equivalent Privacy   Wi-Fi Protected Access   802.1x or WPA2
1997년   2003년   2004년

[그림 9-4 무선랜 보안 발전과정]

일부 암호학자들에 의해 치명적인 약점이 발견되어 현재는 사용하지 않고 있습니다."

창만은 발표를 진지하게 듣고 있는 선배들을 바라보며 점차 자신감을 얻었다.

"암호학자들은 〈WEP〉가 사용하는 〈대칭키 암호화 알고리즘 암호화와 복호화에 사용하는 키가 동일한방식〉인 〈RC4 암호화 알고리즘〉의 취약점을 발견합니다. 〈IV initialization vector〉라는 패킷마다 랜덤하게 생성되는 〈24bit〉 고정 값이 너무 짧다는 것과 또한 〈IV〉값이 절대 변하지 않는다는 것, 즉 재사용 된다는 것은 충분한 패킷 수집을 통해 〈IV〉값을 추출할 수 있고 이를 통해 〈암호화/복호화 Key〉를 유추할 수 있었습니다."

창만은 잠시 숨을 고르고 다시 발표를 했다.

"〈WEP〉 취약점은 매우 위험했고, 이를 해결하기 위해 몇 달 내로 〈IEEE〉는 〈IEEE 802.11i〉 팀을 만들었습니다. 하지만 앞에서 설명 드린 〈Wi-Fi Alliance〉에서 2003년 〈WPA wi-fi protected access〉를 개발하여 〈WEP〉를 대체한다고 발표했고, 그리고 일년 후 2004년 〈IEEE〉에 의해 〈IEEE 802.11i〉라는 무선랜 표준 보안이 비준된 것입니다. 물론 얼마 있다가 〈Wi-Fi Alliance〉에서는 〈WPA2〉를 발표했습니다."

"창만씨가 준비를 많이 했네요."

창만의 발표를 지켜보던 김호진 본부장이 미소를 지으며 말했다.

"〈WPA〉는 〈WEP〉에 비해 대폭 강력해졌습니다. 예를 들어 〈WEP〉에서 지원하지 않던 〈인증〉을 지원했고, 가장 문제가 되었던 고정형 키 분배방식이 유동형으로 변경되었습니다. 암호화는 〈TKIP temporal key integrity protocol〉을 통해 향상되었습니다."

[그림 9-5 IEEE 802.11i 표준]

"〈IEEE 802.11i〉는 무선랜 사용자 보호를 위해 〈사용자 인증 user Authentication〉, 〈키 교환 key exchange〉, 〈암호화 알고리즘 encryption algorithm〉을 정의했습니다. 〈사용자 인증〉은 유/무선 환경에서 무선 단말 장치들이 무선 네트워크에 접근하는 경우, 사용자 인증을 통해 접근 허용 및 차단을 결정하는 것입니다. 무선랜 인증 방식에 사용되는 모드는 두 가지 규격이 있습니다."

"첫 번째는 화면에 보이는 것처럼 〈WPA-Personal〉입니다. 인증서버가 설치되지 않은 소규모 망에서 사용하는 방식으로, 〈무선 AP〉와 〈무선 단말기〉는 동일한 〈비밀키〉를 가지고 있는지 〈Key 교환방식〉을 통

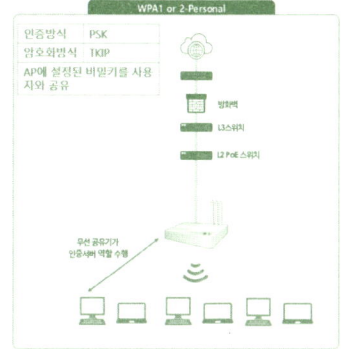 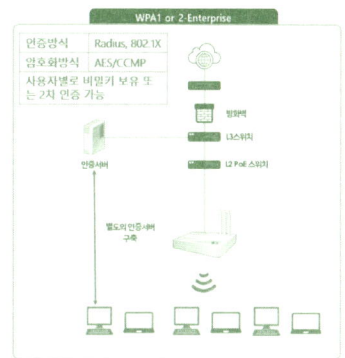

[그림 9-6 WPA Personal or Enterprise]

해 인증을 수행합니다. 두 번째는 〈WPA-Enterprise〉입니다. 별도의 〈Radius〉 인증 서버를 사용하는 방식입니다."

창만은 선배들을 잠시 둘러보며 반응을 살핀 후 발표를 계속 했다.

"〈WPA/WPA2-Personal〉은 〈WEP〉방식을 보완한 방식입니다. 〈PSK pre shared key〉 방식으로 인증을 하는데 〈PSK〉 방식을 〈비밀키〉라고 합니다. 〈무선 AP〉는 〈무선 단말기〉가 자신과 동일한 〈비밀키〉가 있는지를 검사합니다. 자신과 동일한 〈비밀키〉를 가지고 있다면 무선랜이 활성화됩니다. 〈WEP〉에 비해 〈WAP/WPA2〉에서는 〈TKIP〉와 〈AES〉라는 암호화 알고리즘을 사용하기 때문에 보안이 강화되었다고 할 수 있습니다."

"하지만 사용자에 의해 〈비밀키〉가 유출될 수는 있죠?"

선배들의 날카로운 질문이 다시 나왔다.

"네, 그렇습니다. 그래서 기업 사내망을 무선랜으로 구축하려고 할 때는 〈WPA-Enterprise〉를 사용하도록 권고하는 것이 좋습니다. 별도의 인증서버를 통해 ID와 패스워드를 검증하는 방식입니다. 물론 2차 인증 기능을 통해 더욱 강력하게 할 수 있습니다."

창만은 선배들의 질문에 최선을 다해 답변했다.

"〈WPA-Enterprise〉 방식에 대해 설명 드리겠습니다. 〈WPA/WPA2 Personal〉 방식이 〈WEP〉 방식을 보완하였다면 〈WPA-Enterprise〉는 인증 및 암호화를 강화하기 위해 다양한 보안 프로토콜 및 알고리즘을 채택했습니다. 그 중 가장 중요한 것은 유선랜에서 인증 표준으로 사용하는 〈IEEE 802.1X〉와 〈EAP extensible authentication protocol〉인증 프로토콜입니다."

[그림 9-7 IEEE 802.1x 인증 절차]

창만은 인증 절차에 대해 화면을 보면서 자세히 설명을 했다.

"〈WPA/WPA2-Enterprise〉는 〈IEEE 802.1X〉 인증 절차를 통해 완벽한 보안을 구축할 수 있습니다."

창만은 〈EAP〉 다양한 인증 유형에 대해서 준비한 자료를 통해 상세

EAP 유형	MD5 (Message Digest 5)	TLS (Transport Level Security)	TTLS (Tunneled Transport Level Security)	PEAP (Protected Transport Level Security)	LEAP (Lightweight Extensible Authentication Protocol)
클라이언트 인증서 필요	아니오	예	아니오	아니오	아니오
서버 인증서 필요	아니오	예	아니오	예	아니오
WEP 키 관리	아니오	예	예	예	예
Rouge AP 감지	아니오	아니오	아니오	아니오	예
제공업체	Microsoft	Microsoft	Funk	Microsoft	Cisco Systems
인증 속성	일방	쌍방	쌍방	쌍방	쌍방
구축 난이도	용이	난해	중간	중간	중간
무선 보안	하	상	상	상	상

[표 9-1 EAP 인증 유형]

히 설명을 했다.

"이상으로 무선랜 보안에 대한 발표를 마치겠습니다."

"수고했어요, 창만씨. 앞으로도 더 열심히~."

김호진 본부장은 발표를 마친 창만을 흡족하게 바라보고는 본부장실로 들어갔다.

"창만씨, 수고했어요."

박현수 과장이 창만의 등을 두드리며 격려했다. 발표가 끝나니 어느새 12시가 되었다.

"선배님, 중식 드리러 안 가십니까?"

창만이 한자어 말투가 다시 돌아왔다.

"쟤는 발표 때는 안 그렇더니 끝나니까 시작이네."

선배가 웃으며 말했다.

창만과 기술본부 선배들은 구내식당으로 향했다. 식당에는 보안제품을 취급하는 기술2팀이 먼저 도착해 있었다.

"익주씨~."

창만이 입사동기를 불렀다. 기술2팀에 근무하는 신익주 사원이었다. 키가 180이 넘고 시원시원한 성격이었다.

"창만씨 오전에 기술 발표했다며, 잘했어?"

신익주 사원이 창만을 바라보며 말했다.

"그냥 했지. 본부장님하고 선배들이 다 쳐다보니까 너무 긴장해서 무슨 말을 했는지도 모르겠어."

"난, 다음주에 발표인데 걱정이네."

"어 성주씨~, 여기~."

창만이 성주를 부르며 손짓했다. 그것을 본 성주가 다가왔다.

"성주씨, 오후에 지원 나온다며?"

"네."

"내가 엄청난 무선랜 기술들을 아낌없이 알려주지."

창만이 성주를 보며 장난스러운 표정으로 말했다.

"그럼, 셋이 뭉친 기념으로 밥 먹고 1층 커피숍으로 가요. 내가 쏠 게."

"제가 살게요. 오늘 창만씨에게 신세 져야 하는데…."

"어허~ 무슨 소리 내가 쏘도록 하지. 참, 1층 커피숍의 그녀는 내가 입사 때부터 찍었네. 다들 형수라고 부르게."

"정말? 둘이 사귀기로 했어요?"

성주가 놀라서 창만에게 말했다.

"성주씨, 그냥 밥 먹어요. 말도 한번 못 걸어보고 형수는 무슨~."

신익주 사원이 밥을 먹으며 퉁명스럽게 말했다. 점심을 먹고 창만과 동기들은 1층 커피숍 향했다.

"오늘은 무조건 연락처를 물어볼 거야."

각오를 다진 것과는 다르게 창만은 커피숍의 그녀에게 말 한번 제대로 못하고 겨우 주문만 하고 자리로 돌아왔다.

"연락처 물어본다며?"

신익주 사원이 창만을 놀리는 투로 말했다.

"오늘, 너무 바쁜 것 같아서…."

"익주씨는 일하는 거 괜찮아요?"

성주가 신익주 사원을 바라보며 말했다.

"난, 사실 고민 중입니다. 학교에서 기술을 배워 나도 모르게 엔지니어로 입사를 했는데 저랑 적성이 안 맞는 것 같아서요."

"아니 왜? 보안 쪽 재미있지 않아?"

"보안분야는 재미있는데 엔지니어가 나랑은 안 맞는 것 같아요. 성주씨처럼 사업부서에게 일하고 싶기도 하고."

신익주 사원은 어제 회식에서도 동기들과 적성에 관해 한참 동안 이야기했었다.

"시간이 벌써 이렇게 됐네."

창만과 동기들은 각자 사무실로 돌아갔다. 잠시 후 성주가 기술본부 사무실로 올라왔다.

AP 설정

"성주씨, 이쪽으로 와요?"

창만이 성주를 반갑게 불렀다.

기술1팀 한편에 〈무선 AP〉 100대가 박스 채 쌓여 있었다.

"성주씨, 이 장비들입니다. 이걸 오늘 중으로 문제가 없는지 다 확인해야 합니다."

"와~, 이 많은 장비를요?"

성주는 창만의 옆자리에 앉으며 말했다.

"능력 있는 엔지니어가 옆에 있으니까 너무 걱정 안 해도 됩니다. 여기 작업내용이 있으니까 참고하고, 우선 샘플로 한 대 설정을 해 볼게요."

창만은 박스를 열고 〈무선 AP〉 한 대를 노트북과 연결을 했다.

"기본적으로 〈AP〉에 IP 주소가 〈192.168.1.230〉로 설정되어 있어요."

창만은 본인 노트북 IP 주소를 〈192.168.1.1〉으로 설정하고 〈웹 브라우저〉를 통해 〈AP〉에 접속했다.

[그림 9-8 AP 설정 - 로그온 화면]

"이렇게 접속하면 됩니다. 집에서 무선공유기 접속할 때 하고 방법이 똑같죠. 아, 맞다. 어제 성주씨가 〈무선 공유기〉하고 비교하지 말라고 했는데…."

창만은 성주를 바라보며 살짝 웃었다.

"지금 놀리는 거죠?"

성주도 민망한지 얼굴을 붉혔다.

"지금부터 장비를 설정 해보겠습니다."

[그림 9-9 AP 설정 - 처음 화면]

"장비 처음 화면입니다. 우선 상단 좌측 메뉴에 있는 〈Setting〉에 들어가서 하위 메뉴에 있는 〈System〉 메뉴를 클릭하면 기본적인 설정을 할 수 있습니다."

창만은 노트북 화면을 바라보며 설명을 시작했다.

"장비에 처음 접속한 화면입니다. 왼쪽 메뉴 화면을 봐줘요. 성주씨."

성주는 창만의 말을 듣고 왼쪽 메뉴 화면을 바라보았다.

"〈Monitoring〉 메뉴에서는 장비의 상태나 로그를 확인할 수 있어요. 그 아래 〈Settings〉 메뉴에서 주로 〈AP〉 설정을 합니다. 그리고 〈Maintenance〉 메뉴에서는 펌웨어 업그레이드와 같은 장비 관리를 할 수 있습니다. 마지막으로 〈Account〉 메뉴는 〈AP〉를 관리하는 관리자 계정을 관리할 수 있습니다."

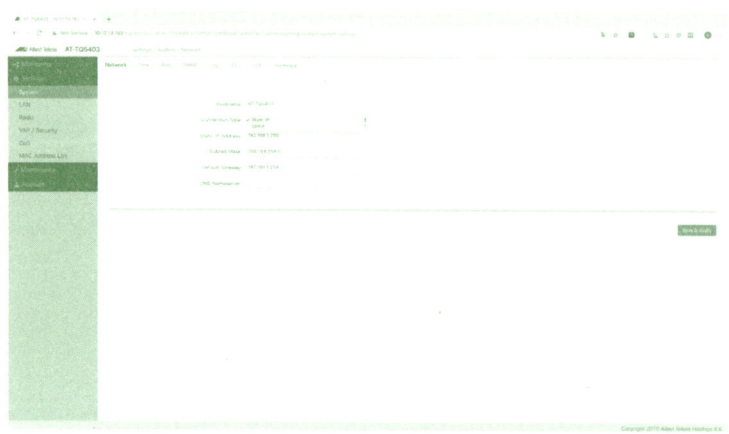

[그림 9-10 AP 설정 - IP 할당방식 선택 및 IP 설정]

"그럼 〈AP〉를 설정하기 위해 〈Settings〉 메뉴을 들어가볼께요."

창만이 마우스로 노트북 화면을 클릭하자 화면이 바뀌었다.

"화면을 보면 맨 위 상단에 〈Hostname〉이라고 보이죠, 성주씨?"

"네."

"우선 그 부분에 장비 이름부터 설정하면 됩니다. 청림식품 영업본부 1번 AP니까 이름을 〈Cheonglim Sales 1F〉 이렇게 설정하면 됩니다. 여기 엑셀문서에 순서대로 AP 이름과 설정 정보들이 있습니다."

창만은 미리 출력해 놓은 엑셀 문서를 성주에게 주면서 말했다. 성주는 창만이 보여준 엑셀자료를 유심히 살펴봤다.

"호스트네임 아래 부분에 〈Connection Type〉 메뉴는 〈IP 주소〉 할당하는 방법을 선택할 수 있습니다. 〈DHCP〉를 선택하면 자동으로

〈DHCP〉 서버로부터 〈무선 AP〉의 IP를 할당 받는 방식이고, 〈Static IP〉를 클릭하면 수동으로 직접 〈IP 주소〉를 지정하는 방법입니다. 엑셀 문서에 있는 IP 정보를 참조해서 성주씨가 직접 설정해보세요"

성주는 엑셀 문서를 보면서 천천히 키보드 타이핑을 했다.

"잘했어요, 성주씨. 그 다음은 사용할 〈무선 주파수 radio frequency〉 설정을 하겠습니다. 〈Settings〉 메뉴에있는 〈Radio〉 메뉴를 클릭해서 이동하면 됩니다."

[그림 9-11 AP 설정 - 국가코드 설정]

"제일 먼저 맨 상단에 국가 코드부터 선택을 해줘야 합니다."

창만은 설명을 잠시 멈추고, 성주를 바라보았다.

"왜요?"

창만의 시선을 의식한 성주가 작은 목소리로 질문했다.

"성주씨, 국가 코드를 입력하는 이유를 알고 있나요?"

"글쎄요?"

고민하는 성주를 바라보며 창만은 설명을 이어갔다.

"국가마다 〈무선 주파수〉 정책이 다르기 때문입니다. 〈무선 주파수〉는 임의로 사용할 수 있는 게 아닙니다. 그래서 〈무선 AP〉의 제조사들은 각 나라가 사용하는 〈무선 주파수〉를 장비에 정확하게 정의해 놓은 겁니다."

"아~, 그렇겠네요."

[그림 9-12 AP 설정 - Radio 1, 2.4 GHz 설정]

"그 다음은 〈주파수 설정〉입니다. 요즘은 2.4 GHz와 5 GHz를 모두 사용합니다. 〈Radio 1〉에는 2.4 GHz 설정하고 세부적인 채널 설정을 해주면 됩니다."

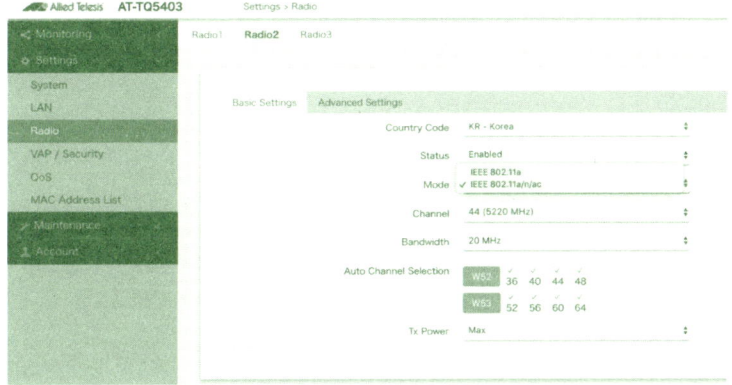

[그림 9-13 AP 설정 - Radio 2, 5 GHz 설정]

"〈Radio 2〉에는 5 GHz 설정을 해주고 세부적인 채널 설정을 해주면 되요."

창만은 물을 들이켜 목을 축인 뒤 계속 설명했다.

"이제 마지막으로 〈SSID service set identifier〉와 보안설정만 선택해주면 됩니다."

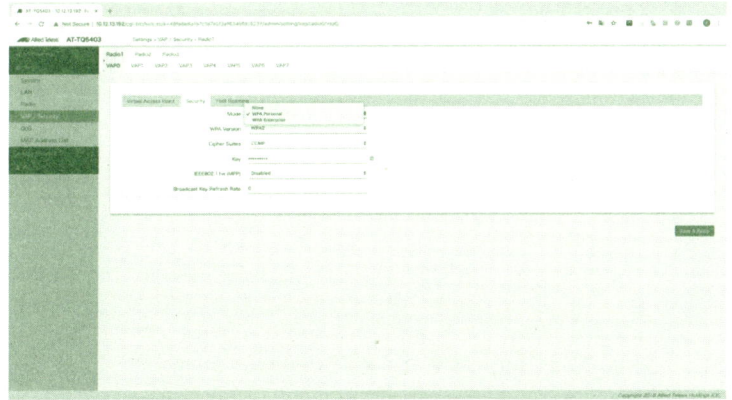

[그림 9-14 AP 설정 - SSID & WPA Personal 설정]

"〈VAP / Security〉 메뉴의 첫번째 탭인 〈Virtual Access Point〉에서 〈무선 AP〉의 동작 모드 선택, 〈SSID〉 및 〈VLAN〉에 대한 설정을 하고, 두번째 탭인 〈Security〉에서 보안 설정을 합니다."

창민은 성주에게 자세히 설명을 해주었다.

"〈SSID〉도 사전에 미리 설계가 되어 있기 때문에 주어진 값을 설정하면 됩니다. 그리고 보안 설정은 〈WPA-Personal〉 방식과 〈WPA-Enterprise〉 방식이 있는데 혹시 알아요?"

창만이 성주에게 질문했다.

"네, 알고 있어요."

"오~, 대단한데요. 그럼 지금 화면은 〈WPA-Personal〉 사용할 때 설정 방법인데 참조만 하세요. 청림식품은 〈WPA-Enterprise〉 방식을 사용합니다."

[그림 9-15 AP 설정 - SSID & WPA Enterprise 설정]

"할 수 있겠어요?"

창만이 성주를 보며 말했다.

"네, 한번 해볼게요."

성주와 창만은 한참 동안 장비 설정을 했다. 어느새 시간은 흘러 저녁 8시가 되어갔다.

"다 되어가, 창만씨?"

"네, 과장님. 지금 마지막 장비 설정 중입니다."

"빨리들 했네. 내일 춘천 출장 가야 하니까 마무리하고 일찍 들어갑시다."

박현수 과장이 창만과 성주를 보며 말했다.

"네, 과장님."

창만과 성주는 마지막 장비를 테스트 마쳤다.

"이제 끝났네."

"문제 있는 장비는 없고?"

박현수 과장이 창만에게 물었다.

"네, 장비 불량은 없습니다."

"그래요. 그럼, 나 먼저 갈 테니까 정리들 하고 퇴근해요."

"네, 과장님."

박현수 과장은 작업이 마무리되는 걸 확인하고 퇴근을 했다. 사무실에는 창만과 성주만 남았다.

"성주씨, 우리도 퇴근합시다."

"전 본부로 돌아갈게요. 수고했어요 창만씨."

창만은 장비들을 정리하고 사무실을 나왔다. 3월초라 아직까지 밤공기가 차가웠다. 여의도 골목에는 포장마차가 많이 있었다. 건너편 포장마차의 잔치국수 냄새가 창만을 유혹했다.

"아줌마 잔치국수 하나하고 소주 한 병 주세요."

"잔, 두 개요."

언제 왔는지 성주가 자리에 앉으며 주문했다.

"잔, 세 개요"

뒤따라온 신익주 사원도 자리에 앉으며 주문했다.

"모야, 어제 회식에서 많이 마셨는데 또 마시려고?"

"마십시다. 다 먹자고 하는 일인데…."

신익주 사원이 젓가락을 꺼내며 말했다.

"같이 먹자고 하지. 의리 없게 혼자서 먹고 갈려고 했어요?"

성주가 창만에게 소주를 따르며 말했다.

창만과 동기들은 포장마차에서 조촐하게 술자리를 했다. 입사 동기들은 하고 싶은 말이 많았다. 선배들 이야기, 회사 프로세스, 회사 복지 프로그램 등 이야기를 한참 하고 나서야 자리가 끝났다. 동기끼리 통하는 무엇이 그들을 끈끈하게 잇고 있었다.

"조심이 들어가 동기들~."

술자리가 끝나자 그들은 어느새 말을 놓았다.

춘천 여행

과거 강원도 춘천
12월

"성주야, 춥지?"
"괜찮아요, 선배."
"난 춘천 처음이야. 소양댐 정말 멋있다."
 성주와 지원은 소양댐에서 배를 타고 청평사로 가는 중이었다. 청평사는 소양댐에서 배를 타고 10분 정도 들어가면 있는 사찰이었다.
"성주야, 오늘 정말 고마워. 마지막 기말고사 보느라고 스트레스 많이 받았는데 여행 오니까 모두 풀리는 것 같다."

지원은 기분이 좋아졌는지 다소 높아진 목소리로 말했다. 성주와 지원은 청평사를 구경하고 사찰 주변을 걸었다.

"참, 휴학했지? 군대 언제가?"

"응, 다음 달에."

"추울 때 가면 고생한다던데?"

지원은 애잔한 눈빛으로 성주를 바라봤다.

"우리 성주는 여자친구도 없는데…, 면회를 갈 여자친구도 없고 어쩌지?"

지원은 준비한 사진기와 삼각대를 설치하기 시작했다.

"성주야 우리 같이 사진 찍을까?"

멀리 보이는 청평사를 배경으로 지원과 성주는 다정하게 사진을 찍었다.

"내가 꼭 한번 면회 갈게."

"선배가?"

"왜, 싫어?"

"아니."

"다들 여자친구가 면회 올 텐데, 내가 맛있는 거 많이 싸 들고 여자친구인 척 면회를 가줘야지."

성주에게 팔짱을 끼며 지원이 말했다. 성주는 쑥쓰러운지 얼굴이 붉어졌다.

"배고프다, 성주야. 춘천은 막국수가 유명하니까 점심은 저기 가서 먹자."

점심으로 막국수를 먹고 청평사 이곳 저곳을 구경하고 저녁 무렵에 배를 타고 소양댐으로 나왔다.

"춘천에 와서 먹어보고 싶었던 막국수 먹기 해결했고, 다음은 닭갈비!"
지원과 성주는 버스를 타고 춘천 명동닭갈비 골목으로 향했다.
"우와~, 여기 정말 닭갈비 골목이네."
좁은 골목에 닭갈비 가게들이 줄지어 있었다.
"여기로 들어가자, 성주야."
성주는 지원의 말에 이끌리듯 따라 들어갔다.
"술도 한잔할까?"
닭갈비를 주문하고 지원이 술도 주문하려고 했다.
"좀 있다 올라가야 하는데 술 마시게, 선배?"
"춘천까지 왔는데 한잔해야지 술 마시다 늦으면 내일 올라가면 되지!"
지원은 결국 술을 주문했다.
"성주야 마셔!"
가게 한 쪽에서는 덩치 좋은 남자들이 술을 마시고 있었다. 이야기를 들어보니 주류회사 영업사원들 같았다. 코가 정말 큰 사람이 킁~ 킁~ 거리며 이야기를 하는데 킁~ 소리가 신경 쓰였다.
　지원과 성주는 닭갈비를 안주 삼아 한동안 술을 마셨다. 서로 약속이라도 한 듯 막차가 끊겼다는 말은 하지 않았다.
"성주야, 넌 좋아하는 사람 없어?"
"어, 왜요?"
"있으면 좋아한다고 빨리 말해. 기다리는 사람 힘들게 하지 말고."
지원이 잠시 생각에 잠겼다 다시 말했다.
"넌 다 좋은데 용기가 너무 없어 그게 문제야."
지원은 술이 많이 취했다.

"바보야, 넌 말이야…."

혀 꼬부라진 소리를 내던 지원이 쾅! 테이블에 머리를 부딪치더니 잠들어 버렸다.

"선배…, 선배…."

성주는 지원을 한참동안 깨웠지만 지원은 정신을 차리지 못했다.

"학생, 여자친구가 너무 불편해 보인다."

성주가 어찌할 바를 모르고 있자 식당 사장님으로 보이는 아주머니가 딱하다는 듯 말했다.

"더 늦으면 방 구하기도 힘들 텐데…, 큥."

옆에서 큥~ 큥~ 거리며 술을 마시던 남자 손님이 걱정스러운 듯 성주를 보며 말했다.

성주는 지원을 업고 닭갈비 가게를 나와 방을 구하러 다녔다. 잠든 지원을 업고 몇 곳을 다닌 끝에 겨우 방을 구할 수 있었다. 지원을 침대에 눕히고 성주도 지쳐서 바닥에 주저앉았다. 성주는 밤새도록 자고 있는 지원을 바라봤다.

성주의 첫 출장

아이티앤티 사무실
두 번째 금요일 점심시간

"성주씨~, 성주씨~."

점심 시간 책상에 엎드려 자고 있는 성주를 누군가 깨웠다.

"네, 선배님!"

성주가 놀라서 벌떡 일어나니 최보미 과장의 얼굴이 보였다.

"아니, 뭘 그렇게 놀라면서 일어나? 기술본부에서 출발한다고 주차장으로 내려오래."

최과장은 성주를 별스럽다는 듯 쳐다봤다.

"성주씨, 이따가 퇴근하면서 전화할게."

이한영 팀장이 퇴근하면 청림식품으로 온다고 했다.

"그럼, 다녀오겠습니다."

성주는 부서 사람들에게 인사하고 지하 주차장으로 내려갔다. 주차장에는 박현수 과장과 신창만 사원이 회사 차량에 미리 타고 기다리고 있었다. 성주는 차에 타자마자 장비를 찾았다.

"왜요, 성주씨?"

"장비는 어디에 있어요?"

"장비는 오전에 화물차로 먼저 보냈지. 그 많은 장비를 여기 어떻게 실어요?"

박현수 과장이 웃으면서 대답했다.

"한지원 팀장님하고 공사 협력사도 출발했다니까, 우리도 얼른 출발합시다."

성주와 기술팀 사람들은 춘천으로 향했다. 46번 도로 경춘선으로 들어서자 오른쪽으로는 강이 흐르고, 주위를 산으로 둘러싼 길이 이어졌다.

"성주씨는 춘천 와봤어?"

박창만 사원이 성주에게 말을 걸었다.

"응. 예전 대학 때 한번 와봤어."

"누구? 여자친구랑?"

"아니…."

말을 얼버무리며 성주는 차창 밖으로 시선을 던졌다. 박현수 과장이 도중에 경치 좋은 휴게소가 있으니 들렸다 가자고 했다. 휴게소에 도착하니 한지원 팀장이 먼저 와 기다리고 있었다.

"일찍 도착하셨네요, 팀장님."

박현수 과장이 차에서 내려 한지원 팀장과 인사했다.

"팀장님, 정장 차림만 보다가 청바지 입은 모습 처음 보는데요?"

지원은 청바지에 흰색 티, 연한 갈색 코트를 입고 있었다.

"오늘 지방 출장이고 기술지원업무라 옷을 좀 편하게 입고 왔어요."

"정장보다 훨씬 잘 어울리세요."

박창만 사원이 한지원 팀장을 바라보며 말했다.

"제가 커피를 미리 사 놓았어요. 저쪽 테이블에서 좀 앉았다 가시죠?"

일행은 휴게소 뒤편에 야외 테라스 자리로 이동했다. 3월이라 아직 쌀쌀했지만, 건너편으로 강촌 역이 있고 강도 흐르고 있어 그림 같은 풍경에 도심 직장생활의 스트레스가 풀려가는 것 같았다.

"너무, 좋네요. 한국에 들어와서 춘천에 꼭 다시 한번 오고 싶었는데…."

추억에 잠긴 듯 한지원 팀장이 얼굴에 옅은 미소가 피어올랐다.

"춘천에 무슨 좋은 추억이라도 있으세요?"

박현수 과장이 한지원 팀장을 보며 물었다.

"그럼요."

지원은 성주를 보며 싱긋 웃었다. 그러나 성주는 건너편 강촌 역으로 눈길을 주느라 지원의 미소를 보지 못했다.

"그럼, 출발할까요?"

지원이 일어서며 말했다.

"참, 팀장님 혼자 오셨죠?"

"네."

"그럼 성주씨는 한지원 팀장님 차로 같이 와요. 오면서 말동무도 좀 해드리고."

"네, 과장님."

좀 당황하긴 했지만 성주는 지원의 차에 올랐다. 일행을 태운 차들이 먼저 떠나고 성주는 지원의 차를 타고 춘천으로 향했다. 강촌에서 춘천은 금방이었다.

오후 3시에 '청림식품'에 도착했다. 공사를 담당할 협력사도 이미 도착해 있었다. 짧은 인사를 나누고 청림식품 담당자들과 미팅을 시작했다.

"작업 일정에 대해 설명을 하겠습니다. 회의가 끝나고 나면 6시까지 〈PoE 스위치〉와 〈AP〉 간의 물리적 연결 구간 케이블 공사를 하고, 〈AP〉 설치를 할 겁니다."

박현수 과장이 작업 일정을 브리핑했다.

"총 작업 인원이 어떻게 되죠?"

청림식품 전산 담당으로 보이는 젊은 직원이 질문했다.

"네, 공사파트 4명입니다. 케이블 공사와 〈무선 AP〉 설치를 담당합니다. 그리고 장비 구성은 저하고 박창만 사원이 맡아서, 기존 〈백본 스위치〉와 신규 설치되는 〈PoE 스위치〉, 그리고 〈AP〉 설정을 합니다."

"그럼, 이분들은?"

'청림식품' 전산담당은 지원과 성주를 바라보며 질문했다.

"한지원 팀장님 인사하시죠? 이쪽은 제조사에서 왔습니다. 오늘 저희가 투자로 설치하는 〈무선 컨트롤러〉 기술지원 때문에 오셨습니다. 그리고 이쪽은 우리 회사 사업부서에서 지원 나왔습니다."

성주와 지원은 '청림식품' 전산 담당과 명함을 주고받았다.

"네, 그럼 작업 시작하시죠. 절대로 6시 전에 네트워크가 끊어지면 안 됩니다."

청림식품 전산 담당은 재차 당부를 했다. 작업이 시작되자 박현수 과장이 구축 〈PM project manager〉 역할을 했다.

"한지원 팀장님. 〈무선 AP〉 설치 위치와 케이블 공사 구간이 문제가 없는지 확인 좀 하고 오겠습니다. 창만씨는 〈PoE스위치〉 설치 좀 해요."

박현수 과장은 공사 협력사와 함께 〈무선 AP〉 설치 위치와 케이블 공사 위치를 확인하러 갔다. 박창만 사원도 〈PoE 스위치〉 설치를 위해 나갔다.

무선 컨트롤러 설치

"우리는 〈무선 컨트롤러〉 설치할까?"

지원이 서버 박스 쪽으로 다가서며 말했다.

"제가 하겠습니다. 팀장님"

"둘 뿐인데 선배라고 해라. 아무도 없는데 팀장님이 뭐야?"

"버릇이 되서. 선배, 〈무선 컨트롤러〉 설정은 많이 어려워요?"

성주가 멋쩍은 듯 지원을 보며 물었다.

"혹시, 〈무선 AP〉 설정해 봤어?"

지원이 웃으며 말했다.

"응, 어제 해봤는데."

"그래, 그럼 쉽게 설치할 수 있을 거야. 〈무선 컨트롤러〉를 설치해보지 않은 사람들은 〈무선 컨트롤러〉가 엄청 대단한 장비처럼 생각하는데 〈AP〉기능을 하지 않는 〈AP〉라고 생각하면 간단해."

성주가 아직 잘 이해가 되지 않는지 고개를 갸우뚱했다.

"〈AP〉 설정하는 거랑 똑같아. 원래 〈AP〉에 일일이 설정하는 걸 편하게 하기 위해 〈무선 컨트롤러〉를 개발한 거니까 한번 보면 이해가 될 거야."

성주는 준비해 온 컴퓨터를 전산담당자가 알려준 위치에 한지원 팀장과 함께 설치했다. 잠시 후 현장에 업무 지시를 끝낸 박현수 과장도 돌아와 설치에 참여했다.

"그럼, 〈무선 컨트롤러〉 작업 시작할까요, 과장님?"

지원이 〈Vista Manager EX〉 프로그램 설치 후 간단한 라이선스를 입력하고 단계를 마무리하자 컴퓨터에 로그인 화면이 떴다.

[그림 10-1 무선 컨트롤러 설정 - 로그인 화면]

"로그인 화면입니다."

장비에 접속한 지원은 박현수 과장에게 말했다.

"팀장님, ID하고 Password는 이걸로 부탁드립니다."

박현수 과장이 손에 들고 있던 메모지를 지원에게 전달했다. 지원은 메모지에 적힌 대로 ID와 Password를 입력하고 장비에 접속했다.

"팀장님, 기존 〈무선 컨트롤러〉는 저희가 직접 설치할 수 있는데 〈Vista Manager EX〉 기반 〈무선 컨트롤러〉는 교육을 안 받은 상태에서 설치하는 경우라서, 한 번만 설명해주시면 나머지는 제가 하겠습니다."

박현수 과장이 지원에게 말했다.

"저도 실무 경험이 많은 박현수 과장님 앞에서 장비를 설정하려니 많이 부담되네요."

지원의 대답에 두 사람은 마음이 통했다는 듯 낮게 웃었다.

"우선, 그룹 설정부터 하겠습니다."

지원이 박현수 과장을 바라보며 말했다.

[그림 10-2 무선 컨트롤러 설정 - 그룹 설정]

"그룹 설정은 회사를 기준으로 지정합니다. 예를 들어 '청림식품' 무선 랜 구축이니까 '① Cheonglim' 입력하면 됩니다. 그리고 '② Add' 버튼을 클릭하면 그룹 설정을 완료하고, 프로파일 설정으로 넘어갑니다. 프로파일 설정은 〈AP〉에게 공통으로 설정해야 하는 정책을 만드는 작업입니다. 〈무선 컨트롤러〉는 프로파일을 만들어서 〈AP〉에게 배포합니다."

지원은 설명을 멈추고, 성주를 잠시 바라보다 설명을 이어갔다.

"성주씨, 원래 〈무선 AP〉 100대를 하나씩 각각 설정해야 하는데 〈무선 컨트롤러〉는 프로파일을 하나 만들어서 100대의 〈무선 AP〉에 배포하는 방식이니까 효율적이겠지?"

"네."

지원은 성주의 대답을 듣고 살짝 미소를 지으며 설명을 이어갔다.

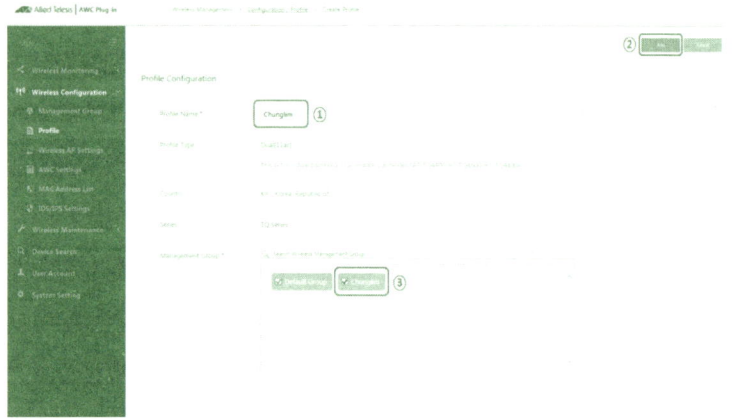

[그림 10-3 무선컨트롤러 설정 – 프로파일 설정]

"화면에 '① Cheonglim' 이름을 입력하고 상단에 '② Add' 버튼을 누르면 '③ Cheonglim' 프로파일이 생성됩니다. 이제부터는 프로파일을 순서대로 설정하겠습니다."

"그럼 선배…, 아니 팀장님. 프로파일을 여러 개 만드는 경우도 있나요?"

"그럼요. 만약 청림식품 계열사가 같은 건물에 있고 〈AP〉설정 값도 다르다면 그룹설정은 'Cheonglim'동일하지만 프로파일은 다르게 만들어서 관리하는 게 맞죠."

성주가 고개를 끄덕이자 지원이 설정을 계속 해 나갔다.

박현수 과장은 지원과 성주 사이에 앉아 둘에 대화를 계속 지켜봤다.

[그림 10-4 무선 컨트롤러 설정 - 국가코드 설정]

"첫 번째는 '① 국가코드'를 선택합니다. 나라마다 주파수 대역을 다르게 사용하기 때문에 꼭 선택해주어야 합니다."

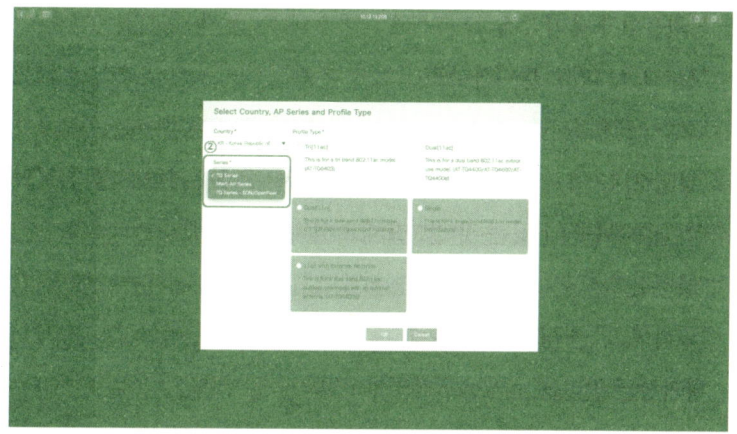

[그림 10-5 무선 컨트롤러 설정 - AP 타입 설정]

"그리고 바로 아래쪽에 있는 '② AP 타입'을 선택해주면 됩니다. 청림식품에 납품된 〈AP〉 모델이 〈AT-TQ5403〉 모델이니까 화면에서 '② TQ Series'를 선택하면 됩니다. 그리고 다음은 '③ Radio 타입'을 설정하겠습니다."

[그림 10-6 무선 컨트롤러 설정 - Radio 타입 설정]

"여기서는 〈무선 주파수〉 어떤 방식을 사용할 것인지 정하는 것입니다. IEEE 802.11 b/a/g/n/ac 다양한 방식을 지원하는데 이 중 〈Radio〉를 싱글 하나만 사용할 것인지 듀얼을 사용할 것인지 선택하는 것입니다. 대부분 듀얼을 사용하지만, 이 장비의 경우 ③트리플 라디오를 지원합니다. '④ OK' 버튼을 클릭하면 기본적인 프로파일 설정이 된 것입니다. 계속 프로파일을 설정하겠습니다."

"참, 트리플 밴드 설계는 사내망용으로 2.4 GHz와 5 GHz 를 듀얼밴드를 할당한 후 인터넷만 연결하기 위한 외부 Guest망이나 별도의 망을 구축해야 한다면 별도의 〈AP〉를 구매하지않고, 하나 더 있는 5 GHz 를 할당하면 됩니다."

[그림 10-7 무선 컨트롤러 설정 - NTP, Syslog, SNMP 설정]

"화면에 보이는 것처럼 '① NTP' '② Syslog' '③ SNMP' 설정을 하면 됩니다. 성주씨 세 가지 프로토콜에 대해서 알고 있죠?"

지원이 성주에게 질문을 했다.

"〈NTP network time protocol〉는 인터넷상에서 시간을 정확하게 유지해 주기 위한 프로토콜입니다. 회사에 다양한 시스템들 시간이 모두 다르다면 각종 로그를 분석할 때 문제가 발생합니다. 그리고 시간이 정확해야 하는 시스템들이 있기 때문에 별도의 NTP 서버를 구축하여 표준 시간으로 동기화를 하는 것이 중요합니다."

"Syslog와 SNMP는요?"

박현수 과장이 성주를 보고 질문했다.

"〈Syslog〉는 시스템에서 발생하는 다양한 이벤트 로그 정보를 로그서버 역할을 하는 서버로 전송할 수 있게 해주는 프로토콜입니다. 그리고 〈SNMP simple network management protocol〉는 IP를 기반으로 동작하는 서버,

10일 지방 출장   229

보안제품, 네트워크 제품들을 모니터링하고 관리하기 위한 프로토콜입니다. 그런데 현재 청림식품에 로그를 관리하는 로그서버가 있나요?"

성주가 박현수 과장을 바라보며 질문을 했다.

"별도로 로그서버는 없습니다."

"그렇군요. 그럼 〈Vista Manager EX〉에서 로그를 관리할 수 있으니까 우선 그렇게 하고 나중에는 서버하고 보안장비들 로그서버로 사용하면 되겠는데요."

지원이 대체할 로그서버 계획을 말했다.

"이번 무선랜 구축 끝나고 별도로 일정을 잡아 구성해 드려야겠네요."

"네, 과장님 그때도 지원 필요하면 이야기하세요. 이제 본격적으로 〈무선 주파수〉 설정을 해볼까요?"

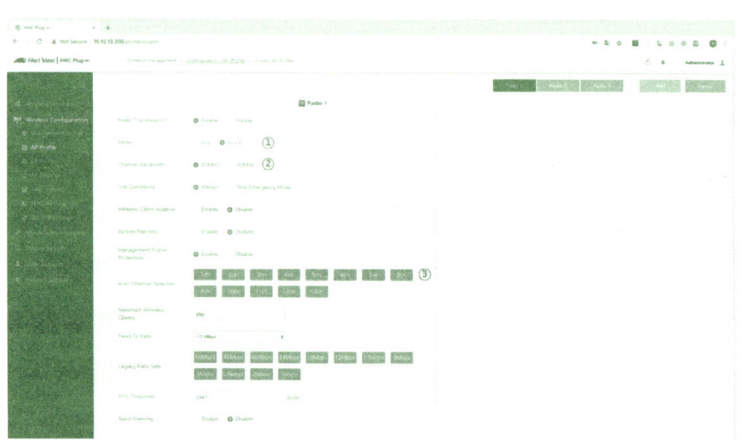

[그림 10-8 무선 컨트롤러 설정 - Radio 1 설정]

"〈Radio 1〉부터 설정하겠습니다. 〈Radio 1〉에는 〈① 802.11 b/g/n〉 선택해주면 됩니다. 〈② channel bandwidth〉는 기본값 〈20 MHz〉를

선택하겠습니다. 만약 〈채널 본딩〉 기술을 위해 〈40 MHz〉를 사용하려면 신중해야 합니다. 그리고 마지막으로 〈③ 채널 선택〉은 장비에서 자동으로 간섭 없는 채널을 선택하니까 나중에 어떤 채널을 잡았는지 확인만 하면 됩니다. 그럼 〈SSID〉와 〈인증〉만 남았네요."

[그림 10-9 무선 컨트롤러 설정 - Radio 1, SSID 및 인증 설정]

"〈① SSID〉는 대부분 사용하는 부서의 이름을 사용합니다. 〈② Broadcast SSID〉는 〈SSID〉를 광고할 건지 선택해주면 됩니다. 그리고 중요한 부분이 〈③ 인증〉입니다. 현재 〈인증서버〉가 같이 구축되고 있기 때문에 사전에 할당한 인증서버 주소와 비밀번호를 입력해주면 됩니다. 인증서버가 이중화되어 있어 〈Primary〉와 〈Secondary〉 서버의 정보를 모두 입력했습니다. 〈④ MAC 인증〉은 사용하지 않는다고 해서 선택하지 않았습니다. 〈Radio 2〉는 성주씨가 해볼래요?"

지원이 자리를 비켜서며 성주에게 말했다.

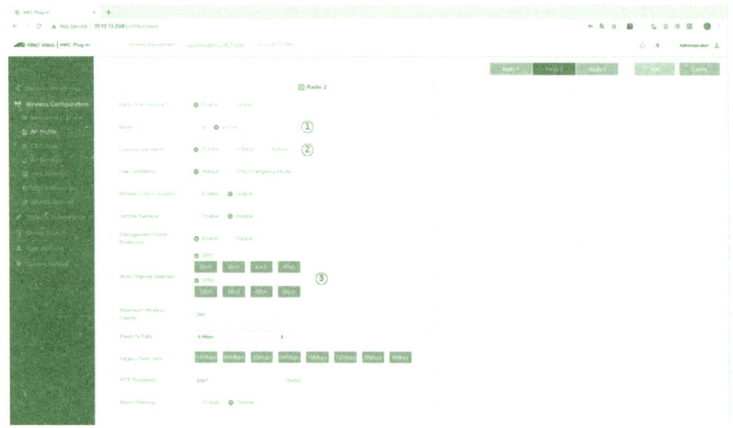

[그림 10-10 무선 컨트롤러 설정 – Radio 2 설정]

성주는 앞에서 지원이 설명한대로 〈Radio 2〉 설정을 했다.

[그림 10-11 무선 컨트롤러 설정 – Radio 2, SSID 및 인증 설정]

〈Radio 2〉의 〈SSID〉와 〈인증〉설정까지 침착하게 해냈다.

"그럼, 성주씨 설정들이 제대로 되어 있는지 확인해봐요."

지원과 박현수 과장은 성주를 유심히 보고 있었다.

[그림 10-12 무선 컨트롤러 설정 - 기본 설정 확인]

우선 기본 설정 부분에서 그룹과 프로파일이 이상 없는지 확인했다.

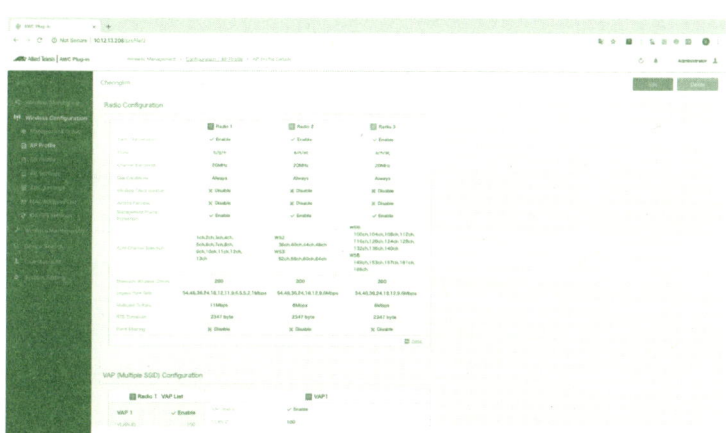

[그림 10-13 무선 컨트롤러 설정 - Radio 설정 확인]

〈Radio 1〉과 〈Radio 2〉 설정에서도 이상 없는지 확인했다.

10일 지방 출장 **233**

[그림 10-14 무선 컨트롤러 설정 - Radio 설정 확인]

마지막으로 〈SSID〉와 〈인증〉 설정에 문제가 없는지 확인했다.

"문제없는데요, 팀장님."

확인을 끝낸 성주가 지원에게 말했다"

"네, 그러네요. 그럼 지금부터 〈AP〉가 네트워크에 연결되면 〈무선 컨트롤러〉에서 설정한 값들이 자동으로 〈AP〉에 배포가 되어 자동으로 설정이 될 겁니다. 확인해볼까요."

지원은 다시 노트북 앞에 앉아 〈① Wireless AP Status〉 클릭했다.

[그림 10-15 무선 컨트롤러 설정 - AP 연동 확인]

"1F에 〈② AP〉가 설치되었네요. 설정이 제대로 되었는지 확인해볼까요?"

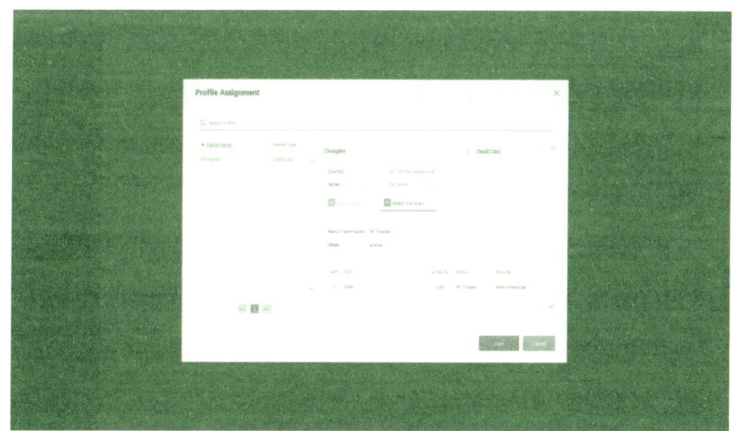

[그림 10-16 무선 컨트롤러 설정 - AP 설정 값 확인]

10일 지방 출장 **235**

"〈AP〉에 설정이 되어있네요. 그럼, 지금부터 도면 설정을 하겠습니다."

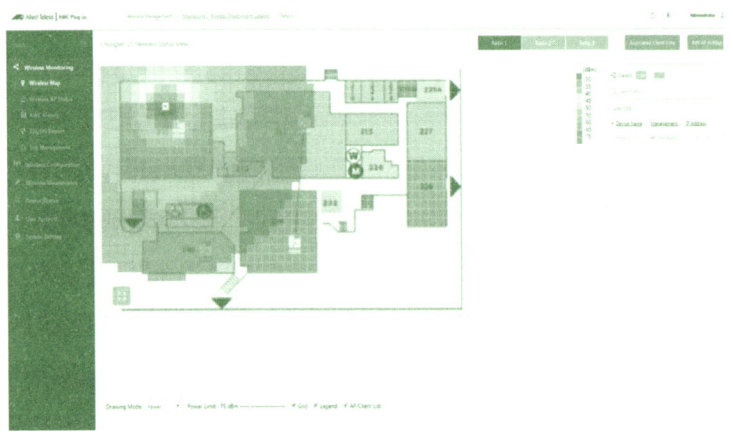

[그림 10-17 무선 컨트롤러 설정 - 도면 생성]

"〈① Map name〉은 도면 이름을 적으면 됩니다. 지금 불러올 도면이 1층 도면이니까 〈Chunglim_1F〉로 입력했습니다. 〈② Background image〉 옆에 있는 〈Select file〉 버튼을 누르고 도면을 선택하고, 〈③ 도면의 사이즈를 미터 기준으로 입력해주면 됩니다. 마지막 〈④ Management Group〉는 처음에 그룹설정에서 만든 〈Chunglim〉을 선택해주면 됩니다. 그럼 〈AP〉를 도면에 배치해볼까요"

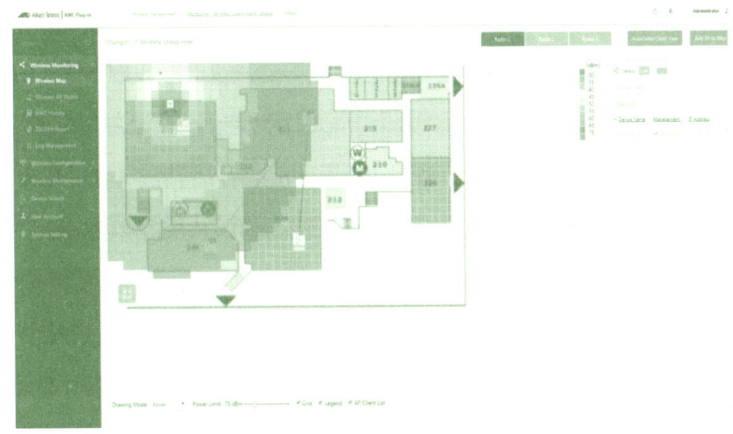

[그림 10-17 무선 컨트롤러 설정 - AP 배치]

"〈AP〉를 설치되어 있는 위치에 마우스로 이동시키면 됩니다. 간단하죠"

[그림 10-17 무선 컨트롤러 설정 - AP 상태 확인]

"마지막으로 〈AP〉 상태만 확인하면 됩니다."

"간단하네요, 팀장님."

박현수 과장이 지원을 바라보며 말했다.

"〈무선 컨트롤러〉 역할이 간단하니까요."

"그럼, 지금부터는 제가 하겠습니다."

박현수 과장은 노트북을 꺼내 〈Vista Manager EX〉에 연결하고 작업을 시작했다. 시간이 지날수록 케이블 공사가 진행되면서 〈AP〉들도 차례로 〈Vista Manager EX〉에 연결되었다.

어느덧 6시가 되었다. 창만도 〈PoE 스위치〉 설치를 마무리하고 전산실로 왔다. 〈AP〉도 모두 연결이 되었다.

"6시입니다. 직원들에게 인터넷 안된다고 공지했습니다. 이제 작업 시작하시죠."

청림식품 전산 담당자가 전산실로 들어오면서 말했다.

"작업은 이미 다 끝났습니다. 무선랜 서비스는 5시부터 동작하고 있었습니다."

박현수 과장이 청림식품 전산 담당자를 바라보며 말했다.

"인터넷 끊어지고 그런 거 없나요?" 전산담당자가 확인 차 물었다.

"기존 유선랜과 IP를 다르게 설계를 해서 사용자가 무선랜에 접속만 하면 됩니다."

박현수 과장과 '청림식품' 전산담당자는 사무실마다 다니며 업무용 컴퓨터의 기존 유선랜 케이블을 제거하고 무선랜 서비스를 테스트했다.

"작업이 생각보다 간단하네요."

"그래도 만일을 대비해 오늘 최대한 테스트를 해놓는 게 좋습니다."

"참, 부장님 내일 유선 케이블 철거하실 때 여기 리스트에 있는 단말들은 모두 새로 설치된 〈PoE 스위치〉로 연결해 주셔야 합니다."

박현수 과장은 공사 협력사 직원에게 무선을 지원하지 않는 프린터와 CCTV 같은 단말기 리스트 파일을 전달하며 여러 가지 당부를 했다.

"한지원 팀장님, 저는 현장 좀 돌면서 무선랜 품질 테스트 좀 하겠습니다."

박현수 과장과 박창만 사원은 공사 협력사 직원들과 전산실을 나갔다. 7시쯤 이한영 팀장이 음료수를 들고 전산실로 들어왔다. 성주의 전화를 받고 퇴근 후 바로 왔다.

"한지원 팀장님, 고생이 많으십니다. 작업은 잘되고 있나요?"

"네, 박현수 과장이 현장 돌면서 점검하고 있습니다."

8시가 되어서야 박현수 과장 일행이 전산실로 들어왔다. 이한영 팀장은 같이 들어오는 청림식품 전산 담당자와 반갑게 악수했다.

"오늘 작업은 잘 마무리되었네요. 내일 오전에 대기 해주시는 분이 누구시죠?"

청림식품 전산담당자가 질문했다.

"네, 저희 모두 내일 아침 8시까지 들어오겠습니다. 그리고 공사 협력사 분들도 내일 케이블 철거 때문에 들어올 겁니다."

박현수 과장이 대답했다.

"오늘 수고들 하셨습니다. 그럼 내일 뵙겠습니다."

인사를 하고 밖으로 나오니 꽤 어두워져 있었다. 청림식품은 춘천 외곽에 있어 주위를 에워싼 산만 보였다.

아쉬운 출장

"같이 식사를 하고 가시면 좋은데 아쉽네요, 부장님."

공사 협력사 직원들은 서울로 올라갔다가 내일 다시 내려오기로 하고 철수를 했다.

"그럼, 우리는 저녁을 먹으러 갑시다. 춘천에 왔으니까 닭갈비 잘하는 집으로 제가 모시겠습니다."

"닭갈비~ 좋죠!"

이한영 팀장의 저녁 메뉴 제안을 지원이 흔쾌히 받아들였다.

"닭갈비 집 바로 근처에 친구가 모텔을 하고 있어요. 제가 예약을 했으니까 결재는 출장비로 하시고 저녁은 제가 사겠습니다."

이한영 팀장이 알려준 숙소로 각자 차를 타고 이동했다. 숙소에 짐을 푼 일행은 명동 닭갈비 골목으로 향했다.

"어, 여기는…!" 닭갈비 집으로 들어서면서 지원이 놀란 듯 소리를 냈다.

"왜요? 팀장님, 와본 적 있으세요?"

이한영 팀장이 지원에게 물었다. 그곳은 바로 성주와 지원이 춘천 여행 때 왔던 곳이었다.

"아…. 네. 예전에 한 번요. 여기는 그대로네요."

지원은 성주를 살짝 바라보며 감탄하듯 말했다. 성주도 다소 놀란 듯했다.

"사장님, 맛있게 해주세요. 이분들이 말이죠. 닭갈비 먹어보겠다고 서울에서부터 왔어요."

한영은 닭갈비집 사장님과 꽤 친해 보였다. 닭갈비를 안주로 모두들 긴장을 내려놓고 한참 동안 술을 마셨다.

"팀장님, 술을 정말 잘 드시네요?"

지원이 약간 취기가 오른 얼굴로 이한영 팀장에게 말했다.

"직장이 서울이다 보니 서울에서 술을 자주 마시는데, 오늘 고향에서 술을 마시니까 너무 마음이 편해서 술이 술술 잘 들어가네요."

지원의 술잔을 채우며 이한영 팀장이 말했다.

"저도 춘천에 와서 술 마시니까 너무 좋네요. 팀장님 마시세요. 고향이니까 마음 편히 마시세요."

지원도 이한영 팀장에게 술을 따라 주며 말했다. 그렇게 주거니 받거니 술자리는 이어졌다.

"저기, 팀장님. 저희는 먼저 들어가 보겠습니다."

박현수 과장과 박창만 사원이 일어나며 이한영 팀장에게 말했다.

"아니, 왜? 좀 더 먹지…."

"저희는 내일 작업도 있고 해서…."

"한 팀장님, 내일 숙소 앞 해장국 집에서 8시에 봬요"

박현수 과장은 한지원 팀장과 성주에게 아침 약속을 하고는 박창만 사원과 먼저 숙소로 들어갔다.

"팀장님, 저희 2차 가요."

취기가 많이 오른 한지원 팀장이 계산을 하려고 좀 휘청거리며 일어났다.

"한 팀장님 반칙입니다. 사장님 그 카드로 계산하면 저 다시 안 옵니다."

결국 이한영 팀장이 계산을 하고 근처 술집으로 이동했다.

"어, 나와 있네."

이한영 팀장이 술집 사장을 보며 말했다.

"여기도 아는 가게에요?"

성주가 물었다.

"어, 내 친구가 하는 술집이야."

일행은 또 한참 술을 마셨다. 잠시 후에 이한영 팀장이 술에 취해 앉은 채로 졸았다.

"신기하다, 성주야. 그 닭갈비 집을 갈 줄이야, 그치?"

"그러게, 선배."

"정말 하나도 안 변했더라, 사장님도. 그런데…, 성주야?"

"어, 왜?"

"아니다…."

지원이 말을 하려다 말고 술을 마셨다. 많이 취해 보였다. 잠시 망설이던 지원은 성주를 보고 말을 했다.

"너희 회사에도 내 소문났지?"

지원의 갑작스러운 질문에 성주는 당황했다.

"놀라는 거 보니까, 소문났네."

지원은 한숨을 쉬며 또 한잔을 훌쩍 마셨다. 성주는 말없이 지원의 잔에 술을 채워주었다.

"그런데, 선배 그거…, 정말이야?"

성주의 목소리가 침묵의 긴장을 깼다.

"실수였어…, 실수…."

고개를 푹 숙이며 괴로워하던 지원이 망설이다 입을 열었다.

"어디서부터 잘못된 걸까…, 사실은."

"곤란하면 굳이 말하지 않아도 돼."

성주는 비어 있는 지원의 잔을 채웠다. 지원은 복잡한 눈빛이 되어 성주를 말없이 응시했다. 침묵 안에서 각자의 술잔만 오르내렸다.

"선배, 먼저 들어가요. 난 팀장님 댁까지 모셔다 드리고 들어갈 게."
성주는 이한영 팀장과 같이 택시에 오르며 말했다.
"혼자 괜찮겠어?"
"응, 괜찮아."
성주는 이한영 팀장을 집에 내려주고 돌아오는 길에 숙소 앞 편의점에서 캔맥주를 사서 야외 테이블에 앉았다. 춘천의 3월 밤공기는 쌀쌀하다 못해 얼어붙을 것 같았다.
'선배는 자고 있으려나?'
성주는 휴대폰을 한잠 만지작거렸지만, 끝내 연락을 못하고 혼자 술을 마시다 숙소로 돌아갔다.
다음날 아침, 간단하게 샤워를 하고 약속 장소로 갔다. 일행들이 모두 와 있었다.
"일찍 오셨네요?"
"성주씨, 속은 괜찮아?" 어제 이한영 팀장님 집에 모셔다 드렸다며?"
박현수 과장이 성주를 보며 말했다.
"네, 많이 취하셔서 모셔다 드리고 바로 들어왔습니다."
지원은 어제 성주와 나눈 말이 신경이 쓰이는지 조용히 밥만 먹고 있었다.
"저희는 아침 먹고 '청림식품'에서 잠시 대기하며 상황을 보고 올라가겠습니다. 한지원 팀장님께선 먼저 올라가세요"
"제가 없어도 괜찮겠어요?"

지원은 성주를 슬쩍 보며 말했다.

"네, 어제 작업은 모두 마무리돼서 유선 케이블 철거만 지켜보고 오후에 올라갈 겁니다."

"네…."

"식사마저 하세요, 한 팀장님."

지원을 식당 앞에서 덤덤하게 보내고 성주는 박현수 과장과 박창만 사원을 따라 청림식품으로 향했다. 박현수 과장과 박창만 사원은 오늘 해야 할 일들에 관해 얘기했다.

잠시 후 성주의 휴대폰에 문자가 도착했다.

'나, 그냥 올라가?'

성주는 지원에게 온 문자를 한참 바라보았다. 고민하던 성주가 문자를 조심스럽게 입력하기 시작했다.

'기다려줄 수 있…' 거기까지 입력을 했을 때였다.

"과장님, 인터넷 검색해보니까 막국수 정말 맛있는 집 있다는데, 올라가다 거기서 중식 어떠세요? 성주씨는 어때?"

박창만 사원이 간절한 눈빛으로 성주를 바라보며 말했다.

"아…, 좋지."

성주는 입력하던 문자를 지우고 다시 쓰기 시작했다.

'피곤할 텐데 먼저 올라가서 쉬어, 선배.'

문자를 보내고 성주는 달리는 창 밖을 멍하니 바라보았다. 오전 청림식품 구축을 무사히 마무리하고 박창만 사원이 알아본 막국수 집에서 점심을 먹고 서울로 올라왔다. 지원에게서 더 이상 답 문자가 없었다.

지원의 출근

상암동 근처 아파트 지원의 집
월요일 오전 7시

 검정 커튼으로 차양을 한 어두운 방 안에서 자명종 소리가 시끄럽게 울리고 있다. 지원은 회사 근처 아파트에서 혼자 살고 있었다. 빵으로 간단하게 아침을 때우고 운동복으로 갈아입고 집을 나섰다.
 "지원아~."
 지원의 아파트에는 결혼한 대학 친구 수진이 살고 있었다.
 "모야? 진짜 운동하려고?"
 트레이닝 복을 갖춰 입고 나온 수진을 보고 지원이 말했다.

"그러엄~. 내 이 군살들을 없애려면 어쩔 수 없어. 나도 결혼 전에는 너처럼 날씬했는데…."

수진이 우울한 표정으로 말했다. 지원과 수진은 집 근처에 있는 '상암동 하늘공원'으로 향했다.

"참, 너 성주랑 출장 다녀왔지? 말 좀 해봐, 기집애야."

수진은 신나서 묻는데 안색이 어두워진 지원은 멈추어 섰다.

"왜, 무슨 일 있었어?"

"성주가 알고 있어. 나 미국에서 있었던 일."

"뭐? 그럼, 사실대로 말하지 그랬어?"

놀란 수진이 안타까운 듯 지원에게 말했다.

"아니. 말 못했어."

지원과 수진은 하늘공원을 걸으며 이야기했다.

"아니, 왜? 사실로 따지자면 네가 유부남 만난 것도 아니고, 그 사람이 일방적으로 너 좋다고 따라다닌 건데…."

수진은 답답한 마음에 지원을 안타깝게 바라보았다.

"그냥…, 성주가 날 어떻게 생각하는지도 모르는데, 내가 먼저 해명하는 것도 그렇고."

지원은 멀리서 돌아가는 전기풍차를 보며 풀 죽은 목소리로 말했다.

"참, 너희는 학교 다닐 때도 그렇게 답답하더니, 시간이 지나도 바뀌는 게 없냐?"

"수진아, 뛰자~."

"같이 가. 기집애야~."

상쾌한 공기가 폐 가득히 채워지는 것 같았다. 흐렸던 지원의 기분도 조금은 맑아지는 것 같았다. 지원은 8시가 되어서야 집에 들어왔다.

　간단하게 샤워를 하고 출근 준비를 하는데 휴대폰이 울렸다.

　"네, 지사장님. 무슨 일이세요?"

　"팀장님, 혹시 아이티앤티 SI사업부서에서 진행하는 '기성실업' 사업에 무선랜 제품들이 포함되어 있나요?"

　"네, 그런데요. 설계시 제가 지원을 해서 기억합니다."

　"아, 그래요……?"

　"무슨 일인데요?"

　"그게 좀…, 사업에 문제가 있는 거 같아요. 출근하시면 이야기하죠."

　통화를 끝낸 지원은 서둘러 출근했다.

실수? 비리?

　똑! 똑!

　"지사장님?"

　김대연 지사장은 책상에 앉아 꼼꼼하게 서류를 살피고 있었다.

　"무슨 일인데요?"

　"그게 아무래도 아이티앤티 최준호 차장이 당한 것 같아요."

　"네? 설마 중간에 있는 파트너사 문제가 있는 거예요?"

　지원이 놀란 표정으로 김대연 지사장을 바라보며 말했다.

　"네, 그 업체 대표가 기성실업 건으로 보안장비, 네트워크 그리고 무선랜 장비를 과도하게 발주하고 장비를 다른 곳에 팔고 잠적했다고 합니다."

"잠적이요?"

지원이 놀라며 말했다.

"최준호 차장이 업체 대표와 상당히 친해 보였는데요. 그리고 설계할 때도 최준호 차장이 직접 물량을 요구하기도 했구요?"

지원은 이상하다는 듯 김대연 지사장에게 말했다.

"안 그래도 그 일로 아이티앤티 감사실장이 이쪽으로 오고 있습니다."

"감사실장이요?"

지원은 심각한 표정으로 김대연 지사장을 바라보았다.

"우선 자세한 상황은 감사실장이 도착하면 알게 될 것 같습니다. 일보고 계세요, 팀장님."

"네."

지원은 지사장실을 나와 자리로 돌아갔다.

잠시 후에 아이티앤티 감사실장이 사무실에 도착했다.

"불미스러운 일로 찾아뵙게 되어서 죄송합니다. 저희가 하는 일이 안 좋은 상황에서 인사를 드리는 일들이라 양해 부탁드립니다."

김대연 지사장은 감사실장을 회의실로 안내했다.

"저는 아이티앤티에서 감사 업무를 맡고 있는 옥상경 실장입니다."

명함을 건네며 옥상경 실장이 인사했다. 옥상경 실장은 평범한 키에 살집이 있는 체형으로 푸근한 아저씨 같은 인상이었다. 그러나 검은 뿔테로 된 안경 너머의 눈빛은 날카로웠다.

"전화로 내용은 들었습니다. 저희가 어떤 부분을 도와드리면 될까요?"

김대연 지사장이 물었다.

"한지원 팀장님, 자리에 계시나요?"

"네, 잠시만요."

김대연 지사장은 회의실 문을 열고 한지원 팀장을 불렀다. 한지원 팀장이 회의실로 들어왔다.

"최준호 차장의 실수로 보기에는 피해가 생각보다 심각합니다. 그리고 회사의 프로세스상 내부 직원이 아니면 진행할 수 없는 프로젝트가 너무 쉽게 승인된 부분도 의심스럽습니다."

"고의적이라고 생각하시는군요?"

"아직까지는 의심입니다."

옥상경 실장은 잠시 주춤하다가 한지원 팀장을 보며 말했다.

"혹시, 기성실업 건으로 지원하시면서 좀 이상한 부분이 없었나요?"

지원은 곰곰이 생각하고 입을 열었다.

"좀 이상하다고 느낀 건 제가 설계를 하면서 보니까 물량을 과도하게 설계한다는 느낌이 있었어요. 그런데 더 이상한 건 고객사 전산 담당은 물량에 관심이 없어 보였어요. 최준호 차장이 말하면 알았다고만 했어요."

지원의 말을 들은 옥상경 실장은 잠시 고민에 빠졌다.

"저흰 기술적인 부분만 컨설팅을 하지, 물량은 최준호 차장이 결정하는 부분이라서…."

"그 외에 다른 이상한 부분은 없었나요?"

지원은 한참을 생각하다 조심스럽게 옥상경 팀장을 보며 말했다.

"그런데 좀 이상한 부분이…."

"네, 사소한 거라도 말해 주실 수 있으면 부탁드립니다."

"회의 중간에 제가 화장실을 다녀오는데 최준호 차장이 복도에서 누군가와 통화를 하고 있었어요. 물량 협의를 하는 것 같았어요."

"누군가와 통화를요?"

"네, 작게 말해서 잘 들리지 않았지만…, 분명히 물량을 협의하고 '네 알겠습니다.' 라고 대답했어요."

지원의 말을 끝나자 옥상경 실장은 다시 물었다.

"네, 알겠습니다, 라고 말했다는 거죠?"

"네 분명히 들었습니다. 당시 무심히 생각했는데 이런 일이 벌어지고 나니까 좀 이상하다고 생각이 드네요."

"마지막으로 하나만 질문하겠습니다. 고객사 담당하고 관계는 어때 보였습니까?"

옥상경 실장이 지원에게 질문했다.

"매우 친해 보였어요."

"네, 감사합니다. 많은 도움이 되었습니다. 전 이만 사무실로 들어가 보겠습니다."

"도움이 좀 되었으면 좋겠는데요?"

김대연 지사장이 옥상경 실장에게 걱정스러운 말투로 말했다.

"많은 도움이 되었습니다."

"참, 실장님. 이번 건과 관련해서 그분도 내용을 알고 계시나요?"

지원이 조심스럽게 물었다.

"네, 그분 지시로 감사를 진행하는 중입니다. 더 생각나시는 게 있으시면 연락 부탁드립니다."

옥상경 실장은 인사를 하고 사무실로 돌아갔다.

"골치 아프겠는데요?"

"그러게. 참, 한 팀장 오후에 전쟁기념관에 컨설팅 나가죠?"
"네, 황승언 과장이 지원 요청해서 점심 먹고 출발하려고 합니다."
"알아서 잘하겠지만, 아이티앤티 직원들에게는 애기하지 마세요"
"네, 지사장님."

지원은 지난주 출장으로 밀린 내부 일들을 처리하고 조금 일찍 출발했다.

지원의 휴대폰이 울렸다.

"팀장님, 2시 전쟁기념관 컨설팅 알고 계시죠?"

황승언 과장이었다.

"네, 방금 출발했습니다."

"벌써요?"

"네, 제가 전쟁기념관을 안 가봐서 미리 가서 구경 좀 하려고요. 천천히 오세요"

"네, 저희는 2시까지 가겠습니다."

"누가 더 오나요?"

지원의 목소리가 살짝 기대감에 들떴다.

"네, 저희 막내 데리고 가려구요."

"네, 알겠습니다."

전화를 끊다가 지난주 성주가 보낸 문자를 보았다.

'피곤할 텐데 먼저 올라가서 쉬어, 선배.'

지원은 한참 동안 성주가 보낸 문자를 보다 전쟁기념관으로 향했다. 상암에서 용산까지 거리는 얼마 되지 않지만 언제나 도심은 차들로 넘쳐나 가는 길이 막혔다. 전쟁기념관에 사람들이 보이지 않고 적막했다.

주차를 한 지원은 직원으로 보이는 사람에게 다가갔다.

"사람들이 왜 이렇게 없어요?"

"월요일은 휴관인데, 무슨 일로 오셨어요?"

"두 시에 전산실에서 미팅이 있어 왔는데요. 좀 일찍 와서 둘러보려고 했는데 아쉽네요."

"저쪽으로 가면 일부는 둘러보실 수는 있어요."

"네, 감사합니다."

지원은 직원이 알려준 방향으로 걸어가니 다양한 전시물들이 있었다. 입구에 도착하니 '대한민국을 지켜주신 영령들을 경건한 마음으로 추모합시다'는 글귀가 적혀 있고 엄청 큰 기둥들이 둘러서 있었다. 다가가 보니 한국 전쟁에 참전했다가 세상을 떠난 전세계 군인들의 이름이 깨알같이 적혀 있었다. 지원은 저도 모르게 숙연한 마음이 들었다.

전쟁기념관을 둘러보고 근처 식당에서 밥을 먹고 약속 장소로 향했다. 사무동으로 가니 황과장과 성주가 도착해 있었다.

"팀장님, 오전에 오셔서 뭐하고 계셨어요?"

"전쟁기념관 좀 둘러봤어요. 볼 게 많더라구요. 성주 왔어?"

지원은 성주를 보며 환하게 웃었다. 성주는 미소로 인사를 대신했다.

"올라가시죠."

출입등록을 하고 회의실로 올라갔다. 사무실 앞에 전산담당자로 보이는 직원이 기다리고 있었다. 일행은 회의실로 들어갔다.

"안녕하세요? 전쟁기념관 전산 업무를 담당하고 있는 김정호입니다."

김정호 과장은 키가 엄청 컸다. 마른 체격에 인상이 좋아 보였다.

"오늘 미팅을 요청한 이유는 기념관을 찾는 내방객을 위해 무선랜을 구축을 하려고 합니다. 기존에 일부 구축이 되어 있지만 너무 노후되어 사실상 사용하지 않고 있다고 보면 됩니다."

"내방객이 상당하겠는데요?"

지원이 질문했다.

"네, 단체 관광을 오는 경우도 많아 관람객이 상당한 편입니다."

"야외까지 무선랜 서비스를 생각 하시나요?"

이번에는 황과장이 질문했다.

"아직 외부까지는 그렇고, 내부 관람객을 위한 서비스만 생각하고 있습니다."

김정호 과장이 차분하게 답했다.

"그럼, 한번 둘러 봐야겠는데요. 한팀장님은 벌써 둘러보셨으니 여기 계실래요?"

황과장이 말했다.

"아니요. 저도 외부만 둘러봐서 내부는 아직 못 봤어요."

"제가 안내해드릴 테니까, 같이 가시죠."

일행은 김정호 과장의 안내로 전쟁기념관 실내를 한시간 가량 둘러봤다.

채널 간섭을 해결할 수 있는 Channel Blanket

"생각보다 엄청 크네요."

황과장이 회의실 의자에 앉으며 말했다.

"과장님, 미리 부탁드렸던 도면 좀 부탁드립니다."

김정호 과장은 준비한 도면을 황과장에게 USB로 주었다.

"저희 환경이 특별히 문제가 될 건 없겠죠?"

김정호 과장이 질문했다.

"별 문젠 없어 보이네요."

황과장이 김정호 과장을 보며 말했다.

"김 과장님, 혹시 예전에 무선랜 구축하고 서비스 운영에 문제가 있으셨나요?"

지원이 조심스럽게 김정호 과장에게 물었다.

"네, 무선랜 구축하고 서비스가 제대로 안됐어요. 관람객이 적으면 문제가 없는데 사람이 많아지면 무선랜이 안 되는 경우가 많았어요. 품질도 그리 좋지 않았습니다. 그때 무선랜으로 발생하는 민원이 정말 많았습니다."

김정호 과장이 하소연하듯 말했다.

"한정된 공간에 많은 관람객이 〈무선랜〉 서비스를 이용하니까 서비스가 제대로 안 되었던 거 같습니다. 당시 예산이 충분해 〈무선 AP〉를 추가하려고 해도, 간섭 때문에 한정된 공간에 〈무선 AP〉 설치할 수도 없었습니다."

김정호 과장의 말이 끝나자 황과장도 지원에게 애로사항을 말했다.

"원래 관람객이 많은 행사장인 경우, 그런 문제가 많이 발생합니다."

지원이 노트북을 열어 김정호 과장에게 보여주며 설명을 했다.

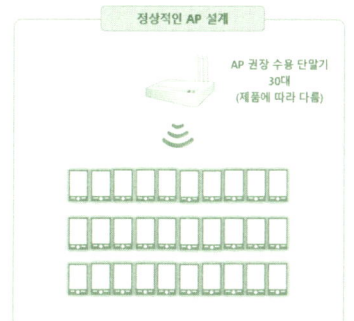 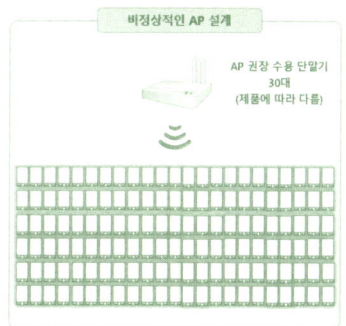

[그림 11-1 AP 설계]

"〈무선 AP〉 하나에 수용할 수 있는 사용자는 정해져 있습니다. 그런데 사용자가 많아지면 일부는 서비스가 안 될 수밖에 없죠."

[그림 11-2 AP 설계 한계]

"그렇다고 〈무선 AP〉를 한정된 공간에 많이 설치하면 〈무선 AP〉 간에 채널 간섭이 심해져서 오히려 정상적인 서비스조차 안될 수 있습니다."

"그럼, 방법이 없나요?"

김정호 과장이 지원을 바라보며 물었다.

"아니요. 간단한 방법이 있습니다. 〈채널 블랭킷 channel blanket〉 방식의 설계로 해결 가능합니다. 노트북 화면을 보시겠어요, 과장님."

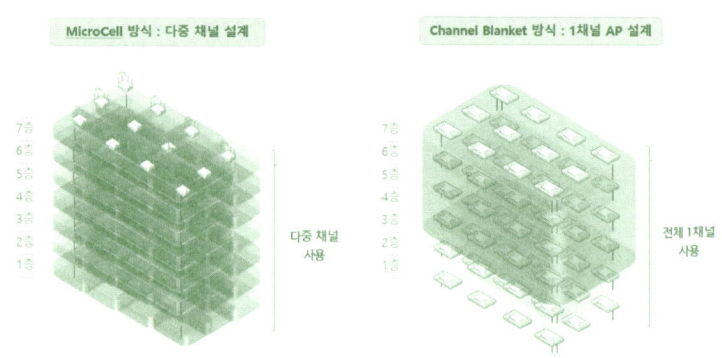

[그림 11-3 MicroCell 방식과 Blanket 방식]

"기존 〈무선 AP〉는 〈MicroCell〉 방식으로 채널을 관리합니다. 그래서 다중 채널을 사용할 수밖에 없고 채널 간섭을 줄이기 위해 노력해야 했습니다. 하지만 〈채널 블랭킷〉은 최대 128개의 AP를 하나의 채널로 통합하여 운영할 수 있게 해주는 기술입니다. 〈무선 AP〉 전파를 〈무선 컨트롤러〉가 완벽하게 통제하는 방식으로 〈채널 간섭〉으로부터 자유로워질 수 있습니다."

지원이 김정호 과장을 바라보며 설명했다.

"그렇다면 한정된 공간에 AP를 많이 설치해도 채널 간섭이 없다는 거네요?"

"네, 과장님. 향후에 〈무선 AP〉를 추가하더라도 채널을 재설계 할 필요 없이 〈AP〉만 추가하실 수 있습니다. 전쟁기념관 같이 한정된 공간에서 많은 관람객을 대상으로 한 무선랜 서비스는 기존 〈MicroCell 방식〉보다는 〈Channel Blanket〉 방식이 적합합니다. 그리고 중요한 내용이 하나 더 있습니다."

지원은 다른 자료를 보여주며 설명을 이어갔다.

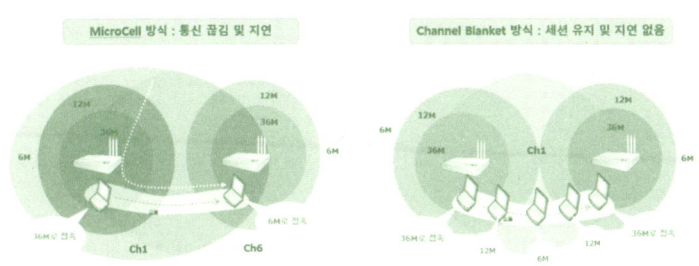

[그림 11-4 MicroCell 방식과 Channel Blanket 방식 로밍 비교]

"전쟁기념관 관람객들은 〈무선 AP〉에 접속한 채로 전시실을 걸어 다닙니다. 〈MicroCell〉 방식에서는 전파가 완전히 단절될 때까지 최초의 〈무선 AP〉와 접속을 유지합니다. 화면에 보이는 것처럼 최초 접속 〈무선 AP〉와 거리가 멀어질수록 통신 속도가 지연되는 현상이 발생합니다. 그리고 최초 〈무선 AP〉와 통신이 끊어지고 인접한 〈무선 AP〉로 연결됩니다. 이것을 〈로밍 roaming〉이라고 합니다. 하지만 순간 통신이 잠시 끊어지는 현상이 발생합니다. 하지만 〈Channel Blanket〉 방식은 하나의 채널에서 근접한 모든 〈무선 AP〉와 통신을 하고 있기 때문에 빠르게 인접한 〈무선 AP〉로 전환이 가능하고 로밍 시 잠시라도 통신이 끊어지는 현상이 없습니다."

김정호 과장과 승언, 성주는 지원의 설명을 진지하게 듣고 있었다.
"두 방식을 비교한 자료가 있는데 같이 보실까요?"

구분		MicroCell	Channel Blanket
RF 설계	RF 설계	• AP별로 Coverage에 맞게 채널 설계 필요	• 불필요
	AP Overlap	• 채널 간섭 발생 • 통신 감도 저하 • 통신 속도 저하	• 채널 간섭 없음 • 통신 속도 보장 • 통신 난청지역 제거
	확장성	• AP 추가시마다 채널 재설계	• 단순 AP 추가 (채널 재설계 필요 없음)
Roaming	로밍 발생여부	• 채널 이동시 로밍 발생	• 1채널 사용에 따른 로밍 발생 안함
	음성 통신	• 음이 끊김, 통화 끊김 현상 발생	• 끊김 현상 없음
	어플리케이션 통신	• 세션 종료 • 재접속 필요 • 재인증 필요	• 세션 유지

[표 11-1 MicroCell 방식과 Channel Blanket 방식 비교]

"두 방식은 〈AP 설계〉 관점에서 '편리성'과 '채널 간섭' 측면에서 중요한 차이점을 나타내고 있습니다. 그리고 〈로밍〉에서는 확연한 차이를 나타냅니다."

"네, 자료를 저에게 자료를 주실 수 있죠?"

김정호 과장은 지원에게 USB를 건네며 말했다.

"네, 당연하죠."

지원은 자료를 USB에 복사한 후 김정호 과장에게 전달했다.

"네, 그럼 보내주신 방식으로 내부 보고서를 작성해보겠습니다. 그리고 황과장님 현장 실사를 기반으로 견적서를 부탁드립니다."

김정호 과장이 말했다.

"네, 내일까지 보내 드리겠습니다."

지원과 일행은 김정호 과장과 인사를 하고 헤어졌다.

"한 팀장님, 저쪽에 편의점이 있던데 음료수 한 잔 하고 가시죠?"

일행은 전쟁기념관 내부에 있는 편의점으로 갔다. 황과장이 음료수를 사 왔다.

"어떤 걸 좋아하시는지 몰라서 여러 가지 사 왔습니다. 먼저 고르세요 팀장님."

지원이 먼저 고르자 승언과 성주도 하나씩을 골랐다.

"그런데, 팀장님. 아까 설명하신 〈Channel Blanket〉 방식이요, 오늘 처음 들어서 그러는데 최근에 개발된 기술인가 봐요?"

"네? 아니요. 꽤 오래전부터 사용하고 있는 기술인데요."

지원이 놀라며 황과장을 바라봤다.

"컨벤션 같은 곳에서만 사용해서 몰랐나?"

머쓱해진 황승언 과장이 혼잣말로 중얼거렸다.

"아니에요, 과장님. 컨벤션 같이 사람이 많은 곳은 〈AP 설계〉나 〈로밍〉 때문에 〈Channel Blanket〉 방식을 오래전부터 사용할 수밖에 없었죠. 그런데 요즘은 빌딩이 밀집한 장소에서도 〈채널 간섭〉 때문에 〈Channel Blanket〉 방식을 많이 사용합니다."

"팀장님, 〈IEEE 802.11ac〉는 5 GHz 주파수를 사용하기 때문에 비중첩 채널이 23개라서 채널 간섭이 안 생기는 거 아닌가요?"

조용히 있던 성주가 지원을 보며 질문했다.

"과장님도 같은 생각인가요?"

"네!"

성주와 황과장은 지원을 바라봤다.

5 GHz 채널에서 채널 본딩으로 인한 채널간섭 현상

지원은 가방에서 노트북을 꺼내며 황과장과 성주를 보며 질문했다.

"〈채널 본딩〉 기술을 알고있죠?"

"네, 알고 있습니다."

성주가 대답했다.

"아! 〈채널 본딩〉 때문에…!"

황과장은 깨달은 듯 무릎을 쳤다.

"황과장님은 '본딩'이라는 단어에서 해답을 찾았나 보네요?"

아직 무슨 뜻인지 모르는 성주는 지원과 황승언 과장을 번갈아 쳐다 봤다.

"예전에 전파 교육을 하면서 보여드렸던 자료가 어디 있을 텐데…."

지원은 노트북에서 자료를 찾기 시작했다.

"여기 있네요. 같이 볼까요?"

IEEE 표준	802.11b	802.11a	802.11g	802.11n	802.11ac
표준연도	1999년	1999년	2003년	2009년	2013년
Radio Frequency	2.4GHz	5GHz	2.4GHz	2.4GHz or 5GHz	5GHz
채널 대역폭	20 MHz	20 MHz	20 MHz	20/40 MHz	20/40/80/160 MHz
지원 채널	11채널(한국 13채널)	23채널(국내 19채널)	13채널(한국 13채널)		23채널(국내 19채널)
비중첩 채널	3	23	3	3, 9	23
최대 속도 data rate	11 Mbps	54 Mbps	54 Mbps	600 Mbps	6.9 Gbps
실제속도 throughput	6-7 Mbps	32 Mbps	37 Mbps	100 Mbps	800 Mbps
MAC	CSMA/CA	CSMA/CA	CSMA/CA	CSMA/CA	CSMA/CA
MIMO	1	1	1	4	8
전송기술	DSSS	OFDM	OFDM/DSSS	OFDM	OFDM
실내 도달 거리 data range	35m	35m	38m	70m	
실외 도달 거리 data range	140m	120m	140m	250m	

[표 11-2 IEEE 802.11 무선 표준]

"문서에서 채널 대역폭 부분을 보면 〈IEEE 802.11n〉에는 〈20/40

MHz〉라고 되어 있고 〈IEEE 802.11ac〉에는 〈20/40/80/160 MHz〉라고 되어 있죠?"

"네, 팀장님."

성주가 노트북을 보면서 대답했다.

"기본적으로 채널 대역폭은 〈20 MHz〉를 사용합니다. 하지만 〈802.11n〉부터 채널 대역폭을 〈40 MHz〉로 확장해서 사용이 가능해진 거죠. 이것을 〈채널 본딩〉이라고 합니다."

성주는 지원의 설명을 들으며 노트북을 바라보고 있었다.

지원은 성주를 바라보며 설명을 했다.

"〈IEEE 802.11n〉에서 이 기술은 중요한 기술 중 하나입니다. 기존 〈20 MHz〉에서 인접한 〈20 MHz〉를 추가하여 〈40 MHz〉를 사용한다면 데이터 전송 용량을 두 배로 늘려주는 효과를 얻을 수 있습니다. 화면을 보면 바로 이해가 될 겁니다."

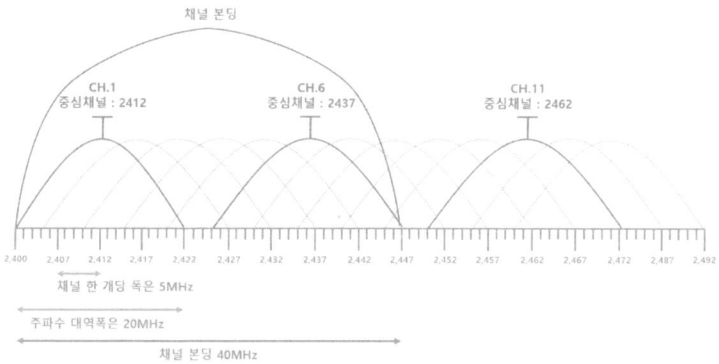

[그림 11-5 2.4 GHz 채널 본딩]

"〈채널 본딩〉은 중요한 기술입니다. 무선랜에서 채널은 도로 차선에 비유할 수 있습니다. 기존 2차선 도로를 4차선으로 넓혀 주었으니까 많은 자동차들이 다닐 수 있겠죠?"

"상당히 빨라지겠는데요!"

성주가 말했다.

"그런데 도로가 넓어졌다고 성주 혼자만 사용하면 속도는 매우 빨라질 거야. 하지만 다른 사람들도〈채널 본딩〉을 사용한다면 눈에는 안 보이지만 경계가 모호해지면서〈채널 간섭〉이 심해지겠지?"

"아, 그렇네요, 팀장님. 기존에도 채널 간섭이 심했는데〈채널 본딩〉을 사용하면 채널 간섭은 엄청나게 커지겠는데요?"

지원은 황과장의 존재를 순간 잊어버리고 다정한 눈길로 성주를 바라보며 말하고 있었다. 그것은 마치 사랑하는 연인을 바라보는 눈빛이었다.

"팀장님,〈IEEE 802.11ac〉는 비중첩 채널이 많다고 해도 채널 본딩을 사용한다면 어쩔 수 없이〈채널 간섭〉이 생기겠네요?"

지원은 성주의 옆모습을 지긋이 바라보고 있었다.

"저, 팀장님?"

겸연쩍어진 성주가 재차 부르자 지원은 꿈에서 깬 듯 정신을 차렸다.

"어? 어, 그치! 그래서〈5 GHz〉를 사용하는〈IEEE 802.11ac〉라 할지라도〈채널 간섭〉에서 자유로울 수는 없는 거야. 그래서 무선랜을 많이 사용하는 빌딩 밀집 지역에서도〈Channel Blanket〉설계가 늘어나고 있는 게 현실이지."

지원은 그제야 황과장의 시선을 느끼고 서둘러 설명을 마무리했다.

"제가 다음 약속이 있었는데 깜빡하고 있었네요. 과장님, 저 먼저 일어나겠습니다."

황과장은 무엇인가 알 것 같다는 표정을 지으며 지원을 쳐다봤다.

지원은 도망치듯 자리를 벗어나 주차장에 주차해 놓은 차에 서둘러 탔다.

'미쳤구나. 한지원!'

지원이 자리를 뜰 때 자신을 보던 황과장의 미소가 계속 신경 쓰였다.

'눈치챘을까?'

운전대에서 앉아 당혹감에 혼잣말을 중얼거리고 있는데 지원의 휴대폰이 울렸다.

"팀장님, 통화 가능하세요?"

김대연 지사장이었다.

"네, 지사장님. 말씀하세요."

"오전에 일 때문에 전화 드렸는데요. 상황이 좀 심각해지는 것 같아요."

"네! 왜요?"

"단순 실수가 아닌 것 같습니다."

"그럼, 일부러 프로젝트를 조작했다는 거네요?"

지원은 김대연 지사장과 한참을 통화했다.

"네, 알겠습니다."

김대연 지사장과 통화를 끝내고 곧바로 어디론가 전화를 했다.

"저, 한지원입니다. 혹시, 지금 시간 가능하세요? 드릴 말씀이 있어서요."

12일
비밀

소문

출근하는 사람들 속 지하철 안
세 번째 화요일 오전 8시 반

'속이 울렁거린다.'
어제 밤 과음으로 성주는 괴로웠다. 퇴근 무렵 최보미 과장이 심심하다며 인프라사업팀과 사업기획팀 회식을 갑작스럽게 만들었다.
"이번 역은 여의도, 여의도 역입니다. 내리실 문은 오른쪽입니다."
지하철 안내방송이 흘러나왔다. 내리려는 사람들이 입구 쪽으로 몰렸다. 빈자리가 생기자 너무 피곤한 나머지 성주는 털썩 앉았다. 성주는 방송을 제대로 듣지 못하고 여의도 역을 지나쳐버렸다. 그리고 자리에 앉아 졸기 시작했다.

성주의 휴대폰 벨소리가 울렸다.

"네, 조성주입니다."

"이번 역에서 우리 내려요."

성주는 정신이 번쩍 들었다. 주위를 둘러보는데 앞 자리에 최보미 과장이 술이 덜 깬 상태로 앉아있었다. 성주와 최과장은 다음 역에서 다시 여의도 역으로 향하는 반대편 지하철에 올라탔다.

"과장님, 속은 괜찮으세요?"

"죽을 것 같아. 이놈의 술을 꼭 끊어야지."

성주와 최과장은 9시 5분전에 사무실에 도착했다. 회사 앞에서 최과장이 김밥을 사가자고 했지만 성주의 만류로 다행이 지각은 면했다.

"과장님 웬일이세요? 술 마신 다음날인데도 지각을 안하고?"

박보영 대리가 별일이라는 표정으로 물었다. 최과장은 대답할 힘도 없어 보였다.

인프라사업팀은 황과장만 빼고 모두 자리에 있었다.

"성주씨, 속은 괜찮아?"

이한영 팀장이 지나가며 성주에게 묻고는 결재 서류를 가지고 본부장실로 들어갔다. 심상민 대리는 술을 마신 다음 날인데도 흐트러짐이 없었다.

성주의 휴대폰 전화벨이 울렸다. 황과장이었다.

"네, 선배님. 팀장님 본부장실에 들어가셨습니다. 그냥 올라오시면 됩니다."

"어 땡큐~~."

성주에게 정황을 들은 황과장이 '휴~' 한숨을 내쉬고는 전화를 끊었다. 심상민 대리가 성주를 바라보며 엄지손가락을 들어올렸다. 잠시 후 황승언 과장이 이미 출근을 했던 것처럼 와이셔츠만 입고 들어와 아무렇지도 않게 심대리에게 말을 걸었다.

"심대리, 아까 이야기했던 내용 좀 더 생각해보자고?"

"네."

심대리는 터지려는 웃음을 누르며 대답했다.

"성주, 화장실 첫번째 칸에 가면 내 가방하고 양복 상의 있을 거야. 좀 가지고 와줘."

황과장은 자리에 앉으며 성주에게 남이 들리지 않게 목소리를 낮춰 말했다. 화장실에 가려고 성주가 일어나는 순간 김영환 차장이 황과장의 옷과 가방을 가지고 사무실에 들어왔다.

"황과장~, 화장실에 가방하고 옷을 왜 두고 갔어?"

본부 전체가 다 들리도록 김영환 차창이 크게 말했다.

"아직도 지각하면서 이런 고전에서나 나올 방법을 사용한단 말이지? 좀 참신한 방법을 생각해봐. 넌 어떻게 발전이 없냐?"

옷과 가방을 받아 든 황승언 과장은 민망해져서 냉큼 앉았다.

사무실의 하루가 그렇게 시작됐다. 직장 생활은 매일 반복되는 일상이었다. 잠시 후, 본부장실을 나오는 이한영 팀장의 표정이 어두웠다.

"팀장님 또, 무슨 일 생겼어요?"

황과장이 말했다.

"별 일 아니야 황과장…, 일해."

본부장실에서 나온 이한영 팀장과 김신석 팀장, 임선이 팀장, 모두 표정이 좋지 않았다.

"성주씨, 담배 태우러 가자."

"네, 선배님."

성주와 황과장은 건물 옥상으로 올라갔다. 건물 옥상에는 담배를 피우기 위해 올라온 사람들이 많았다. 그 중에는 SI사업본부 직원들도 보였다. SI사업본부는 고객사 영업을 하는 영업팀과 제안서를 작성하는 지원부서로 나누어져 있다. 사무실이 11층에 있어 자주 마주치지 못했다.

"아니, 일하다 보면 그럴 수도 있지. 최준호 차장님이 알고 그랬겠냐고."

"그러게, 업체가 작정하고 속인 것 같은데."

"야, 저기 Biz사업본부 애들 온다. 조용히 해. 들려."

"황과장, 오랜만이네?"

황과장은 SI사업본부 직원들과 인사를 나누었다. 성주는 옆에 서 있었다.

"이 친구는 못 보던 얼굴인데?"

황과장의 동기로 보이는 직원이 성주를 보며 말했다.

"우리 부서 신입사원. 성주씨, 인사해. SI사업본부 직원들이야. 여기는 나하고 동기, 김민우 과장."

성주는 SI사업본부 직원들과 인사를 나누었다.

"성주씨는 좋겠어요? 편한 본부에서 일해서."

"왜, 무슨 일 있어? 오면서 들으니까 무슨 일 있는 거 같던데?"

황과장이 동기에게 물었다.

"우리야 일하다 보면 사고가 날 수밖에 없지. Biz사업본부처럼 통신사가 든든히 받쳐주는 사업도 아니고…."

김민우 과장이 담배연기를 훌훌 날리며 답답한 듯 말했다.

"그런데, 과장님. 사실 돈은 우리 본부가 제일 많이 벌어들이는데 가끔 나는 사고로 너무 한 거 아닌가요? 막말로 Biz사업본부는 그냥 앉아서 일하고, 우리는 현장에서 열나게 뺑뺑이 도는데 말입니다."

김민우 과장 후배로 보이는 직원이 울컥해져 말했다.

"최대리, 말이 너무 심하잖아!"

"괜찮아, 김과장."

황과장은 김민우 과장을 말렸다.

"미안해, 황과장. 우리 본부에 일이 좀 생겨서 직원들이 예민해져서 그래. 이해해줘."

"어, 그래. 담배 태우고 내려와. 먼저 갈게."

성주와 황과장은 사무실로 내려왔다.

"뭔가, 일이 생긴 게 분명해."

"과장님, 무슨 일이에요?"

혼잣말을 하고 있는 황과장을 보며 심대리가 말했다.

"어, 그게 SI사업본부 직원들하고 잠깐 이야기했는데, 그쪽에 무슨 일 터진 것 같아."

"무슨 일?"

최보미 과장이 어느새 황과장 옆에 와 있었다.

"깜짝이야! 애, 떨어지겠네. 넌 좀 소리 좀 내고 다녀."

놀란 황과장이 최과장에게 소리를 질렀다.

"음, 그랬구나. 항상 너 배에 뭐가 들었나 했는데 애가 들어선 거구나."

최과장이 황과장을 놀렸다.

"암튼, 그건 그거고. 무슨 일이야?"

최과장이 황과장에게 재차 물었다.

"나도 잘 몰라. 그냥 사고가 났다고만 들었어."

최과장은 잠시 생각에 잠겼다. 최과장은 궁금한 건 못 참는 성격이었다.

"이 상황을 파악하고 있는 사람은 우리 본부에서 5명이야."

최과장이 의미심장한 표정으로 말했다.

"다섯 명?"

황과장이 최과장을 보며 물었다.

"첫번째 인물, 마녀로 불리우고 있는 우리 본부장은 입이 무겁기로 소문났어 절대 말 해주지 않을 거야. 두번째 인물, 임선아 팀장. 독사 같은 임선아 팀장은 남들이 모르는 걸 자기만 알고 있는 걸 즐기는 타입이야. 역시, 절대 말해줄 리 없지."

"분석이 예리한데."

황과장이 최과장의 말에 맞장구를 쳤다.

"세번째 인물, 김신석 팀장. 생긴 건 쥐새끼 같아서 날아갈 듯이 입이 가벼워 보이는데 생각 외로 입이 무거워."

"네번째 인물은?"

임선아 팀장이 최과장 뒤에서 조용히 물었다. 그 옆에는 이한영 팀장과 김신석 팀장도 있었다. 최과장만 이 상황을 몰랐다. 황과장과 일행은 뒤로 물러나 있었다.

"네번째 인물은 곰돌이 이한영 팀장이지 우리에게 말을 해줄 가능성이 가장 크지. 하지만 마녀가 분명히 우리에게 말하지 말라고 지시했겠지. 그럼, 미련 곰탱이는 절대 말을 안 해, 절대로."

"아, 그래요? 마녀하고 독사하고 쥐새끼하고 곰돌이가 말 안 해주면 어쩔 건데, 최과장?"

"그게…, 그러면 우리에게는 다섯번째 인물이…."

대답을 하려다 무심코 뒤를 돌아본 최과장은 독사와 쥐새끼와 곰돌이를 보고 말았다.

"최과장, 실망이야. 날 미련한 곰돌이로 보고 있었구나!"

이한영 팀장이 토라진 표정으로 최과장에게 한마디 하고는 자리로 갔다.

"그래도, 곰돌이가 쥐새끼보다는 낫죠, 팀장님. 난 왜 이상하게 욕먹은 느낌이지."

김신석 팀장도 고개를 갸웃거리며 자리로 돌아갔다.

"미안해, 최과장. 독사도 말을 해주고는 싶은데, 혼자만 알고 있는 걸 즐기는 타입이라…."

임선이 팀장도 한 마디 하고는 자리로 돌아갔다. 최과장은 황과장과 심대리, 노지훈 대리와 성주를 째려봤다.

"너희, 뭐야?"

"미안해, 최과장. 우리도 어쩔 수 없었어."

"박보영 대리, 최과장한테 독사가 점심 먹으러 가자고 한다고 전해 줄래?"

임선이 팀장이 최보미 과장 들으라는 듯 큰소리로 말했다. 최보미 과장은 고개를 숙이고 자리로 돌아갔다.

"아, 궁금한데 어디 물어볼 때가 없네."

황과장이 심대리와 성주를 번갈아 보며 말했다. 점심을 먹고 황과장과 심대리, 성주는 본부 회의실에서 커피를 마시고 있었다.

"그런데, 과장님. 아까 최과장님이 다섯 명이라 했는데 네 명까지만 말하고 다섯 번째는 말하지 못했습니다."

"그러네! 심대리, 가서 최과장 좀 데리고 와봐."

심대리가 나갔다. 잠시 후 최과장과 함께 회의실로 돌아왔다.

"아~, 왜?"

"최과장, 다섯 번째 인물이 누구야?"

황과장이 궁금해 죽겠다는 얼굴로 최과장에게 물었다.

"아, 맞다. 그치, 다섯 번째 인물!"

회의실에 사람들은 모두 최과장을 바라봤다.

"있잖아, 재수없는 왕 싸가지."

"김영환 차장님?"

황과장이 놀라 물었다.

"응, 그 인간은 분명히 알고 있어. 회사에서 일어나는 일은 죄다 꿰고 있잖아."

"정말, 알고 있을까? 알고 있다고 해도 우리한테 말해줄까?"

최과장은 황과장을 보며 웃었다.

"황과장, 너 어제 외근 갔다 와서 김영환 차장한테 얼라이드 한팀장이 성주 좋아하는 것 같다고 말했지?"

"무, 무슨 소리야, 그게?"

당황한 황과장이 펄쩍 뛰며 성주 눈치를 살폈다. 성주도 지원과 자기 이름이 나와서 놀랐다.

"그 얘기 버얼써 하고 돌아다녀, 김영환 차장이."

"저도 들었습니다."

가만히 있던 심대리도 거들어 말했다.

"성주야, 그게 아니고…, 그냥 눈치가 그렇다는 건데. 아~ 선배는 어디 가서 말하지 말라니까…."

황과장은 미안해 어쩔 줄 몰라 하며 성주에게 변명했다.

"괜찮습니다. 지원 선배와 친하니까 오해할 수도 있죠."

성주가 너그럽게 웃으며 말했다.

"그게 중요한 게 아니고. 아마도 지금 김영환 차장이 우리를 찾고 있을 거야. 왜? 자기가 알고 있는 사실을 말하고 싶어 미칠 테니까. 조금만 기다리면 여기로 올 거니까, 우리는 가만히 앉아서 기다리자고."

말을 마친 최과장은 느긋하게 팔짱을 끼고 다리도 꼬아 앉았다. 최과장의 말대로 잠시 후 회의실 문이 열리면서 김영환 차장이 들어왔다.

"너네, 여기 있었구나. 한참 찾았네."

김영환 차장이 뭔가 다급한 용무가 있는 듯 들어와 회의실 안 사람들을 보자 반색을 했다.

"차장님 하고 싶은 이야기 많은 것 같은데, 들어볼 테니까 어서 해보세요."

최과장이 느긋하게 다리를 풀어 다른 쪽으로 꼬아 앉으며 김영환 차장에게 말했다.

"그래. 그런데, 뭐가 좀 이상한데. 아무튼 모여봐."

김영환 차장은 목소리를 낮추며 이야기를 시작했다. 직원들은 김영환 차장의 말을 자세히 듣기 위해 의자를 당겨 앉아 숨을 죽여 귀 기울였다.

"SI사업본부 최준호 차장이 기성실업 프로젝트를 진행한 게 있는데, 중간 업체가 엄청나게 장비를 발주하고, 그 장비를 다른 곳에다 팔고 잠적을 하는 사건이 일어났어."

"최준호 차장이 당했나 보네요?"

최과장이 묻자 김영환 차장은 이야기를 계속 했다.

"그런데, 문제가 그것뿐만이 아닌 것 같아. 기존 프로젝트에서도 문제가 계속 발견되고 있나 봐."

"어떤 문제요?"

황과장이 김영환 차장 쪽으로 바짝 붙어 앉으며 물었다.

"이 부분이 제일 중요한데…."

김영환 차장은 갑자기 이야기를 멈추더니 갑자기 최보미 과장을 노려보았다.

"너, 저번에 식당에서 말 정말 싸가지없이 하더라."

"그 얘기가 지금 왜 나와요? 정말!"

최과장이 김영환 차장을 마주보며 응수했다.

"가서, 커피 한잔 타와 봐."

"제가 가서 타오겠습니다. 차장님"

성주가 자리에서 일어나며 말했다.

"막내 앉아. 난 최과장이 타주는 커피가 마시고 싶어."

김영환 차장은 등을 의자에 기대며 팔을 올려 기지개를 피면서 최과장을 바라봤다. 회의실에 있는 직원들은 간절한 눈빛으로 모두 최과장을 쳐다봤다.

"정말 재수없어. 기다리세요."

최과장이 회의실을 나갔다. 최과장이 나가자마자 김영환 차장이 기다렸다는 듯이 등을 펴고 앉더니 다시 말하기 시작했다.

"빨리 모여봐. 그게 최준호 차장 혼자 한 일이 아닌 것 같아. 조직적으로 회사에서 이익을 빼돌린 것 같아."

"정말요?"

황과장이 믿을 수 없다는 표정이었다.

"감사실 옥상경 실장이 조사중인데 상당히 심각한 것 같아."

회의실 문이 열리면서 최과장이 커피를 가지고 들어와 김영환 차장 앞에 내려 놓았다.

"고마워, 최과장."

김영환 차장은 최과장에게 싱긋 윙크를 날리고는 커피를 들고 일어나 유유히 나가버렸다.

"뭐야! 저 인간 나만 빼고 이야기한 거야?"

다시 회의실 문이 열리더니 김영환 차장이 머리를 들이민 채로 말했다.

"인프라사업팀, 오늘 암호화 교육 있는 거 알지?"

"네 차장님."

"이따가 3시에 진행할 테니까 회의실에 간식거리 사다 놓고 기다리고 있어. 그리고 최과장, 잘 마실게."

김영환 차장은 능글능글한 표정으로 최과장에게 짐짓 다정한 척 감사를 전했다.

"정말 재수없어. 누가 들은 이야기 좀 해봐."

최과장이 의자에 앉으려고 하자 임선아 팀장이 회의실 문을 열고 들어왔다.

"최과장, 본부장님이 찾으신다. 넌 자리 좀 지켜라. 내가 널 찾으러 다녀야겠니?"

듣고 싶은 걸 못들은 최과장은 불만 가득한 얼굴로 본부장실로 들어갔다.

"한 시다. 가서 일들 하자."

황과장과 성주는 어제 컨설팅을 다녀온 전쟁기념관 〈무선 AP〉 물량 산출과 견적서 작업을 시작했다. 심상민 대리와 이한영 팀장은 새로 진행되는 프로젝트 회의로 외근을 나갔다.

"오~! 완벽해, 성주야. 김정호 과장님께 견적서 보내. 난 음료수 좀 사러 갔다 올게."

"네, 선배님."

오후 2시 40분이 되었다. 황과장은 음료수와 과자를 사가지고 돌아왔고, 심대리도 외근에서 돌아왔다.

"우리 먼저 회의실에 들어가 있자고."

인프라사업팀은 이한영 팀장까지 모두 회의실로 들어갔다. 3시 정각에 김영환 차장이 회의실로 들어왔다.

암호화란?

"다들 오셨죠?"

"당연하지! 나 포함 4명 이상, 무!"

이한영 팀장이 김영환 차장에게 농담처럼 말했다.

"제가, 엄~청 바쁜데 우리 팀장님이 하도 부탁을 해서 교육을 해드리는 겁니다. 모두 고맙게 생각하셔야 합니다. 그런데 인프라사업팀에서 갑자기 왜 암호화 교육을 요청하신 거예요?"

"무선랜 보안에서 인증과 암호화 부분이 중요해서요."

황과장이 말했다.

"무선랜 보안 때문이군요. 자, 이제 어디서도 들을 수 없는 명 강의를 아주 고급진 이 강사가 해 드리겠습니다."

김영환 차장은 노트북과 빔 프로젝터를 연결하고 교육 자료를 화면에 띄웠다.

"암호화는 IT에서 사용하지 않는 분야가 없을 겁니다. 그만큼 중요하죠."

김영환 차장이 칠판에 영어 철자를 적기 시작했다.

'FUBSWRJUDSKBDOJRULWKP'

"이것은 암호화된 단어입니다. 암호를 풀어보시겠습니까?"

성주와 인프라사업팀은 암호를 풀기 위해 분주했다. 이한영 팀장과 승언은 김영환 차장이 적어 놓은 영어 철자를 뚫어지게 쳐다보고 있고 심상민 대리와 성주는 노트에다 철자를 썼다 지우기를 반복하고 있었다. 5분 정도 지나자 심상민 대리가 질문했다.

"오늘 교육과 관련된 내용 맞죠, 차장님?"

"응."

"답은 〈크립토그래픽 알고리즘 CRYPTOGRAPHY ALGORITHM〉입니다."

상민의 말이 끝나자 성주, 한영, 승언 동시에 답을 확인하기 위해 김영환 차장의 입을 쳐다봤다.

"정답입니다."

김영환 차장의 '정답'이라는 말과 함께 탄성이 흘러나왔다.

"그런데, 심대리. 〈암호화 키〉는?"

김영환 차장이 심대리를 보며 물었다.

"오늘 수업이 암호화 수업이라 'Cryptography'이라는 단어와 'Algorithm'이라는 단어가 보였습니다. 만약 오늘 수업과 관련 없는 단어였다면 맞추지 못했을 겁니다."

"답은 맞췄는데 정상적인 방법이 아니네. 자, 제가 설명을 드리겠습니다. 화면을 같이 보시죠."

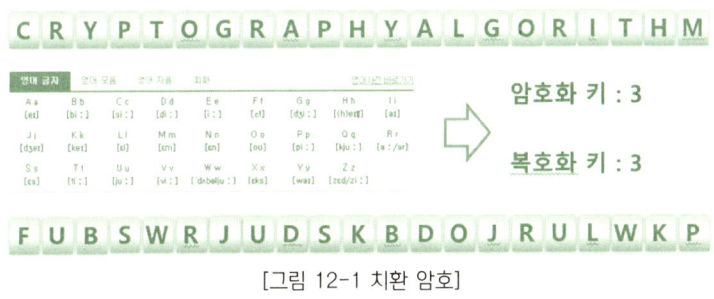

[그림 12-1 치환 암호]

"〈치환 암호화〉 기법을 통해 'CRYPTOGRAPHYALGORITHM' 단어를 'FUBSWRJUDSKBDOJRULWKP' 단어로 암호화하였습니다. 화면에 보이는 것처럼 '치환 암호'는 평문을 다른 문자로 교환하는 암호 기법입니다. 알파벳을 기준으로 〈암호화 키〉 〈3〉이라는 숫자만큼 뒤로 보내서 나온 단어로 교환하는 단순한 방법입니다."

인프라사업팀 직원들은 화면에 나온 평문을 암호화 키를 이용하여 암호문 결과값이 나오는지 계산을 해보았다.

"원리를 알고 보니, 단순한데!"

이한영 팀장이 말했다.

"그럼, 다른 방법도 알아볼까요? 화면 보시죠."

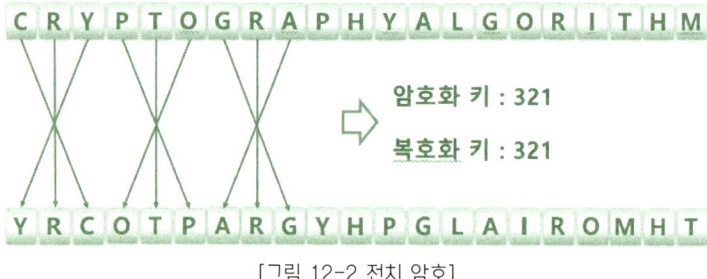

[그림 12-2 전치 암호]

"〈전치 암호〉입니다. 집합내에서 문자간의 자리를 바꾸는 암호화입니다. 지금 화면에서는 집합이 〈3〉입니다. 3단어씩 〈321〉이라는 〈암호화 키〉를 이용해 자리 바꾸기를 했습니다. 화면을 보고 평문과 암호문을 비교해보세요."

김영환 차장의 말에 따라 계산을 해보았다.

"이제 암호화가 어떤 건지 아시겠죠? 그럼, 암호화에 대해 본격적으로 설명을 드리겠습니다."

김영환 차장은 평상시 이기적인 성격 때문에 직원들 사이에서 인기가 없었지만, 오늘 교육하는 모습은 누구보다 진지하고 열정적이었다.

"암호화에서는 몇 가지 용어들을 이해해야 합니다. 첫 번째는 〈암호 cryptography〉입니다. 통신 내용을 제3자가 해독할 수 없도록 '부호화 한 정보'입니다. 두 번째는 〈평문 plain text〉입니다. 누구나 알 수 있게 쓴 '일반적인 글'입니다. 세 번째는 〈암호문 cipher text〉 입니다. 비밀을 유지하기 위해 당사자들만 알 수 있도록 꾸민 '약속 기호'입니다. 네 번째〈암호화 encryption〉입니다. 평문을 암호문으로 '암호화'하는 것을 말합니다. 다섯 번째 〈복호화 decryption〉 입니다. 암호문을 평문으로 '복호화' 하는 것을 말합니다. 그리고 중요한 여섯 번째 〈키 key〉 입니다. 암복화에 사용되는 〈키〉입니다."

성주와 인프라사업팀 직원들은 김영환 차장의 설명을 노트에 꼼꼼히 필기했다.

"자, 노트 필기는 좀 있다 하시고, 화면을 보시죠."

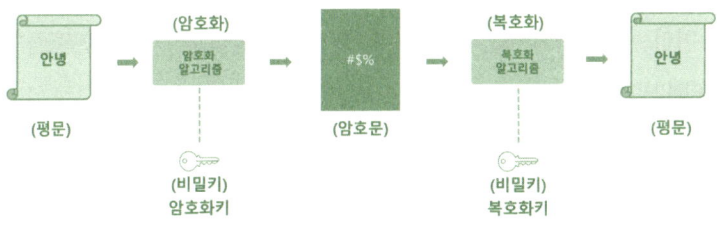

[그림 12-3 암호화란?]

"화면처럼 〈평문〉을 〈암호화키〉을 이용하여 〈암호문〉으로 만듭니다. 이런 〈암호문〉을 다시 〈복호화키〉를 이용하여 〈평문〉으로 〈복호화〉됩니다. 여기서 가장 중요한 것은 암호화와 복호화에 사용되는 〈비밀키〉와 〈키 스페이스 key space〉 라는 것입니다. 다음 화면을 보시면 좀 이해가 될 것입니다.

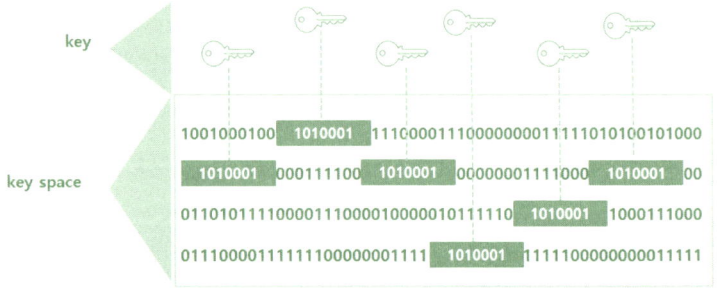

[그림 12-4 비밀키와 Key space]

"〈평문〉을 〈암호문〉으로 만들 때 〈비밀키〉가 필요합니다. 그리고 비밀키의 〈키 스페이스〉를 포함합니다. 〈키 스페이스〉는 암호에서 사용할 수 있는 모든 〈비밀키〉의 집합을 말합니다. 128/256/512 크기로 표현합니다."

"차장님 〈키 스페이스〉 부분이 이해가 잘 안되는데요?"

성주가 질문했다.

"음…, 그러면 휴대폰 비밀번호가 네 자리 수지?"

"네, 차장님."

"그렇다면 4자리 비밀번호를 가질 수 있는 경우수는 몇 개일까?"

성주는 잠시 고민하다 대답했다.

"각 자리 값이 0에서 9까지 10개이고, 비밀번호가 네 자리니까 10에 4승을 하면 만 개(10,000)입니다."

"그렇지 만 개가 〈키 스페이스〉야, 간단하지?"

"네, 이해했습니다. 차장님 감사합니다."

김영환 차장은 성주에게 고개를 끄덕여주고는 설명을 이어갔다.

암호화 알고리즘 종류

"무선랜에서는 어떤 암호화 방식을 사용하죠?"

김영환 차장이 질문했다.

"〈AES advanced encryption encryption〉 와 〈TKIP temporal key integrity protocol〉를 사용합니다."

심상민 대리가 답했다.

"그럼, 정보보안에서 암호화 관련 안전하다고 권고하는 방식을 살펴볼까요"

구분	공공기관	민간부문(법인·단체·개인)
대칭키 암호 알고리즘	SEED LEA HIGHT ARIA-128/192/256	SEED ARIA-128/192/256 AES-128/192/256 Blowfish Camelia-128/192/256 MISTY1 KASUMI 등
공개키 암호 알고리즘 (메시지 암·복호화)	RSAES-OAEP	RSA RSAES-OAEP RSAES-PKCS1 등
일방향 암호 알고리즘	SHA-224/256/384/512	SHA-224/256/384/512 Whirlpool 등

[표 12-1 안전한 암호화 알고리즘 예시 - 출처 : 개인정보 암호화 조치 안내서]

"화면을 보면 〈대칭키 암호 알고리즘〉에 심대리가 이야기한 〈AES〉가 보이네요. 그런데 〈TKIP〉는 안보이네요. 그럼 알고리즘 종류에 대해 설명을 드릴게요."

김영환 차장은 슬라이드를 넘기며 설명을 시작했다.

[그림 12-5 대칭키(symmetric key) 암호화 알고리즘]

"첫 번째로 〈대칭키 암호 알고리즘〉입니다. 암호화에 사용되는 암호화 키와 복호화 키가 동일합니다. 그래서 대칭된다고 하여 〈대칭키 암호화 알고리즘〉이라고 합니다. 송신자와 수신자 외에는 〈비밀키〉가 노출되지 않도록 주의해야 합니다."

이한영 팀장이 손을 들었다.

"김차장, 질문이 있는데, 〈무선 AP〉에 〈비밀키〉를 입력하고 〈무선 단말기〉에서도 〈무선 AP〉와 같은 〈비밀키〉를 입력하고 접속하는 방식을 말하는 건가?"

"네, 맞습니다. 정확히 설명해 드리면 〈무선 단말기〉가 〈무선 AP〉의 〈비밀키〉를 맞추는 것이 아니고 〈비밀키〉를 통해 〈무선 단말기〉와 〈무선 AP〉 사이에 있는 트래픽을 암호화하는 것입니다."

"이해했어. 김차장, 고마워."

"그럼 계속해서 〈대칭키 암호 알고리즘〉은 사용되는 키가 짧고 속도가 빨라서 효율적인 암호화 시스템을 구축할 수 있다는 장점이 있습니다. 하지만 송신자와 수신자가 동일한 키를 공유해야 하기 때문에 많은 사람들과 정보 교환 시는 상호간에 개별적인 키를 각각 생성하고 유지,

관리해야 하는 어려움이 있습니다."

김영환 차장은 황 과장이 따라 놓은 음료수를 마셨다.

"그럼, 선배님. 무선랜에서 〈비밀키〉를 만들어서 여러 사용자들이 같이 사용하고 있는데요. 보안 관점에서는 문제가 많은 거네요?"

김영환 과장은 황승언 과장의 질문을 듣자마자 웃었다.

"그건 보안이 아니지? 〈비밀키〉는 비밀스러워야 하는데 여러 사용자가 하나의 〈비밀키〉를 공유하는 것부터 비밀은 사라졌다고 봐야지. 그건 정말 가정집이나 정말 소규모 사업장에서나 사용하는 방법이야."

인프라사업팀원들은 김영환 차장의 말을 듣고 고개를 끄덕였다.

"다음은 〈공개키 암호 알고리즘〉 입니다."

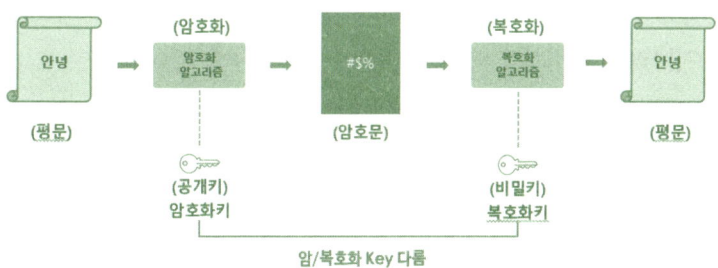

[그림 12-6 공개키(Public key) 암호화 알고리즘]

"앞에서 설명한 대칭키와는 다르게 〈암호화 키〉와 〈복호화 키〉가 서로 다릅니다. 서로 암호가 다르다고 하여 〈비대칭 암호 알고리즘〉이라고 부르기도 합니다."

"조금 어렵죠. 다음 화면을 보고 설명을 드릴게요."

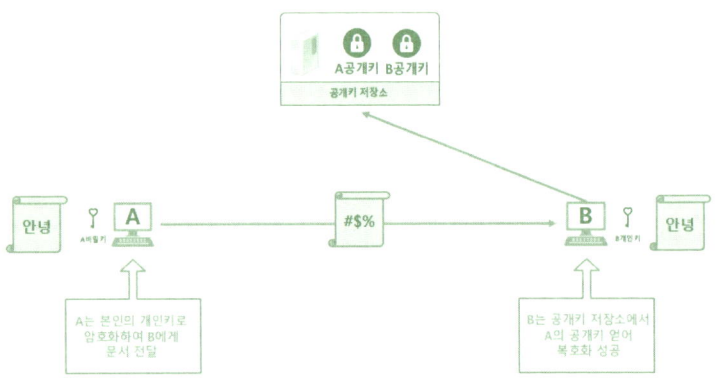

[그림 12-7 공개키(public key) 암호화 동작 설명 1]

"〈공개키 암호 알고리즘〉은 화면에서 보시는 것처럼 사용자에게 〈Key〉를 두개 부여합니다. 〈공개키〉 와 〈비밀키〉 입니다. 모든 사용자들은 〈공개키〉를 별도의 저장소에 보관하여 공개를 합니다. 그리고 〈개인키〉는 본인만 가지고 있죠. 여기까지 잘 따라왔죠?"

"네, 차장님."

황 과장이 진지하게 대답을 했다.

"자, 그럼. 내가 〈개인키로〉 암호를 걸어서 암호화된 문서를 황과장에게 보냈다면, 황 과장은 내가 보낸 문서를 복호화 하기 위해 〈공개키 저장소〉에 나에게 공개키를 얻어 문서를 복호화 하면 됩니다."

"그러면 저 말고도 다른 사람들도 〈공개키 저장소〉에서 차장님에 〈공개키〉를 얻어 문서를 복호화 할 수 있는 것 아닌가요?"

황과장이 이해가 안된다는 듯 김영환 차장에게 질문을 했다.

"그렇지. 하지만 이 문서는 오직 나만 만들 수 있는 문서지. 개인키는 나만 알고 있으니까 그래서 〈전자서명〉은 이런 방식으로 구현이 가능해, 황 과장."

김영환 차장은 다른 직원들도 이해를 했는지 반응을 살피며 둘러보았다. "다음 사례를 볼까요."

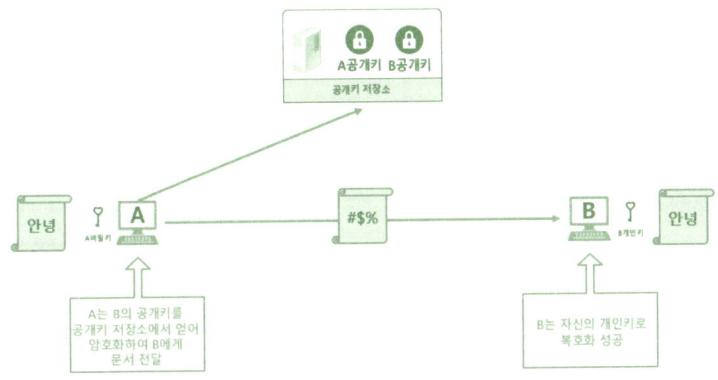

[그림 12-8 공개키(public key) 암호화 동작 설명 2]

"이번에는 제가 〈공개키 저장소〉에서 황 과장의 〈공개키〉를 얻어 문서를 암호화해서 보냅니다. 그럼 황 과장은 자신의 〈개인키〉로 문서를 복호화 하면 됩니다. 〈공개키 암호 알고리즘〉은 불특정 다수와의 통신에서 효율적인 암호화 시스템 구축이 가능합니다. 물론 〈전자 서명〉 같은 〈사용자 인증〉도 가능하죠. 물론 단점도 있습니다. 〈키 key〉의 크기가 크고 복잡한 수학적 연산을 필요로 하기 때문에 속도가 느립니다. 다음 페이지에 〈대칭키 암호 알고리즘〉과 〈공개키 암호 알고리즘〉을 비교해 놓은 게 있으니까 같이 보시죠."

구분	대칭키 암호방식	공개키 암호방식
키의 상호관계	암호화키 = 복호화키	암호화키 ≠ 복호화키
암호화 키	비밀	공개
복호화 키	비밀	비밀
대표적인 예	DES / AES / SEED / ARIA	RSA
복호화키 비밀번호	필요	불필요
암호화 속도	고속	저속
Hardware	간단	복잡

[표 12-2 대칭키와 공개키 비교]

"앞에서 설명 드린 내용들이니까 잠깐 보시면 될 겁니다."

인프라사업팀 직원들은 화면에 비교자료를 보고 노트에 각자 정리를 했다. 김영환 차장은 회의실 유리 너머로 정미영 본부장이 다급하게 사무실을 나가는 것을 보았다. 그때 영환의 휴대 벨소리가 울렸다.

"네, 아이티앤티 김영환 차장입니다. 네, 잠시만요…," 통화를 잠시 멈추고 말했다. "오늘 교육 끝났으니까 저는 그만 나가보겠습니다."

김영환 차장이 전화를 끊고 서둘러 회의실을 나갔다.

영환의 출근

목동 근처 아파트단지 영환의 집
오전 6시

아이 울음 소리가 방안에 울려 퍼졌다. 잠에서 깬 영환이 아이를 안고 달랬다.
"여보, 애 울음 소리 때문에 일어났어?"
덩달아 깬 아내가 피곤에 겨운 모습으로 말했다.
"난 괜찮아. 조금 더 자."
아내는 애가 보채는 바람에 밤새도록 잠을 못 자고 있다가 새벽에서야 겨우 눈을 붙였다. 영환은 아내가 조금이라도 잠을 잘 수 있도록 애를 안고 거실로 나왔다. 아이는 영환이 안고 걸으면 자는 듯하다가도, 잠시 멈추면 다시 깨 울었다. 그렇게 한 시간 가량을 아빠 품속에서 놀던 아이가 7시쯤 잠이 들었다.

"자?"

영환이 아이를 재우고 있는데 아내가 침대에서 몸을 일으키며 물었다.

"응, 방금 잠들었어."

"피곤하겠다. 잠깐 기다려봐. 아침 차려줄게."

"아니야. 회사에 일이 있어서 일찍 나가봐야 하니까, 그냥 있어."

영환은 아이가 깨지 않도록 조용히 출근 준비를 하고 집을 나섰다. 평소보다 조금 이른 8시쯤 도착했다. 사무실에는 아무도 없었다. 잠시 후 이른 시간에 정미영 본부장이 출근했다.

"김영환 차장, 무슨 일이야?"

"옥상경 실장님이 거의 도착했다고 합니다. 오시면 함께 말씀드리겠습니다."

"그럼 난 방에 있을 테니까 옥상경 실장님 오시면 같이 들어와요."

정미영 본부장이 본부장실로 들어갔다. 잠시 후에 옥상경 실장이 사무실로 들어왔다.

"무슨 일이야? 김 차장."

"본부장실로 같이 들어가시죠"

영환과 옥상경 실장이 본부장실로 들어갔다. 영환과 정미영 본부장, 옥상경 실장은 회의탁자를 사이에 두고 앉았다. 영환이 먼저 입을 열었다.

"실장님 SI사업본부 최준호 차장이 진행했던 프로젝트 조사하고 계시죠?"

"어, 그걸 어떡해?"

옥상경 실장과 정미영 본부장은 놀라며 영환을 봤다.

"사실 기성실업 감사실에 제 친구가 일하고 있습니다. 기성실업에서도 내부 감사가 진행되고 있습니다."

"기성실업이, 왜?

옥상경 실장이 질문했다.

"다른 비리 문제가 있는 것 같아요. 그걸 조사하다 우리 쪽 문제를 인지한 것 같습니다. 자세한 건 이야기하지 않아서 저도 잘 모르겠습니다."

"그래서, 내용이 뭔데?"

정미영 본부장이 심각한 표정으로 물었다.

"실제 프로젝트는 처음부터 크지 않았던 것 같습니다. 중간에 최준호 차장이 요청해서 과도하게 물량을 설계할 수 있도록 기성실업 담당자가 도운 것 같습니다."

"기성실업 담당이 왜?"

"기성실업 담당자 입장에서는 프로젝트가 큰 것처럼 분위기만 잡아주었고 물량을 과도하게 설계하는 것은 중간 업체가 하는 거니까, 문제가 없다고 판단한 것 같습니다."

영환은 작은 목소리로 옥상경 실장에게 말했다.

"기성실업은 정상적인 물량을 발주하고, 중간 업체에서 부풀려진 물량을 발주하면 기성실업 담당은 잘못한 일이 없으니까?"

옥상경 실장이 확인하듯 물었다.

"그럼, 처음부터 중간업체가 우리에게 사기 치려고 한 거네요. 거기에 최준호 차장이 당했고?"

정미영 본부장이 넘겨짚어 물었지만 옥상경 실장은 쉽게 대답하지 않았다. 영환은 옥상경 실장을 가만히 보다 결심한 듯 말을 꺼냈다.

"실장님도 어느정도 눈치를 채셨을 것 같아 단도직입적으로 말하겠습니다."

옥상경 실장과 정미영 본부장은 영환을 봤다.

"기성실업 내부 감사 결과로는 최준호 차장이 공범 같다고 합니다. 실제 물량 설계를 주도한 건 중간 업체가 아니라 최준호 차장이었다고 합니다. 기성실업 담당자도 주로 최준호 차장과 전화통화를 했고 이메일을 주고받으며 일을 진행했다고 합니다."

"증거는?"

옥상경 실정이 나지막한 목소리로 물었다.

"기성실업 담당자와 최준호 차장이 주고받은 메일을 확보했다고 들었습니다."

그 말을 들은 옥상경 실장은 침묵했다.

"실장님?"

정미영 본부장이 답을 바라며 물었다. 고민에 빠졌던 옥상경 실장이 복잡한 표정이더니 어쩔 수 없다는 듯 털어놓기 시작했다.

"지금 김영환 차장이 한 이야기에 대해 어느 정도 짐작은 하고 있었습니다. 사실이 아니길 바랬는데…."

옥상경 실장은 안경을 벗고 눈을 어루만졌다.

"실장님, 최준호 차장 혼자 벌인 일인가요?"

영환이 조심스럽게 물었다.

질문을 받은 옥상경 실장은 당황한 표정으로 잠시 망설이다 말했다.

"기성실업에서 그 부분까지 알고 있나요?"

"네, 최준호 차장 혼자가 아니라 상당한 책임이 있는 사람까지 조직적으로 관계된 것 같다고 들었습니다."

영환이 답하자 정미영 본부장은 옥상경 실장에게로 눈을 돌렸다. 옥상경 실장은 잠시 말을 하지 못하고 머뭇거렸다.

"실장님, 중요한 이야기인데 그 분하고 오후에 이야기 하실래요?"

옥상경 실장의 난처함을 짐작한 정미영 본부장이 제안했다.

"네, 본부장님 그게 좋겠습니다. 김차장, 이런 이야기를 해준 기성실업 입장은 어떤 거지? 단순히 친구라서 이야기해준 것 같지는 않은데?"

"조용히 일을 마무리했으면 하는 것 같습니다."

"그래, 알았어."

옥상경 실장은 어두운 표정으로 돌아가고, 정미영 본부장과 영환만 남았다.

"김차장, 오늘 한 이야기는 잠시 동안 비밀유지 해줄 수 있지?"

"네, 알겠습니다. 그런데 본부장님 오늘 기성실업에 다녀와야 하는데요."

"무슨 일로?"

"최준호 차장이 무선랜 보안 설계를 제대로 하지 않아서 오후에 방문하기로 했습니다. 아무래도 SI사업본부는 좀 불편해서 저에게 부탁을 한 거 같은데요."

"그럼, 인프라사업팀 직원도 함께 데리고 가요. 이한영 팀장에게 말해 놓을게요."

"네, 알겠습니다."

영환은 정미영 본부장과 잠시 더 얘기하고 본부장실을 나왔다.

오전 9시가 가까워지자 사람들이 속속 사무실로 들어왔다. 정미영 본부장은 이한영 팀장이 출근하자 지시사항을 당부하고 외근을 나갔다.

"성주씨, 오후에 김영환 차장하고 외근 좀 다녀와요. 자세한 건 김영환 차장한테 물어보고."

이한영 팀장은 성주에게 오후 일정을 말했다.

오전 아이티앤티 사무실은 평상시와 다름없이 흘러갔다. 점심을 먹고 영환은 성주와 기성실업으로 향했다.

"성주씨, 어제 교육받은 내용은 이해했어?"

"네, 차장님."

"무선랜은 유선에 비해 보안분야 공부가 필요하지?"

"네, 그런 것 같습니다. 유선 네트워크를 공부할 때는 보안에 대해 공부를 한 적이 없었는데, 무선랜 공부를 할 때는 보안이 중요한 것 같습니다."

성주가 대답했다.

"아무래도 무선은 처음부터 보안에 취약하기 때문에 더 많이 신경을 쓸 수밖에 없지. 그래서 일부에서는 무선랜이 보안에 많이 취약하다고 오해를 하는 것 같아."

"아무래도 유선랜 보다는 무선랜이 보안에 취약할 수밖에 없지 않나요?"

성주가 질문했다.

"금방 성주씨가 이야기 했잖아. 유선네트워크 공부할 때는 보안 공부

안 했다고 그런데 무선을 공부할 때는 여러 보안 기술을 공부한다고."

"네…?"

"반대로 생각하면 유선에서는 별도의 솔루션을 통해 보안을 해야 하지만, 무선은 기본적으로 보안이 고려되었기 때문에 안전하지 않을까?"

"아, 그렇겠네요 차장님."

성주는 영환에게 대답하고는 잠시 고민에 빠졌다.

"도착했어, 성주씨."

영환과 성주는 기성실업 회사 주차장에 도착했다. 간단한 출입 등록을 하고 있는데 새로 온 전산 담당 업무를 맡은 다소 젊어 보이는 담당자가 마중 나왔다.

"안녕하세요? 기성실업 전산 업무를 담당하고 있는 김종민입니다."

"네, 안녕하세요? 아이티앤티 김영환 차장입니다. 이쪽은 조성주 사원입니다."

영환과 성주는 기성실업 새 전산담당자와 인사를 나눴다.

"현재는 무선랜을 구축하면서 보안이 고려되어 있지 않습니다."

기성실업 전산 담당자의 상황 설명으로 회의는 시작됐다.

Captive Portal

"우리 회사는 외부에서 방문하는 파트너 분들이 많습니다. 지금은 회사 무선랜 〈SSID〉를 알려주고 회사 사내망에 접속하도록 하고 있습니다."

"인증 방식을 〈WPA-Personal〉 방식으로 구성이 되어 있네요?"

영환이 물었다.

"외부 사람들에게 〈SSID〉 패스워드를 알려주는 게 좋은 방법은 아닌데, 어쩔 수 없이 사용하고 있습니다."

"그 문제는 해결 가능합니다."

"네?"

영환의 말에 기성실업 전산담당자가 놀란 표정으로 봤다.

"현재 〈무선 컨트롤러〉에서 지원하는 〈Captive Portal〉 기능을 사용하면 됩니다. 별도의 Guest 망을 만들어서 회사 방문객들이 접근하도록 할 수 있습니다. 물론 인터넷만 가능하고 회사내 다른 네트워크로의 접근은 차단할 수 있습니다."

기성실업 전산담당자와 성주는 영환의 설명에 집중했다. 영환은 회의실 앞으로 가 칠판에 판서를 하면서 설명했다.

"첫 번째, 별도의 패스워드 없이 무선랜에 접속이 가능합니다. 하지만 웹 브라우저를 클릭하면 자동으로 〈Captive Portal〉 페이지로 이동합니다. 두 번째, 〈Captive Portal〉 페이지에서 방문객들 정보를 어떤 식으로 입력하면 인터넷이 가능하게 해줄지 결정하면 됩니다."

"다른 회사는 주로 어떤 식으로 구성하나요?"

기성실업 전산 담당자가 질문했다.

"회사에 출입등록시스템이 있다면 출입등록을 할 때 ID와 패스워드를 부여해서 인터넷을 사용하게끔 합니다. 출입등록시스템이 없다면 방문자의 소속과 이름을 입력하면 됩니다."

영환은 침착하게 설명을 했다.

"마지막 세 번째, 사용자의 신원을 확인하고 승인하면 인터넷 사용이 가능합니다."

"그러면 외부 방문자에 대해서는 Guest 망을 만들어서 〈Captive Portal〉 서비스를 통해 해결하면 되겠네요?"

기성실업 담당자는 영환의 처방전이 상당히 마음에 드는 것 같았다.

무선랜 보안 점검표

"또, 어떤 문제점이 있으시죠?"

김영환 차장이 차분하게 물었다.

"중요한 문제인데 현재 직원들의 인증 방식도 〈WPA-Personal〉 방식으로 구축되었습니다. 본부별로 동일한 패스워드를 입력해서 무선랜에 접근하고 있습니다. 쉽게 유출될 수 있을 것 같아 불안합니다. 어찌 생각해보면 기존 유선랜도 케이블만 있다면 컴퓨터에 연결하여 IP설정하면 사내망에 접근이 가능했지만 이상하게도 무선랜은 불안하네요."

기성실업 전산 담당자는 마음이 놓이지 않는지 재차 묻고 있었다.

"제 노트북을 봐 주시겠어요?"

"무선랜 도입 시 가장 기본적인 보안 점검 내용입니다. 지금 이야기하신 부분이 〈2번〉 항목을 제대로 사용하지 있지 않아 발생하는 문제인 것 같습니다. 그리고 〈5번〉과 〈6번〉 항목도 문제가 있어 보입니다."

기설실업 전산 담당자는 영환의 노트북 화면을 유심히 바라보았다.

"기업에서 무선랜을 사용할 때는 일반적으로 〈WPA-Personal〉 방식보다는 〈WPA-Enterprise〉 방식을 사용해야 합니다. 인증서버를 통해 사용자 인증을 하는 것이 가장 안전한 방법입니다. 사용자 인증은 기본

구분	점검 내용	반영 여부
1	• 무선단말기·중계기(AP) 등 무선랜 구성요소별 분실·탈취·훼손·오용 등에 대비한 관리적·물리적 보안대책 수립	
2	• SSID를 숨김 모드 사용 • SSID가 공개되어 공격자가 접속시도를 줄이기 위해 SSID를 숨김 모드로 운영한다.	
3	• 무선랜을 위한 IP대역 분리 • 무선랜에서 사용하는 IP 대역을 구분하여 사용하여 무선랜을 통한 침해사고 발생시 사고 경로 분석이 용이하도록 한다.	
4	• 무선랜 사용자들의 고정 IP 사용 • 무선랜 접속시 AP에서 IP를 자동으로 부여하는 경우(DHCP를 사용하는 경우)가 있다. 이 경우에는 공격자의 접속 요청시에도 사내 IP를 부여할 수 있어 보안상 위험하다.	
5	• 사내 AP에 제공하는 사용자 인증을 적용 • 무선랜 공격자의 접속을 방지하기 위해서 사용자 인증방식을 적용한다.	
6	• 사내 무선랜 데이터의 도청 및 감청을 방지하기 위해서 AP에서 제공하는 데이터 암호화 기능을 적용 • WPA2 이상(256비트 이상)의 암호체계를 사용하여 자료 암호화 (국가정보원장이 승인한 암호 사용)	

[표 13-1 무선랜 도입 보안 점검표]

적인 ID와 Password 방식과 MAC 인증, IP 인증, 그리고 공인인증서를 통한 인증도 지원합니다."

영환은 자료를 보며 설명했다.

"현재 점검표를 보면 문제가 많네요?"

기성실업 전산 담당자가 한숨을 쉬며 말했다.

"네, 안타깝게도 그 부분에 대해서는 저희도 실수를 했습니다. 충분히 컨설팅을 해 드렸어야 했는데……."

영환과 기성실업 전산 담당자는 한동안 인증서버에 관한 이야기를 했다.

"그럼, 견적서를 저에게 보내주시면 검토하도록 하겠습니다."

"네, 사무실 들어가서 바로 보내드리겠습니다."

영환과 성주는 인사를 하고 기성실업에서 나왔다.

혼합 암호화 방식

"성주씨, 우리 커피나 한잔하고 들어갈까?"

영환과 성주는 사무실로 들어오는 길에 커피숍에 잠시 들렀다.

"차장님, 궁금한 게 있는데 질문해도 될까요?"

"응"

"어제 교육해 주신 내용 중에 〈대칭키〉와 〈공개키〉 설명을 해 주셨는데 두 가지 방식에 장 단점이 너무 반대라서 어떤 경우에 〈대칭키〉를 써야 하고 〈공개키〉를 써야 하는지 잘 모르겠습니다."

영환은 언제나 의욕적인 성주를 바라보며 저절로 미소가 지어졌다.

"학교에서 보안 수업 때 배웠을 텐데?"

"처음 들어보는 것 같은데요?"

"에이, 윤재덕 교수님 보안수업에서 배웠을 텐데?"

"차장님이 교수님을 아세요?"

성주는 영환 입에서 학교 교수님 이름이 나오자 놀랬다.

"내가 말 안 했나? 나 성주씨 학교 선배야."

성주는 김영환 차장이 학교 선배라는 말에 놀랐다. 영환이 설명을 시작했다.

"〈대칭키〉는 속도가 빠르지만 암호화나 복호화에 사용하는 〈비밀키〉와 동일하기 때문에 보안에 문제가 발생할 수 있지. 물론 관리도 힘들고. 하지만 〈공개키〉는 암호화나 복호화에 사용하는 〈비밀키〉를 다르게 할 수 있기 때문에 보안성도 확보할 수 있지만 사용자 관리도 수월하지. 물론 속도가 문제가 되지만."

"네, 차장님."

"그래서 〈혼합 암호화〉 방식이라는 게 있어."

성주는 도통 모르겠다는 표정이었다.

"〈혼합 암호화 방식〉은 〈대칭키 암호화 알고리즘〉과 〈공개킴 암호화 알고리즘〉 그리고 〈일방향 암호화 알고리즘〉을 혼합해서 사용하는 방식을 의미해."

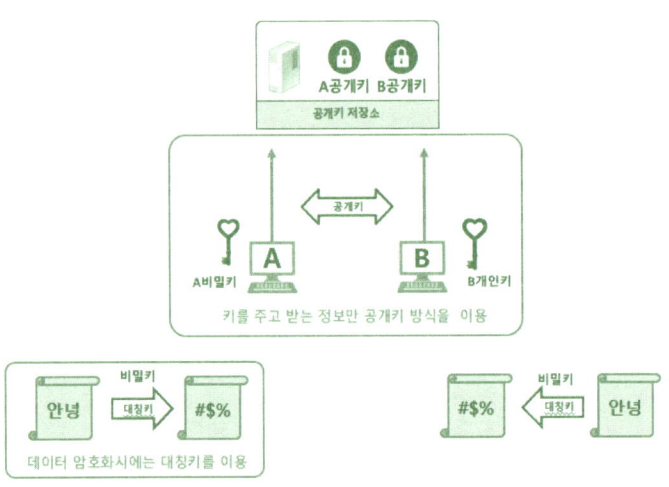

[그림 13-1 혼합 암호화 방식]

영환은 노트북을 꺼내 자료를 성주에게 보여주며 설명했다.

"무선랜 보안을 정의한 〈IEEE 802.11i〉 문서에서 가장 중요한 부분은 〈사용자 인증〉하는 부분과 데이터를 〈암호화〉하는 것이라고 할 수 있어."

영환은 성주를 위해 예를 들어 설명을 했다.

"우선 성주씨가 무선랜을 사용하기 위해서는 정당한 사용자인지 승인을 받아야겠지?"

"네, 차장님"

"그럼 제일 먼저 성주씨의 사용자 계정이 필요하고, 그 계정을 통해 〈사용자 인증〉을 단계를 거쳐야 하는데 이 때는 어떤 암호화 알고리즘이 필요할까?"

"〈공개키 암호화 알고리즘〉이 효율적일 것 같습니다."

성주는 영환의 질문에 바로 대답했다.

"왜?"

영환은 그런 성주에게 다시 질문했다.

"아무래도 인증서버 관점에서 사용자의 비밀키를 보유하는 것 보다는 사용자의 비밀키와 연계될 수 있는 공개키만 관리하는 것이 효율적일 것 같다고 생각했습니다."

영환은 성주의 대답이 흡족했는지 미소를 지으며 설명을 했다.

"응, 맞어 〈사용자 인증〉은 사용자가 무선랜을 사용하고자 할 때만 간헐적으로 이루어지는 단계이기 때문에 〈공개키 암호화 알고리즘〉을 사용해도 문제가 없지. 그리고 사용자를 관리하기도 수월하고, 사용자가 인증되었다면 그 이후에 사용자가 전송하는 정보는 〈대칭키 암호화 알고리즘〉을 통해 전송하면 어떨까?"

영환은 설명을 하다 성주에게 의견을 물어보았다.

"아, 그렇네요 속도는 느리지만 보안성이 높고 사용자의 관리가 편리한 〈공개키 암호화 알고리즘〉을 〈사용자 인증〉 단계에서 사용하고, 보안성이 낮고, 사용자 관리가 불편하지만 속도가 빠른 〈대칭키 암호화 알고리즘〉은 실시간 정보 전달 단계에서 사용하면 효율적이겠는데요."

성주는 영환의 설명을 듣고나니 이해가 되어 대답이 수월했다.

"그렇지, 이런 식으로 〈혼합 암호화 방식〉을 사용한다면 서로의 장점을 모두 활용할 수 있게 되겠지."

"네, 이해했습니다. 차장님."

영환과 성주는 커피를 마시고 사무실로 들어왔다.

"황과장, 이쪽으로 와봐."

"네, 차장님."

"기성실업 성주씨랑 다녀왔는데 여기 인증서버 견적서 좀 보내주고, 거기 〈Captive Portal〉 기능을 이용해서 Guest 망을 구현해줘야 할 것 같아."

영환은 황과장에게 기성실업 회의 내용을 전달해주었다.

"네, 팀장님께 전달 받았습니다. SI사업본부에서 진행하던 거 인수인계 받으라고."

"차장님, 지금 감사실에서 SI사업본부 서류들 뒤지고 난리 났어요."

최보미 과장이 큰일 난 듯 다가와 말했다.

"드디어, 올 게 왔군!"

영환은 정미영 본부장실을 바라봤다. 정미영 본부장은 누군가와 통화 중이었다.

"차장님은 내용 좀 알죠?"

"조만간 알게 될 테니까, 그냥 자리로 돌아가서 일해."

영환이 정색하며 말하자 최보미 과장은 아무 말도 못하고 자리로 돌아갔다. 사무실은 감사실의 대대적인 SI사업본부 조사에 대한 말들로 뒤숭숭했다.

전체 회의

아이티앤티 대회의실
오전 10시 반

 직원들이 하나 둘 대회의실로 들어왔다. 정미영 본부장과 김호진 본부장은 어두운 표정으로 맨 앞자리에 앉아 있었다. 전 직원이 자리에 앉자 웅성거림을 잠재우며 옥상경 실장이 회의 주제를 설명하기 시작했다.
 "오늘 급히 전체 회의를 요청 드린 이유는 요즘 사내에 돌고 있는 소문과 관련한 것입니다. 따라서 저희 감사실에서 각 사업본부로 요청 드렸습니다."

회의실 안이 조금 술렁였다.

"우선 회사의 열린 경영 방침에 의해 중요 의사 결정이 있을 때는 전체 회의를 통해 공지하는 것이 관례이다 보니 전체 직원을 모이게 한 점, 양해 부탁드립니다."

"오늘 감사실에서는 두 가지 내용을 공지하도록 하겠습니다."

옥상경 실장은 잠시 침묵했다가 말을 이어갔다.

"첫 번째는 기성실업 프로젝트에 관한 비리조사 결과입니다. 감사실은 기성실업과 관련하여 다각도로 조사를 진행했습니다. 단순 실수와 비리, 두가지 모두 가능성을 두고 조사를 했습니다. 기성실업의 협조로 사건의 전모와 실체를 알게 됐고 그것이 오늘 조사결과로 발표될 것입니다."

직원들은 옥상경 실장의 발표 내용을 들으며 믿기지 않는다는 표정들이었다.

"간단하게 내용을 브리핑해드리겠습니다. 우리회사는 기성실업 프로젝트로 7억 상당의 장비를 '온두리정보기술'로 납품했습니다. 확인 결과 온두리정보기술은 기성실업과 3억 5천만정도의 프로젝트를 수주하였습니다. 나머지 차액은 우리에게 허위로 발주를 했습니다. 이 과정에서 최준호 차장이 과도하게 프로젝트가 수행되는 것처럼 서류를 위조하여 처리를 했습니다. 현재 온두리정보기술 대표는 잠적한 상태입니다."

회의실 안은 다시 웅성거리기 시작했다.

"우리만 당한 것은 아니었습니다. 다른 회사에도 똑 같은 방법으로 프로젝트를 위장하여 발주를 한 금액이 총 20억원에 이릅니다."

옥상경 실장은 직원들을 바라보며 설명을 계속했다.

"온두리정보기술 대표가 모든 것을 뒤집어쓰고 잠적하고 최준호 차장은 사기를 당한 것으로 사건은 마무리될 뻔했습니다. 그러나 기성실업 감사팀의 조사로 기성실업 전산 담당자의 또 다른 비리가 드러나면서 최준호 차장이 연루된 것을 알게 됐습니다."

옥상경 실장의 발표 내용을 듣자 SI사업본부 사람들은 충격으로 굳어 버린 듯했다.

"그런데, 이 사건이 여기서 끝이 아니었습니다. 우리는 다른 프로젝트에서는 문제가 없는지 조사를 하였고 그 결과…"

옥상경 실장은 잠시 멈칫했다.

"그 결과 현 아이티앤티 대표이사와 SI사업본부 본부장 그리고 일부 직원들까지 가세한 조직적인 비리를 알게 됐습니다."

회의실은 일순간 통제할 수 없을 정도로 시끄러워졌다.

"자, 여러분. 옥상경 실장님의 말씀을 좀 더 듣죠. 잠시만 조용해 주세요."

정미영 본부장이 일어나 동요하고 있는 직원들을 진정시켰다. 소란이 가라앉자 옥상경 실장이 계속 말을 했다.

"2년 동안의 프로젝트를 전수조사한 결과 최근 1년전부터 SI사업본부는 프로젝트에서 중간 마진을 만드는 형태로 회사에 큰 손실을 주었습니다. 다행히 감사실에서 대부분의 증거를 확보했습니다."

어느새 직원들은 침묵 속에서 옥상경 실장의 말에 귀를 기울였다.

"현재 변호사를 선임해 대응 중입니다. 이상으로 SI사업본부 비리에 대한 진행사항에 관한 설명을 마치겠습니다."

옥상경 실장은 직원들을 잠시 둘러보다 다시 말을 이었다.

"어제 저녁 아이티앤티 주주총회가 열렸습니다. 지금 자리에 함께하고 계신 정미영 본부장과 김호진 본부장님도 그 자리에 주주로서 참여를 하셨습니다. 현 대표이사는 주주들에 의해 전문경영인으로 모셔왔습니다. 하지만 비리가 드러난 만큼 어제 주주총회에서 관련자 모두 해임이 결정되었습니다."

옥상경 실장은 대회의실에 모인 직원들을 바라보며 발표를 계속 했다.

"두번째 안건은 새로운 대표이사 선임과 관련된 내용입니다."

회의실에 모인 직원들은 다시 웅성거리기 시작했다.

"어제 주주총회에서 새로운 대표이사로 아이앤티의 최대 주주이신 윤재덕 교수님이 선임 되었습니다."

회의실 문이 열리고 윤재덕 교수가 회의실 안으로 들어왔다. 회의장에 있는 직원들은 놀라는 와중에도 하나 둘 일어나며 반겼다. 옥상경 실장은 마이크를 윤재덕 교수에게 넘기고는 단상에서 내려왔다.

"처음 아이티앤티를 설립하고 7년이라는 시간이 지났습니다. 우선 제가 없는 동안에도 회사를 이렇게까지 성장시켜 주신 임직원분들께 감사드립니다."

성주는 놀란 표정으로 정미영 본부장과 김영환 차장 그리고 직원들을 순서대로 바라보았다. 김영환 차장은 성주와 눈이 마주치자 살짝 미소를 지어 보였다.

"우선 SI사업본부 직원들에게 한마디 하고 싶습니다. 지금 일어난 일은 일부 개인들의 비리입니다. 절대로 SI사업본부의 책임이 아님을 말씀드리고 싶습니다."

윤재덕 교수는 SI사업본부 직원들을 바라보며 말했다.

"아주 잠시 경영을 맡겠습니다. 그리 오래지 않아 우리 내부의 전문 경영인에게 대표의 자리를 정중하게 부탁 드리겠습니다."

윤재덕 교수는 짧은 인사말을 마치고 본부장들과 대표 이사실로 향했다. 직원들은 모두 사무실로 돌아와 갑자기 일어난 일에 대해 얘기하기 시작했다.

"차장님은 알고 계셨죠?"

최보미 과장이 김영환 차장을 노려보며 말했다.

"글쎄? 일이나 하자고."

영환은 최보미 과장을 지나쳐 자리로 돌아갔다.

"어, 인사발표가 올라왔네"

황과장이 큰 목소리로 말했다.

그룹웨어 게시판에는 공석이 된 SI사업본부 본부장 자리와 일부 팀장 인사 발표가 올라왔다. 외부에서 경력직으로 자리를 채울 것 같았던 생각과는 다르게 SI사업본부는 내부 승진으로 결정이 되었다.

"이진석 팀장이 이사로 승진되면서 본부장이 되었네."

이한영 팀장이 그룹웨어에 승진 발표를 보면서 말했다.

"SI사업본부에서 이진석 선배 만한 사람이 없죠."

김신석 팀장이 이한영 팀장을 바라보며 말했다. 이한영 팀장도 고개를 끄덕였다.

"참, 성주씨. 내일 15일차네. 발표 준비는 잘되고 있어?"

"네, 팀장님."

회사는 새로운 대표이사의 취임과 SI사업본부의 전격적인 인사 단행으로 뒤숭숭한 분위기였다.

수진 선배와의 만남

점심 시간 후 발표 준비를 하는 성주의 휴대폰 벨 소리가 울렸다.
"성주야, 나 수진이야. 기억하지?"
지원의 친구, 수진에게서 전화가 왔다. 수진은 성주의 학교 선배이기도 했다.
"아, 선배! 웬일이세요?"
"너희 회사 지나가다가 생각나서 전화했는데, 회사 건너편 커피숍인데 잠깐 볼 수 있을까?"
성주는 수진선배가 있는 커피숍으로 향했다.
"선배."
"어, 성주야."
"정말 오랜만이다. 성주야, 학교 졸업하고 처음이지?"
"그러게요. 선배는 하나도 안 변했네."
"안 변하기는…, 애들 키우느라 생긴 이 근육들 좀 봐라"
성주와 수진은 커피를 마시며 학교 다닐 때 애기를 했다.
"오늘 찾아온 이유는 다름이 아니고, 지원이 때문에…"
"지원 선배요. 왜요? 무슨 일 있어요?"
성주는 놀라며 수진을 바라봤다.
"난 학교 다닐 때부터 너희 보면 정말 이해가 안 가."
성주는 수진을 바라보았다.
"단도직입적으로 물어볼 게, 넌 지원이 어떻게 생각해?"
"응?"
성주는 당황해서 말을 못했다.

"나한테는 좀 솔직히 말해봐. 내가 볼 때는 둘이 대학교 다닐 때부터 서로 좋아하는 것 같은데?"

"…"

"아니, 말 좀 해보라고. 내가 얼마나 답답하면 여기까지 찾아왔겠니?"

성주는 아무 말도 못하고 앉아 있었다.

"참, 그리고 지원이 미국 있을 때 유부남하고 바람났다고 소문났다며? 그거 사실 아니다. 남자 쪽에서 싫다는 지원한테 계속 스토킹 하다가 나중에 회사에서 알게 되니까 사랑하는 사이였다고 일방적으로 주장한거야. 그 바보 같은 게 제대로 말을 못해서…, 에휴~."

수진이 억울하다는 표정으로 성주를 보며 이야기했다.

"선배, 난 그일 별로 신경 안 썼어."

"신경 써야지. 지원이가 너 한테는 얼마나 말하고 싶어했는데."

수진이 질책하듯 성주를 보며 말했다.

잠시 성주는 말을 잇지 못했다.

"성주야 너 지원이 좋아한 거 아니었어?"

"…"

"아, 말 좀 해봐"

"그게…, 선배…."

"어, 말해봐."

잠시 고민하던 성주가 수진을 보며 입을 뗐다.

"난 아버지에게 유산으로 빚을 물려 받았어……."

수진은 눈빛으로 성주의 말을 재촉했다.

"지금도 어머니와 난 그 빚을 갚고 있어."

"성주야……."

수진은 갑작스러운 성주의 고백에 말문이 막혔다.

"지원 선배는 나랑은 완전 반대로 살아왔어, 부족함 없이…, 이런 내가 지원 선배에게 해줄 수 있는 게 있을까?"

수진은 성주의 말을 듣고 잠시 고민했다.

"가끔은 선배가 너무 좋아서 고백을 하고 싶지만, 한편으로는 너무 욕심이 아닌가 생각이 들기도 하고."

"그건 이유가….."

수진은 성주의 말을 듣고 안타까움에 말을 잇지 못했다.

"용기가 없어. 지원 선배한테 다가갈 용기가."

성주는 수진의 말을 끊고 말했다. 둘은 잠시 말없이 앉아만 있었다.

"일어나자, 성주야."

잠시 망설이던 수진은 성주를 바라보며 말했다.

"있지, 성주야. 지원이 친구로서 부탁 하나만 하자. 솔직한 네 마음 지원에게 말해주면 안될까?"

성주는 수진의 말을 듣고 있었다.

"좀 이기적으로 들릴지 모르겠는데, 난 지원이가 너만 보고 저러고 있는 게 싫어."

"…"

"지원이가 네 솔직한 마음을 알게 되면 어떤 결정이든 하겠지. 꼭 말했으면 좋겠다."

성주는 말없이 수진을 바라봤다.

"성주야, 갈게. 조만간 한잔하자."

성주는 수진에게 들은 이야기로 머리 속이 복잡했다. 회사 근처를 한 바퀴 돌고도 마음정리가 안돼서 회사 앞 벤치에 앉았다. 고민하던 성주는 휴대폰을 꺼내 지원의 번호를 눌렀다.

"여보세요?"

지원이 목소리였다.

"선배, 통화 가능해?"

"응, 괜찮아. 무슨 일 있어?"

"다른 게 아니라 내일 발표 때문에 좀 궁금한 게 있어서. 혹시 오늘 저녁 시간 돼?"

"응, 저녁 약속 없어. 내가 네 사무실로 갈까?"

"아니야. 내가 선배 사무실 쪽으로 갈게."

"응, 그래."

성주는 통화를 마치고 사무실로 들어왔다. 사무실에 들어온 성주는 내일 있을 최종 평가 준비를 했다. 어느새 퇴근 시간이 되었다.

"퇴근합시다. 성주씨는 내일 발표 준비 잘하고."

이한영 팀장이 자리에서 일어나며 말했다.

"팀장님, 같이 가시죠."

김신석 팀장이 자리에서 일어나 옷을 입으며 말했다.

"어디 가십니까?"

황과장이 김신석 팀장에게 물었다.

"어, 오늘 SI사업본부 이진석 팀장…, 아니 본부장이 한턱 산다고 해서."

이한영 팀장과 김신석 팀장은 서둘러 사무실을 나갔다.

"김영환 차장님, 우리도 한잔 할까요?"

황과장이 물었다.

"좋지, 우리 가는 그 집으로 가자고"

김영환 차장이 흔쾌히 받아들였다.

"가서 고기 구우면서 기다리세요. 이것만 마무리하고 바로 출발할게요."

최보미 과장이 합류의 의사를 밝혔다. 상민도 같이 가겠다고 했다. 성주는 지원과의 약속 때문에 가지 못했다.

WIPS

성주는 지원을 만나기 위해 상암동 행 버스를 탔다. 버스를 타고 가는 동안 수진의 말이 자꾸 마음에 걸렸다. 7시쯤 도착하니 지원이 벌써 나와 있었다.

"성주야~"

성주를 보자 환하게 웃는 지원으로 주변이 밝아지는 느낌이었다.

"밥 안 먹었지? 내일 발표하는데, 내가 맛있는 거 사줄 게, 성주야."

"도움은 내가 구하는 건데, 내가 살게, 선배."

"아니야, 너 좋아하는 맛있는 소고기 집 예약해 놨어. 따라와."

지원은 스스럼없이 성주의 팔짱을 끼고 예약한 식당으로 향했다. 성주도 싫지 않은 표정이었다.

상당히 비싸 보이는 식당이었다. 입구에 들어서니 직원이 지원을 알아보고 안쪽 조용한 자리로 안내했다. 자리에 앉자 마자 지원은 성주에게 말했다.

"발표 준비는?"

"응 선배들이 많이 도와 줘서…."

성주가 메뉴를 살폈다. 가격이 상당히 비쌌다.

"우리 성주가 어떤 부분이 궁금해서 보자고 했을까?"

"〈WIPS wireless intrusion prevention system〉가 이해가 안돼서"

지원이 종업원을 불러 익숙하게 주문을 하고는 성주에게 〈WIPS〉에 대한 설명을 시작했다.

"유선에서 사용하는 〈IPS intrusion prevention system〉에 대해서는 알고 있지?"

"응."

"우선 〈WIPS〉는 사내에서 승인하지 않은 불법적인 무선 통신을 차단하는 기능을 제공해. 예를 들어, 〈비인가 AP〉 또는 〈무선 공유기〉는 사내망을 관리하는 담당에게는 아주 골치거리야. 이런 승인되지 않은 불법적인 〈무선 AP〉를 찾아내서 통신을 막지."

지원은 성주에게 눈을 맞추고 설명을 계속했다.

"〈Ad-Hoc 네트워크〉에 대해서는 알고 있지?"

"네, 선배. 교육 받았어요."

"예를 들어 회사 업무용 노트북을 개인 휴대폰의 〈테더링 tethering〉 서비스로 연결하여 인터넷에 연결하면 회사에서 통제할 수 없는 경로로 통신이 가능해지겠지. 〈WIPS〉는 〈Ad-Hoc 네트워크〉 통신을 탐지하고 차단하는 역할도 수행해."

성주는 집중해서 듣고 있었다.

"〈WIPS〉는 또, 유선네트워크에서 사용하는 〈IPS〉처럼 무선 네트워크에서 발생하는 DoS 공격, ARP 스푸핑 등 다양한 해킹을 탐지하고 차단하는 기능도 제공해."

"그럼, 선배. 〈WIPS〉는 허용하지 않은 무선 단말들을 탐지해서 차단하는 기능과 무선랜 환경에서 발생할 수 있는 해킹을 탐지하고 차단하는 기능으로 나누어져 있다고 정리를 해도 되는 거지?"

"응, 그렇지. 오늘은 금방 이해하네."

성주는 사실 〈WIPS〉에 대해 알고 있었다. 그것은 지원을 만나기 위한 구실일 뿐이었다.

고백

"고기 나왔습니다."

음식점 직원이 자리에서 직접 고기를 구우며 서빙을 했다. 적당히 익자 지원이 고기 한 점을 냉큼 집어 성주 앞 접시에 놓으며 말했다.

"내일 발표 잘하고."

"응, 선배. 고마워."

성주는 지원이 놓아준 고기를 망설이다 들며 말했다. 가만히 입에 넣으니 살점은 부드럽고 달달한 육즙이 입안에 퍼졌다.

"내일 발표니까 술은 좀 그렇고 음료수라도 한잔 할까?"

성주와 지원은 술 대신 콜라로 건배를 하고 식사만 하고 일어섰다. 계산을 하려고 지원이 지갑을 여는 사이 성주가 카드를 먼저 내밀었다.

"오늘은 내가 살게, 선배."

"아니야, 맛있는 거 사 줄려고 비싼데 데리고 왔는데."

지원은 카드를 찾아 내밀었다.

"그냥, 내가 살게."

성주가 단호하게 말했다. 그런 성주를 처음 본 지원은 당황했다. 성주와 지원은 음식점을 나와 가로수를 따라 나란히 걸었다.

"많이 나왔을 텐데…."

지원은 성주가 비싼 음식값을 계산한 게 마음에 걸려 성주의 눈치를 살피며 걸었다.

"성주야, 내가 차로 데려다 줄게. 여기서 조금만 가면 돼."

"여기서 버스 타면 금방이야."

성주와 지원은 버스정류장에 도착했다. 그리고 한동안 말없이 서 있었다. 어색한 시간이 잠시 흐른 뒤에 일산으로 가는 9711 빨간색 버스가 버스 정거장으로 다가오고 있었다.

"선배, 나 갈게."

"응, 그래 성주야, 내일 발표 잘하고."

성주는 버스에 오르려고 한쪽 발을 올렸다. 그런데 그 다음발이 떨어지지 않았다.

"얼른 타세요. 출발합니다."

버스 기사가 낮은 목소리로 말했다. 그럼에도 성주는 버스에 한발을 올리고 그대로 서 있었다. 지원은 그런 성주의 뒷모습을 바라보고 있었다.

"얼른 타세요. 손님!"

버스 기사가 성주를 보고 다시 한번 재촉했다. 무언가 이상함을 느낀 지원이 성주 뒤로 다가왔다. 성주는 그대로 서서 고개를 돌리지도 못하고 지원에게 나지막한 소리로 말했다.

"선배, 나 정말 바보 같지?"

지원은 가만히 서서 성주의 말을 듣고 있었다.

"오늘, 사랑하는 사람 밥 사주는데도 수십 번을 망설였어."

지원의 '사랑하는 사람'이라는 말에 금세 눈시울이 붉어졌다. 버스 기사는 더 이상 재촉하지 못하고 승객들은 성주와 지원을 바라보고 있었다.

"사랑한다는 말을 못 하고 7년을 망설였어."

뜻하지 않은 성주의 고백에 지원의 눈에서 금방이라도 눈물이 흐를 듯 했다. 그러다 지원은 결심한 듯 말했다.

"바보야, 지금도 안 늦었어."

지원이 울먹이며 말했다. 성주는 버스로 오르려던 발을 내리고 지원의 앞으로 걸어가 섰다. 성주와 지원은 서로의 눈을 바라보며 섰다.

"나, 정말 오래 기다렸어."

지원은 울먹이며 성주에게 말했다. 버스는 출발하지 않고 그대로 서 있었고 버스 승객들 중 두서 명이 두 남녀를 보려고 창가로 붙어 섰다.

"내가 선배한테 너무 부족…."

성주의 말이 채 끝나기 전에 지원이 성주를 끌어안았다. 성주도 말을 멈추고 지원을 꼭 끌어안았다.

삐 소리와 함께 버스 문이 닫히고 천천히 출발했다.

신입사원 성주의 마지막 발표

Biz사업본부 회의실
15일 마지막 금요일 오전 10시

    Biz사업본부 회의실로 본부 직원들이 속속 들어오고 있었다. 성주는 발표 준비를 하는 중에도 회의실로 들어오는 직원들이 신경 쓰여 자꾸 힐끔거렸다. 처음 입사를 하고 낯선 여의도로 출근을 하면서 직장 동료들과 15일이라는 시간이 흘렀다. 정미영 본부장은 일찌감치 들어와 앞자리에 앉았다.
    '처음 본부장님을 뵈었을 때는 딱 부러지는 말투 때문에 조금은 무서웠는데, 참, 따뜻한 분인 것 같습니다.'

성주는 정미영 본부장을 바라보며 목례를 했다. 그런 성주에게 정미영 본부장은 환하게 웃어주었다.

이한영 팀장 쿵~ 쿵~ 거리며 자리에 앉아 있었다.

'우리 팀장님은 팀원들을 생각하는 마음이 각별한 것 같습니다. 항상 따뜻하게 챙겨 주신 걸 결코 잊지 않겠습니다.'

이한영 팀장은 자신을 바라보고 있는 성주를 향해 손을 흔들어 주었다.

이한영 팀장 옆에 앉아 있던 황승언 과장이 성주를 바라보며 파이팅! 하는 손짓을 했다.

'쌍둥이 아빠 별명을 가진 선배. 선배님을 직속 부서 과장님으로 만난 것은 저에게 참 소중한 인연인 것 같습니다. 감사합니다. 선배님'

성주는 황승언 과장을 보며 자신도 모르게 눈시울이 붉어졌다. 심상민 대리는 성주에게 다가와 노트북 연결상태와 자료를 체크하고 자리로 돌아가 앉았다.

'항상 단정한 태도에 실수가 없는 대리님. 그래서 재미는 없지만 저에게는 누구보다 따뜻한 선배입니다.'

그리고 보안사업팀 직원들과 기술본부 직원들도 자리를 찾아 앉았다. 성주는 발표 전 심호흡을 했다.

그때 회의실 문이 열리면서 윤재덕 대표이사가 들어왔다.

"저도 들어도 돼죠?"

윤재덕 대표이사는 정미영 본부장 옆에 앉으며 성주에게 살짝 미소를 지어 보였다.

"성주씨, 시작하세요."

정미영 본부장이 성주를 향해 말했다.

"안녕하십니까? 인프라사업팀 조성주입니다."

입사 후 15일 동안 선배들에게 배운 내용을 토대로 8일째와 15일째 두 번에 걸쳐 발표를 하는 회사 전통에 따라, 신입사원 성주의 마지막 평가가 시작되었다.

"제가 입사한지 벌써 15일이 되는 날입니다. 그 동안 여기 계신 많은 선배님들의 도움으로 무선랜에 대한 기술을 자세히 습득할 수 있었습니다."

성주는 정미영 본부장을 바라보며 발표를 시작했다.

"우선 1일차 오리엔테이션에서 본부장님께 기술을 바라보는 엔지니어의 관점과 영업사원의 관점에 대한 이야기를 들었습니다. 이공계 공부를 한 저에게는 신선한 충격이었습니다."

성주는 정미영 본부장을 바라보며 말했다.

"똑같은 기술도 어떻게 바라보고 어떻게 표현하는지에 따라 그 가치가 달라진다는 것을 회사에 입사한 후 알게 되었습니다. 학교에서 수업을 받을 때 어떤 교수님께서 이런 말씀을 하신 적이 있습니다."

성주는 윤재덕 대표이사를 바라보며 말했다.

"엔지니어는 자신이 알고 있는 것을 표현할 수 있어야 한다. 전 이 말에 담긴 뜻을 모르고 학교를 졸업했습니다. 정미영 본부장님에 말씀을 듣고서야 예전 교수님이 하신 말씀의 의미를 이해할 수 있었습니다."

성주는 잠시 호흡을 가다듬고, 황과장과 심대리를 바라보며 발표를 이어갔다.

"2일차에는 〈PoE 스위치〉 교육을 받았습니다. 무선랜 공부를 하기 전 유선 네트워크를 정리할 수 있었던 기회였습니다. 무선랜은 유선랜을 기반으로 동작하는 기술입니다. 유선랜이 완전히 없어지고 무선랜으로 대체되는 것이 아닙니다. 일을 하면서 설계를 할 때 유선 네트워크에서 배웠던 기술들을 지속적으로 활용해야 했습니다. 그리고 다양한 〈L2 스위치〉의 종류와 〈PoE〉 기술에 대해 알게 되었습니다. 저는 절대로 〈IEEE 802.3af〉와 〈IEEE 802.3at〉 표준에 의한 허용 전력은 잊어버리지 않을 것 같습니다."

성주는 이한영 팀장을 바라보았다. 이한영 팀장은 그날의 실수를 의식한 듯 쑥스러운 표정으로 성주를 바라보았다.

"3일차에서는 유선 네트워크와 무선 네트워크의 통신 방식인 〈CSMA/CD〉와 〈CSMA/CA〉에 대한 차이를 공부했습니다. 왜 무선랜은 〈CSMA/CD〉를 사용하지 않고 〈CSMA/CA〉를 사용하는지에 대한 〈Hidden Terminal Problem〉과 〈Signal Fading〉에 대해 이해를 했습니다."

발표를 할 때마다 주제에 맞게 성주가 정리한 자료들이 빔 프로젝트를 통해 화면에 보였다.

"4일차에서는 〈무선 AP〉 종류에 대해 알게 되었습니다. 물리적인 분류로 〈Indoor AP〉와 〈Outdoor AP〉 그리고 제공하는 기능에 따라 〈단독형 AP〉와 〈컨트롤러형 AP〉의 차이에 대해 이해했습니다. 〈단독형 AP〉라 불리우는 〈Fat AP〉에서 왜 〈컨트롤러형 AP〉라 불리우는 〈Thin AP〉가 개발된 이유가 저에게는 꽤 흥미로웠습니다."

성주는 잠시 김호진 본부장을 바라봤다.

"김호진 본부장님? 저는 절대로 〈무선 AP〉 100대가 설치되는 사이트에 〈Fat AP〉를 제안하지 않겠습니다."

회의실은 사람들은 일제히 웃기 시작했다. 김호진 본부장도 성주를 보며 미소를 지었다.

"5일차에서는 전파에 관한 공부를 했습니다. 전파에 대한 역사부터 주파수에 대한 내용들 그리고 가장 좋았던 부분은 주파수의 〈채널 간섭〉 현상을 알게 되었습니다. 무선랜 설계에게 가장 중요한 〈채널 간섭〉 현상이 왜 일어나는지 알게 되었습니다. 물론 그 해결책도 배웠습니다."

성주는 자리에 없는 지원을 잠시 생각했다.

"6일차에서는 무선랜의 전송기술인 〈DSSS〉와 〈OFMD〉을 배웠습니다. 자칫 1계층 전송 기술은 무시하고 지나칠 수 있었지만 개념을 이해할 수 있는 좋은 시간이었습니다. 그리고 가장 중요한 〈채널 대역폭〉과 〈MIMO〉 기술을 통한 〈무선 AP〉의 속도에 비밀을 알 수 있었습니다. 그리고 그날이 저의 첫 야근 날이었습니다."

성주는 잠시 준비된 물을 마시고 발표를 이어갔다.

"7일차에서는 복잡한 무선랜 용어를 배웠습니다. BSS, ESS, DS, SSID 등 그리고 선배들과 무선랜 설계를 해보았습니다. 그리고 제안서 작성을 하고 제본도 처음 해보았습니다. 마지막으로 제안서 발표까지 전 그날 회사에는 대리님들이 없어서는 안 될 이유를 알았습니다. 저도 나중에 승진해서 대리가 된다면 꼭 멋있는 대리가 되겠습니다."

성주는 자리에 앉아 있는 심상민 대리를 바라보았다. 심대리도 성주를 보며 미소를 지었다.

"8일차에는 저에 중간 평가가 있던 날이었습니다. 부족한 저의 발표에 많이 격려해 주셨습니다. 너무 감사했습니다."

성주는 회의실 선배들에게 허리 숙여 인사를 했다.

"9일차에는 저에 입사 동기인 박창만 사원과 〈무선 AP〉를 직접 설정 해보았습니다. 창만씨는 〈무선 AP〉 설정을 하면서 설정 값에 대한 내용을 자세하게 설명해 주었습니다. 그 동안 공부해왔던 보안 설정들을 직접 해보니 너무 신기했습니다."

성주는 회의실에 앉아 있는 박창만 사원을 바라봤다.

"10일 차에는 처음으로 기술팀과 지방 출장을 갔습니다. 〈무선 컨트롤러〉라는 장비를 처음 보았습니다. 〈무선 AP〉보다는 다소 큰 〈무선 컨트롤러〉 장비는 저에게 좀 부담스러운 무선랜 제품이었습니다. 그런데 설정하는 걸 직접 보니 〈무선 AP〉와 다를 게 없었습니다. 기술팀 직원분들이 현장에서 일하는 모습을 처음으로 본 날이기도 합니다."

성주는 박현수 과장을 잠시 바라보았다.

"11일차에는 고객사 컨설팅을 했습니다. 용산에 있는 전쟁기념관이었습니다. 기존 회사들과는 다르게 기념관을 찾은 관람객을 위한 무선랜 설계였습니다. 〈MicroCell〉 방식과 〈Channel Blanket〉 방식에 대해 알게 되었습니다. 무선 설계에서 가장 중요한 부분은 채널 간섭을 줄이는 것입니다. 〈Channel Blanket〉 방식을 알게 된 지금, 저는 채널 간섭을 줄일 수 있는 방법을 알고 있다고 자신 있게 이야기 드릴 수 있습니다."

성주는 잠시 숨을 고르고 발표를 이어갔다.

"11일차에서는 〈Channel Blanket〉 방식의 채널간섭 해결과 로밍 시 통신 끊김 현상이 없다는 걸 알게 되었습니다. 아주 중요한 내용이었습니다. 그리고 채널 본딩으로 대역폭 확대에 대해 알게 되었지만 또한 채널 간섭의 심각성 또한 알게 되었습니다."

회의실의 직원들은 성주의 발표를 들으며 성주가 직접 작성한 발표 자료들을 눈여겨봤다.

"12일차에서는 암호화에 대해 교육을 받았습니다. 유선랜과는 다르게 무선랜은 보안이 고려된 통신 방식입니다. 무선랜이 유선랜보다 보안성이 좋다고 말씀하셨는데 저에게 충격이었습니다. 전 그동안 무선랜은 유선랜에 비해 보안이 취약하다고만 생각하고 있었기 때문입니다. 하지만 암호화 교육을 받고 지금은 생각이 달라졌습니다."

성주는 김영환 차장을 바라보며 말했다.

"13일차에도 고객사 컨설팅을 나갔습니다. 실제 망에서 보안 점검표를 통해 보안 진단하는 기준에 대해 배웠습니다. 그리고 전날 배운 암호화에 대한 추가적인 내용을 공부했습니다."

성주의 발표가 어느덧 마지막 페이지까지 왔다.

"14일차에서는 무선랜 보안 WIPS에 대해 공부를 했습니다. 불법적인 AP와 공유기들을 통제할 수 있는 방법과 다양한 무선 해킹을 방어하는 장비에 대해 공부를 했습니다."

성주는 회의실 직원들을 바라봤다.

"그리고 오늘 15일차입니다. 아직까지 전 많이 부족합니다. 하지만 선배들과 어떤 식으로 기술을 보고 공부해야 하는지 이해했습니다. 저도 나중에 선배가 되고 신입사원이 제 밑으로 들어온다면 꼭 선배님들처럼 좋은 선배가 되도록 노력하겠습니다. 감사합니다."

"수고했어, 성주씨."

정미영 본부장이 제일 먼저 박수를 치며 성주를 격려했다. 회의실 선배들이 성주에게 다가가 등을 두드리며 격려했다.

"15일 동안 수고했어."

"이제, 신입 아니네. 성주씨."

성주도 선배들에게 일일이 허리를 숙여 감사의 마음을 전했다. 윤재덕 대표이사가 떨어져 서서 성주에게 흐뭇한 미소를 보냈다. 성주는 고개를 깊숙이 숙여 인사를 했다.

발표가 끝나고 사무실로 돌아와 일상적인 업무를 시작했다. 늘 그렇듯이 회사 구내 식당에서 점심을 먹고 사무실로 올라와 선배들과 커피를 마시고 있었다.

"참, 차장님. 오늘 보안사업팀 신입사원 출근하는 날 아닙니까?"

황과장이 김영환 차장을 바라보며 말했다.

"우리 큰일난 것 같다."

김영환 차장은 긴 한숨을 쉬며 말했다.

"왜요, 차장님?"

직원들은 김영환 차장을 바라봤다.

"오전에 급한 일이 있다고 반차 사용해도 되냐고 전화 왔어."

"첫 출근하는 날이요?"

황과장이 황당하다는 표정으로 김영환 차장을 쳐다봤다.

"아무래도 재보다 더 엄청난 애가 들어온 것 같아"

김영환 차장은 최보미 과장을 바라보며 말했다.

"일 좀 보고 점심 먹고 출근하겠다고 합니다."

김영환 차장의 옆에 있던 노지훈 대리가 어이없다는 표정으로 말했다.

"올 때 된 것 같은데…?"

김영환 차장의 말이 끝나기 무섭게 사무실 문이 열렸다.

"안녕하십니까? 선배님들, 보안사업팀 신입사원 송한갑입니다."
모두의 눈이 새로운 신입사원에게 쏠렸다.

번외편
회상

10년 전 대학 동아리방
7월말

  지원의 이마에 땀방울이 돋아 있었다. 흰색 티셔츠에 청바지를 입은 지원은 긴 생머리를 노란 고무줄로 질끈 묶었는데 삐져나온 잔머리가 피부와 이마에 달라붙었다. 동아리 방은 먼지 낀 선풍기 한 대가 후덥지근한 바람만 일으키며 돌아가고 있었다. 지원과, 성주, 재성이 네트워크 공부에 한창 열을 올리고 있었다. 재앙 같은 폭염도 이들을 막지 못했는지 낡은 선풍기는 그저 상징물처럼 돌고 있을 뿐 겨드랑이와 등은 땀으로 젖어갔다. 방학이 시작되자 지원이 자발적으로 나서서 '네트워크 스터디'를 만들고 신입생들을 가르쳤다.

  "그게 아니지…, 처음부터 다시 설명할 테니까 잘 들어!"

지원에게 혼나면서도 성주와 재성의 표정은 밝았다.

IP 주소

"⟨IP internet protocol⟩ 주소는 IT 분야 기술에서는 기본 중에 기본이기 때문에 정확하게 이해하고 있어야 해."

성주와 재성은 지원의 설명에 집중했다.

"⟨IP 주소⟩는 네트워크 장치들이 서로를 인식하고 통신을 하기 위해 사용하는 주소로, 현재 주로 사용하는 것으로는 ⟨IP version 4⟩가 있어, 그런데 ⟨IPv4⟩ 주소가 부족해져서 주소의 길이를 늘린 ⟨IP version 6⟩, 이렇게 두 종류야."

성주와 재성은 지원이 설명을 들으며 노트 필기를 했다.

"오늘은 ⟨IPv4⟩에 대해 알아보자."

"네, 선배님."

지원은 노트북에 준비한 자료를 보여주며 설명을 이어갔다.

2진수 표시			
11000000	10101000	00001010	00000001

10진수 표시			
192	168	10	1

192.168.10.1

[그림 번외편-1 IPv4 주소 표현]

"〈IPv4〉는 현재 일반적으로 사용하는 IP 주소인데 〈2진수〉와 〈10진수〉로 표현이 가능해."

지원은 노트북 화면을 시선을 두고 있는 성주와 재성에게 설명을 계속했다.

"〈2진수〉 주소 표현은 〈8 bit〉가 〈1 byte〉로 총 〈4 byte〉로 구성이 되고, 〈10진수〉주소의 〈2진수〉를 〈10진수〉로 변환하여 숫자 넷을 〈.〉로 구분하여 표현해."

지원은 노트북 화면을 손가락을 집으며 설명을 했다.

"여기 화면에 보면 〈2진수〉 표현과 〈10진수〉 표현되어 있는데, 이해했어?"

"네, 선배님. 그럼 십진수는 0에서 255까지 표현이 가능하네요?"

성주가 물었다.

"그렇지. IP 주소는 0.0.0.0 에서 255.255.255.255 주소까지 표현이 가능한 거야."

지원이 잘 알아듣는 성주가 대견한 듯 웃었다.

"선배님, 저도 있는데 너무 성주만 보면서 설명하시는 거 아닙니까?"

재성이 불만을 표출했다.

"어, 그건 성주가 질문에 대답을 해서 그런 거지. 자, 계속 설명할게."

지원이 살짝 당황한 듯 서둘러 다음 설명으로 넘어가려 했다.

"그럼, 지금 내 노트북 IP 주소를 알아볼까?"

지원이 노트북을 당겨 키보드에 타이핑을 했다.

"윈도우 실행창에서 〈cmd〉 명령어를 치고 〈ipconfig〉라고 치면…, 자, 노트북 화면을 같이 보자."

```
Windows IP 구성

이더넷 어댑터 이더넷:

   연결별 DNS 접미사. . . . . :
   링크-로컬 IPv6 주소 . . . . : fe80::8ddd:a930:4098:b96c%10
   IPv4 주소 . . . . . . . . . : 198.168.10.1
   서브넷 마스크 . . . . . . . : 255.255.255.0
   기본 게이트웨이 . . . . . . : 192.168.10.254
```

[그림 번외편-2 지원 노트북 IP 주소]

"화면에 IPv4 주소가 보이지?"

지원이 노트북 화면을 성주와 재성 쪽으로 돌렸다.

"네, 선배님."

성주와 재성이 고개를 끄덕이며 대답했다.

"여기에서 중요한 부분이 〈IPv4〉 주소 아래에 있는 〈서브넷 마스크〉 부분이야."

성주와 재성은 동시에 지원에게로 시선을 돌렸다.

"서브넷 마스크는 IP 주소가 내부 IP인지, 원격 IP인지를 구분하기 위한 사용되는 중요한 기술이야."

지원은 노트북에서 자료를 찾아 보여주면서 설명했다.

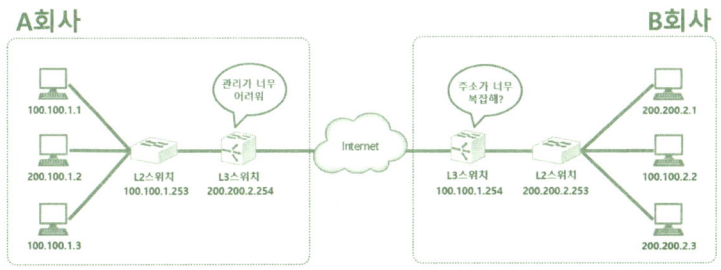

[그림 번외편-3 IP 통신에서 서브넷 마스크가 필요한 이유?]

"지금 화면에서 A회사와 B회사 IP 주소를 보면 뭔가 통일성이 없어 보이지?"

지원은 성주와 재성을 번갈아 보며 설명했다.

"화면에 보이는 IP 주소 설계는 그룹이라는 개념이 없어. 예를 들어 A회사 〈L3 스위치〉와 B회사 〈L3 스위치〉 모든 경로의 IP 주소를 가지고 있어야 하는데, 만약 전세계 IP 주소를 〈L3 스위치〉가 가지고 있어야 한다면 엄청난 성능을 가지고 있어야겠지?"

"너무 복잡해지겠는데요, 선배님."

재성이 말했다.

"그렇지. 그래서 IP 주소를 그룹으로 묶을 필요성 있어서 〈서브넷 마스크〉라는 개념이 나온 거야."

지원은 노트북에 다른 자료를 보여주며 설명을 이어갔다.

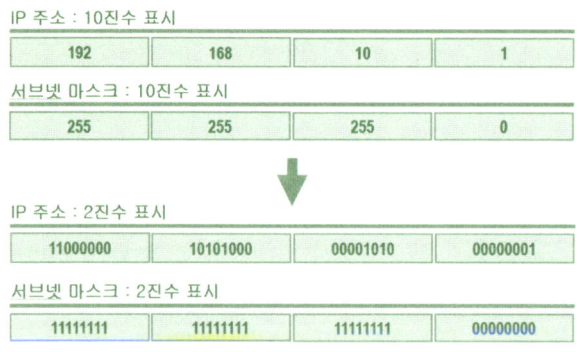

[그림 번외편-4 서브넷 마스크 개념]

"화면에 보면 192.168.10.1 이라는 주소와 〈서브넷 마스크〉 255.255.255.0 정보를 이진수로 변환한 내용인데 여기에서 〈서브넷 마스크〉

는 1이라는 숫자가 연속적으로 24자리까지 이어져 있지?"

"네, 선배님."

성주와 재성은 질문에 바로 대답했다.

"〈서브넷 마스크〉는 연속적인 숫자 1로 표현하는 '네트워크'를 구분하기 위한 〈Network ID〉와 연속적인 숫자 0으로 표현하는 '호스트'를 구분하기 위한 〈Host ID〉로 나누어져 있어"

지원은 설명을 멈추고 땀에 젖으면서도 열심인 성주를 봤다.

"선배, 왜요?"

성주가 지원을 보고 물었다.

"너무 덥지? 얼른 끝내고 시원한 음료수 마시러 가자."

"네, 선배님."

지원은 설명을 이어갔다.

"〈서브넷 마스크〉에 의해 연속적으로 이어진 숫자 1로 표현된 영역의 주소는 공통된 주소이고, 숫자 0으로 표현된 영역은 하나씩 1을 채워가며 사용할 수 있는 IP 주소가 되는데, 그럼 192.168.10.1 주소에 〈서브넷 마스크〉 255.255.255.0 이면 몇 개의 IP 주소를 사용할 수 있을까?"

성주는 지원의 질문을 듣고 바로 대답을 했다.

"8비트는 0부터 255까지 표현이 가능하니까 255개 IP 주소를 사용할 수 있습니다."

"성주가 암산이 아주 빠르네!"

지원은 환하게 웃으며 성주를 봤다.

"뭐야! 난 이 자리에 없는 사람인가? 선배, 지금 그 눈빛에 사심이 들어가 있어요."

재성이 지원에게 툴툴거렸다. 지원은 재성을 잠시 흘겨보고는 설명을 계속 했다.

"IP 주소에 〈서브넷 마스크〉가 없다면, 어디까지가 〈Network ID〉이고, 어디부터가 〈Host ID〉인지 구분할 수 없어. 그래서 IP 주소를 확인할 때 〈서브넷 마스크〉를 꼭 같이 확인해야 해."

효과적인 설명을 고민하던 지원이 다시 말하기 이어갔다.

"이제, IP 주소 정리를 해볼까? 예를 들어 IP 주소는 행정구역을 관리하는 주소체계와 같다고 생각하면 되는데, IP 주소 192.168.10.1 주소를 서울시 종로구 인사동 1번지라는 주소와 비교해볼까?"

지원은 노트에 열심히 필기를 했다.

"자 여기 노트를 좀 볼래?"

IP 주소 : 192.168.10.1
행정 주소 : 서울시.종로구.인사동.1번지

[그림 번외편-5 IP 주소 vs 행정주소]

"행정 주소를 보면 서울시 종로구 인사동까지 알고 있다면 인사동이라는 주소에 1번지, 2번지, 3번지 같은 주소를 가지고 집을 찾아 갈 수 있지, IP 주소도 어디까지가 서울시 종로구 인사동인지 알 수 있게 해주는 정보가 〈서브넷 마스크〉라고 정리를 하면 돼."

"네, 선배님."

쉽게 이해된 덕분에 성주와 재성의 표정이 환해졌다.

"이제부터는 IP 주소의 Class 개념을 알아보자. 〈서브넷 마스크〉는 〈Classful〉와 〈Classless〉로 나누어지는데, 〈서브넷 마스크〉 개념을 처음 도입할 때 화면에 보이는 것처럼 A, B, C, D, E Class로 정해 놓았어."

[그림 번외편-6 IP 주소 Class 개념]

"IP 주소는 0.0.0.0 부터 255.255.255.255 까지의 주소 범위에서 0.0.0.0 부터 127.255.255.255 까지를 A Class라 하여 〈서브넷 마스크〉는 255.0.0.0 으로 지정하고, 128.0.0.0 부터 192.255.255.255 까지를 B Class라 하여 〈서브넷 마스크〉는 255.255.0.0 으로, 그리고 192.0.0.0 부터 233.255.255.255 까지를 C Class로 〈서브넷 마스크〉는 255.255.255.0 으로 지정한 것을 〈Classful〉 기반의 주소 체계라고 해. D Class와 E Class는 특별한 용도로 사용하는 주소이기 때문에 일반적으로 IP 설계에서 사용하지 않으니까, 참고만 해."

성주와 재성은 노트북 화면에 나온 내용을 열심히 필기했다.

"우리, 잠깐 쉬었다 할까?"

지원은 필기를 마친 성주와 재성을 데리고 학교 근처 편의점으로 갔다.

"선배?"

재성이 지원을 불렀다.

"응, 왜?"

"선배는 왜 남자 친구가 없어요?"

"그러게, 아직까지는 특별히 마음에 든 사람이 없었는데…"

성주와 재성은 지원의 다음 말을 기다리고 있었다.

"조만간 생기지 않을까?"

지원은 성주를 보며 의미심장하게 말했다. 편의점에서 아이스크림을 먹고 동아리방으로 돌아와 스터디를 다시 시작했다.

"이제 〈Classless〉에 대해 알아보자"

"네, 선배님."

지원은 노트북을 다시 펼쳐 설명을 시작했다.

"〈Classful〉 기반은 인터넷 팽창으로 네트워크 규모가 커지고 호스트 수가 급증함에 따라 IP 주소가 부족해지면서 문제가 발생했어. 예를 들어 200.200.200.0/24 주소는 몇 개의 호스트 IP 주소를 사용할 수 있을까?"

지원이 둘에게 질문을 했다.

"그런데, 선배 왜 주소 옆에 /24를 붙여요?"

재성이 지원을 보며 질문했다.

"아, 그거는 IP 주소를 말하고 255.255.255.0을 붙이면 번거로우니까 그래서 〈서브넷 마스크〉의 연속적인 숫자 1이라는 〈Network ID〉 자리 수를 표현하는 거야."

성주와 재성은 이해했다는 듯 고개를 끄덕였다. 그런 후배들을 보며 지원이 다시 질문했다.

"내 질문에 아직 답을 안 했다. 너희들."

"0에서 255니까 255개를 사용할 수 있습니다. 그런데 여기에서 모든 비트가 0인 숫자 0인 대표 네트워크 주소와 모든 비트가 1인 숫자 255 는 브로드캐스트 주소로 빼야 하니까 254개의 호스트 주소를 사용할 수 있습니다."

"어머, 성주야. 대표 네트워크주소와 브로드캐스트 주소를 알고 있었어?"

지원이 놀랍다는 표정으로 물었다.

"오늘 IP 주소를 가르쳐 주신다고 해서 미리 공부를 했습니다."

성주는 겸연쩍은 듯 말했다.

"이 치사한 놈. 선배한테 잘 보이려고 미리 공부까지 하고 오냐?"

"아니, 할 일도 없고, 미리 예습하면 좋을 것 같아서."

지원은 티격태격하는 성주와 재성을 말리며 다시 설명을 시작했다.

"⟨Classless⟩는 ⟨Classful⟩의 미리 정해 놓은 약속을 깬다고 해서 ⟨Classless⟩라고 표현하는 거야."

지원은 노트북에서 자료를 찾아 보여주면서 설명을 계속 했다.

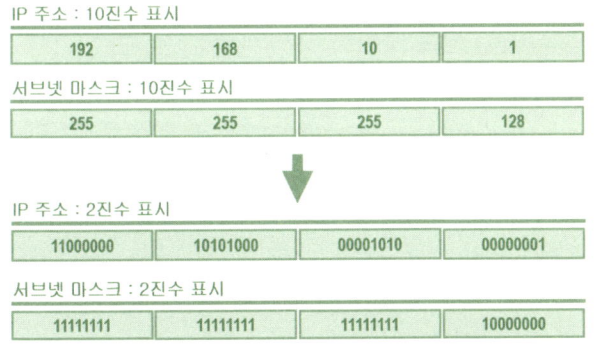

[그림 번외편-7 Classless 서브넷 개념]

"192.168.10.0/24 주소 대역에서 25번째 자릿수를 1로 변환하면 192.168.10.0/25로 표현이 가능한데, 이렇게 되면 기존 0에서 255까지 사용할 수 있는 주소를 두 개의 그룹으로 나눌 수 있어."

성주와 재성은 지원의 설명을 집중해서 들었다.

"하나의 192.168.10.0/24 주소 대역은 192.168.10.0/25와 192.168.10.128/25로 나누어지면서 두 개의 별개의 그룹으로 분리가 가능해."

"그러면 192.168.10.0/24 주소를 192.168.10.0/26으로 나누면 26번째 자릿수 64만큼 증가시켜서 192.168.10.0/26과 192.168.10.64/26, 192.168.10.128/26, 192.168.10.192/26 네 개의 그룹으로 분리가 가능하네요."

성주가 설명에 이어 대답했다. 재성은 놀랍다는 듯 성주에게 엄지를 들어올렸다.

"응, 그렇지. 그럼 엑셀에 〈Classful〉을 무시하고 〈Classless〉 방식으로 서브 네팅을 해볼까?"

지원은 엑셀 프로그램을 띄워 놓고 한참 키보드 타이핑을 했다.

"자, 여기 봐봐."

A	B	C	D	E	F	G	H	I	J	K	L
192	168	10				0					
						이진수					
			128	64	32	16	3	4	2	1	합 : 255
			0	0	0	0	0	0	0	0	
			0	0	32	16	8	4			
			128	64	64	32	16	8			
			256	128	96	48	24	12			
				192	128	64	32	16			
				256	160	80	40	20			
					192	96	48	24			
					224	112	56	28			
					256	128	64	32			
						144	72	36			
						160	80	40			
						176	88	44			
						192	96	48			
						208	104	52			
						224	112	56			
						240	120	60			
						256	128	64			

[그림 번외편-8 Classless 서브네팅]

성주와 재성은 지원이 입력한 값을 한참 동안 보았다.

"오늘은 여기까지 하고, 성주하고 재성이는 내가 입력한 값의 의미에 대해 공부를 해서 내일 다시 모이자."

"네, 선배님. 오늘 정말 감사합니다."

성주와 재성은 지원에게 인사를 했다.

현재 서울 광화문역
평일 오후 7시

3월 중순 때아닌 봄눈이 내렸다. 가벼운 코트만 입은 성주는 갑자기 내린 눈으로 추워 보였다. 성주는 지하철 광화문 역 2번 출구에서 누군가를 기다리고 있었다.

"자기야~."

멀리서 누군가 부르는 소리가 들렸다. 성주는 자신도 모르게 지하철 출구를 돌아봤다.

"추운데 어디 들어가 있지?"

지원이었다. 다가온 지원은 성주에게 팔짱을 끼며 말했다.

"별로 안 추워. 자기가 많이 춥겠다?"

성주는 팔짱을 낀 지원의 손을 자신의 코트 주머니에 넣으며 말했다.

"참, 선배들은 잘 지내? 요즘 바빠서 아이티앤티에 자주 못 갔네"

"응, 정미영 본부장님은 여전히 바쁘게 돌아다니시고, 이한영 팀장님은 요즘 사고치는 횟수가 부쩍 줄어드셨어."

"그래, 다행이다."

성주와 지원은 두 손을 꼭 잡고 광화문 거리를 걸었다.

"참, 승언 선배는 요즘 다이어트 시작했어."

"정말?"

"상민 선배는 요즘 게임에 푹 빠져 살아."

"심상민 대리 의외네. 성주야 춥다 빨리 저녁 먹으러 가자"